1937—1949年重庆城市建设与规划研究

Study on the Urban Construction and Planning of Chongqing (1937—1949)

中国城市营建史研究书系

吴庆洲 主编

谢璇 著

XIE Xuan

亚热带建筑科学国家重点实验室 华南理工大学建筑历史文化研究中心 资助

国家自然科学基金资助项目"中国古代城市规划、设计的哲理、学说及历史经验研究"（项目号 50678070）

国家自然科学基金资助项目"中国古城水系营建的学说及历史经验研究"（项目号 51278197）

教育部人文社会科学基金资助项目"城市规划、设计的哲理、学说及历史经验研究"（项目号 10YJCZH183）

U0332880

中国建筑工业出版社

图书在版编目（CIP）数据

1937—1949年重庆城市建设与规划研究 / 谢璇著. —北京：中国建筑工业出版社，2014.12

（中国城市营建史研究书系）

ISBN 978-7-112-17568-0

Ⅰ.①1…　Ⅱ.①谢…　Ⅲ.①城市规划—研究—重庆市—1937—1949　Ⅳ.①TU984.271.9

中国版本图书馆CIP数据核字（2014）第282383号

责任编辑：欧晓娟

中国城市营建史研究书系

1937—1949年重庆城市建设与规划研究

谢璇　著

*

中国建筑工业出版社出版、发行（北京市西郊百万庄）

各地新华书店、建筑书店经销

广州友间文化有限公司制版

广州佳达彩印有限公司印刷

*

开本：787×1092毫米　1/16　印张：17⅝　字数：334千字

2014年12月第一版　　2014年12月第一次印刷

定价：**45.00**元

ISBN 978-7-112-17568-0

（26778）

中国城市营建史研究书系编辑委员会名录

总序　迎接中国城市营建史研究之春天

吴庆洲

本文是中国建筑工业出版社于2010年出版的"中国城市营建史研究书系"的总序。笔者希望借此机会，讨论中国城市营建史研究的学科特点、研究方法、研究内容和研究特色等若干问题，以推动中国城市营建史研究的进一步发展。

一、关于"营建"

"营建"是经营、建造之谓，包含了从筹划、经始到兴造、缮修、管理的完整过程，正是建筑史学中关于城市历史研究的经典范畴，故本书系以"城市营建史"称之。在古代汉语文献中，国家、城市、建筑的构建都常使用营建一词，其所指不仅是建造，也同时有形而上的意涵。

中国城市营建史研究的主要学科基础是建筑学、城市规划学、考古学和历史学，以往建筑史学中有"城市建设史"、"城市发展史"、"城市规划史"等称谓，各有关注的角度和不同的侧重。城市营建史是城市史学研究体系的子系统，不能离开城市史学的整体视野。

二、国际城市史研究及中国城市史研究概况

城市史学的形成期十分漫长。在城市史被学科化之前，已经有许多关于城市历史的研究了，无论是从历史的视角还是社会、政治、文学等其他视角，这些研究往往与城市的集中兴起、快速发展或危机有关。

古希腊的城邦和中世纪晚期意大利的城市复兴分别造就了那个时代关于城市的学术讨论，现代意义上的城市学则源自工业革命之后的城市发展高潮。一般认为，西方的城市史学最早出现于20世纪20年代的美国芝加哥等地，与城市社会学渊源颇深。[1]二次世界大战后，欧美地区的社会史、城市史、地方史等有了进一步发展。但城市史学作为现代意义上的历史学的一个分支学科，是在20世纪60年代才出现的。著名的城市理论家刘易斯·芒福德（Lewis Mumford，1895—1990）著《城市发展史——起源、演变和前景》即成书于1961年。现在，芒福德、本奈沃洛

[1] 罗澍伟. 中国城市史研究述要[J]. 城市史研究，1988，1.

（Leonardo Benevolo，1923—）、科斯托夫（Spiro Kostof，1936—1991）等城市史家的著作均已有中文译本。据统计，国外有关城市史著作20世纪60年代按每年度平均计算突破了500种，70年代中期为1000种，1982年已达到1400种。[1] 此外，海外关于中国城市的研究也日益受到重视，施坚雅（G.William Skinner，1923—2008）主编的《中华帝国晚期的城市》、罗威廉（William Rowe，1931—）的汉口城市史研究、申茨（Alfred Schinz，1919—）的中国古代城镇规划研究、赵冈（1929—）经济制度史视角下的城市发展史研究、夏南悉（Nancy Shatzman-Steinhardt）的中国古代都城研究以及朱剑飞、王笛和其他学者关于北京、上海、广州、佛山、成都、扬州等地的城市史研究已经逐渐为国内学界熟悉。仅据史明正著《西文中国城市史论著要目》统计，至2000年11月，以外文撰写的中国城市史有论著200多部（篇）。

中国古代建造了许多伟大的城市，在很长的时间里，辉煌的中国城市是外国人难以想象也十分向往的"光明之城"。中国古代有诸多关于城市历史的著述，形成了相应的城市理论体系。现代意义上的中国城市史研究始于20世纪30年代。刘敦桢先生的《汉长安城与未央宫》发表于1932年《中国营造学社汇刊》第3卷3期，开国内城市史研究之先河。中国城市史研究的热潮出现在20世纪80年代以后，应该说，这与中国的快速城市化进程不无关系。许多著作纷纷问世，至今已有数百种，初步建立了具有自身学术特色的中国城市史研究体系。这些研究建立在不同的学术基础上，历史学、地理学、经济学、人类学、水利学和建筑学等一级学科领域内，相当多的学者关注城市史的研究。城市史论著较为集中地来自历史地理、经济史、社会史、文化史、建筑史、考古学、水利史、人类学等学科，代表性的作者如侯仁之（1911—）、史念海（1912—2001）、杨宽（1914—2005）、韩大成（1924—）、隗瀛涛（1930—2007）、皮明庥（1931—）、郭湖生（1931—2008）、马先醒（1936—）、傅崇兰（1940—）等先生。因著作数量较多，恕不一一列举。

由20世纪80年代起，到2010年，研究中国城市史的中外著作，加上各大学城市史博士学位论文，估计总量应达500部以上。一个研究中国城市史的热潮正在形成。

近年来城市史学研究中一个引人注目的现象就是对空间的日益重视——无论是形态空间还是社会空间，而空间研究正是城市营建史的传统领域，营建史学者们在空间上的长期探索已经在方法上形成了深厚的积淀。

---

[1] 近代重庆史课题组.近代中国城市史研究的意义、内容及线索.载天津社会科学院历史研究所、天津城市科学研究会主办.城市史研究.第5辑.天津：天津教育出版社，1991.

三、中国城市营建史研究的回顾

城市营建史研究在方法和内容上不能脱离一般城市史学的基本框架，但更加偏重形式制度、城市规划与设计体系、形态原理与历史变迁、建造过程、工程技术、建设管理等方面。以往的中国城市营建史研究主要由建筑学者、考古学者和历史学者来完成，亦有较多来自社会学者、人类学者、经济史学者、地理学者和艺术史学者等的贡献，学科之间融合的趋势日渐明显。

虽然刘敦桢先生早在1932年发表了《汉长安城与未央宫》，但相对于中国传统建筑的研究而言，中国城市营建史的起步较晚。同济大学董鉴泓教授主编的《中国城市建设史》1961年完成初稿，后来补充修改成二稿、三稿，阮仪三参加了大部分资料收集及插图绘制工作，1982年由中国建筑工业出版社出版，是系统讨论中国城市营建史的填补空白之作，也是城市规划专业的教科书。我本人教过城市建设史，用的就是董先生主编的书。后来该书又不断修订、增补，内容更加丰富、完善。

郭湖生先生在城市史研究上建树颇丰，在《建筑师》上发表了中华古代都城小史系列论文，1997年结集为《中华古都——中国古代城市史论文集》（台北：空间出版社）。曹汛先生评价：

"郭先生从八十年代开始勤力于城市史研究，自己最注重地方城市制度、宫城与皇城、古代城市的工程技术等三个方面。发表的重要论文有《子城制度》、《台城考》、《魏晋南北朝至隋唐宫室制度沿革——兼论日本平城京的宫室制度》等三篇，都发表在日本的重头书刊上。"[1]

贺业钜先生于1986年发表了《中国古代城市规划史论丛》，1996年出版的《中国古代城市规划史》是另一本重要著作，对中国古代城市规划的制度进行了较深入细致的研究。

吴良镛先生一直关注中国城市史的研究，英文专著《中国古代城市史纲》1985年在联邦德国塞尔大学出版社出版，他还关注近代南通城市史的研究。

华南理工大学建筑学科对城市史的研究始于龙庆忠（非了）先生，龙先生1983年发表的《古番禺城的发展史》是广州城市历史研究的经典文献。

其实，建筑与城市规划学者关注和研究城市史的人越来越多，以上只是提到几位老一辈的著名学者。至于中青年学者，由于人数较多，难以一一列举。

华南理工大学建筑历史与理论博士点自20世纪80年代起就开始培养城市史和城市防灾研究的博士生，龙先生培养的五个博士中，有四位的博

7

---

[1] 曹汛.伤悼郭湖生先生[J].建筑师2008，6：104-107.

士论文为城市史研究：吴庆洲《中国古代城市防洪研究》（1987），沈亚虹《潮州古城规划设计研究》（1987），郑力鹏《福州城市发展史研究》（1991），张春阳的《肇庆古城研究》（1992）。龙先生倡导在城市史研究中重视城市防灾（其实质是重视城市营建与自然地理、百姓安危的关系）、重视工程技术和管理技术在城市营建过程中的作用、重视从古代的城市营建中获取能为今日所用的经验与启迪。

龙老开创的重防灾、重技术、重古为今用的特色，为其学生们所继承和发扬。陆元鼎教授、刘管平教授、邓其生教授、肖大威教授、程建军教授和笔者所指导的博士中，不乏研究城市史者，至2010年9月，完成的有关城市营建史的博士学位论文已有20多篇。

四、中国城市营建史研究的理论与方法

诚如许多学者所注意到的，近年以来，有关中国城市营建史的研究取得了长足的进展，既有基于传统研究方法的整理和积累，也从其他学科和海外引入了一些新的理论、方法，一些新的技术也被引入到城市史研究中。笔者完全同意何一民先生的看法：城市史研究已经逐渐成为与历史学、社会学、经济学、地理学等学科密切联系而又具有相对独立性的一门新学科。[1]

笔者认为，中国城市营建史的研究虽然面临着方法的极大丰富，但仍应注意立足于稳固的研究基础。关于方法，笔者有如下的体会：

1. 系统学方法

系统学的研究对象是各类系统。"系统"一词来自古代希腊语"systemα"，是指若干要素以一定结构形式联结构成的具有某种功能的有机整体。现代系统思想作为一种对事物整体及整体中各部分进行全面考察的思想，是由美籍奥地利生物学家贝塔朗菲（Ludwig Von Bertalanffy，1901—1972）提出的。系统论的核心思想是系统的整体观念。

钱学森在1990年提出的"开放的复杂巨系统"（Open Complex Giant System）理论中，根据组成系统的元素和元素种类的多少以及它们之间关联的复杂程度，将系统分为简单系统和巨系统两大类。还原论等传统研究方法无法处理复杂的系统关系，从定性到定量的综合集成法（meta-synthesis）才是处理开放、复杂巨系统的唯一正确的方法。这个研究方法具有以下特点：（1）把定量研究和定性研究有机结合起来；（2）把科学技术方法和经验知识结合起来；（3）把多种学科结合起来进行交叉研究；（4）把宏观研究和微观研究结合起来。[2]

[1] 何一民主编. 近代中国衰落城市研究[M]. 成都：巴蜀书社，2007：14.
[2] 钱学森，于景元，戴汝. 一个科学新领域——开放的复杂巨系统及其方法论[J]. 自然杂志，1990，1：3-10.

8

城市是一个开放的复杂巨系统，不是细节的堆积。

2. 多学科交叉的方法

中国城市营建史不只是城市规划史、形态史、建筑史，其研究涉及建筑学、城市规划学、水利学、地理学、水文学、天文学、宗教学、神话学、军事学、哲学、社会学、经济学、人类学、灾害学等多种学科，只有多学科的交叉，多角度的考察，才可能取得好的成果，靠近真实的城市历史。

3. 田野与文献不能偏废，应采用实地调查与查阅历史文献相结合、考古发掘成果与历史文献的记载进行印证相结合、广泛的调查考察与深入细致的案例分析相结合的方法。

4. 比较研究

和许多领域的研究一样，比较研究在城市史中是有效的方法。诸如中西城市、沿海与内地城市、不同地域、不同时期、不同民族的城市的比较研究，往往能发现问题，显现特色。

5. 借鉴西方理论和方法应考虑是否适用中国国情

中国城市营建史的研究可以借鉴西方一些理论和方法，诸如形态学、类型学、人类学、新史学的理论和方法等。但不宜生搬硬套，应考虑其是否适用于中国国情。任放先生所言极有见地：

任何西方理论在中国问题研究领域的适用度，都必须通过实证研究加以证实或证伪，都必须置于中国本土的历史情境中予以审视，绝不能假定其代表客观真理，盲目信从，拿来就用，造成所谓以论带史的削足适履式的难堪，无形中使中国历史的实态成为西方理论的注脚。我们应通过扎实的历史研究，对西方理论的某些概念和分析工具提出修正或予以抛弃，力求创建符合中国社会情境的理论架构。

在借鉴西方诸社会科学方法时，应该保持警觉，力戒西方中心主义的魅影对研究工作造成干扰。[1]

6. 提倡研究的理论和方法的创新

依靠多学科交叉、借鉴其他学科，就有可能找到新的研究理论和方法。

比如，拙著《中国古城防洪研究》第四章第三节"古代长江流域城市水灾频繁化和严重化"中，研究表明，中国历代人口的变化与长江流域城市水灾的频率的变化有着惊人的相关性，从而得出"古代中国人口的剧增，加重了资源和环境的压力，加重了城市水灾"的结论。[2]这是从社会学的角度以人口变化的背景研究城市水灾变化的一种探索，仅仅从工程技术的角度是很难解答这一问题的。

9

---

[1] 任放. 中国市镇的历史研究与方法[M]. 北京：商务印书馆，2010：357-358，367.

[2] 吴庆洲. 中国古城防洪研究[M]. 北京：中国建筑工业出版社，2009：187-195.

五、中国城市营建史的研究要突出中国特色

类似生物有遗传基因那样，民族的传统文化（包括科学），也有控制其发育生长，决定其性状特征的"基因"，可称"文化基因"。文化基因表现为民族的传统思维方式和心理底层结构。中国传统文化作为一个整体有明显的阴性偏向，其本质性特征与一般女性的心理和思维特征相一致；而西方则有明显的阳性偏向，其特征与一般男性的心理和思维特征相一致。

在古代学术思想史上，西方学者多立足空间以视时间；中国学者多立足时间以视空间。所以西方较多地研究了整体的空间特性和空间性的整体，中国则较多地探寻了整体的时间特性和时间性的整体。[1]

世界上几乎每个民族都有自己特殊的历史、文化传统和思维方式。思维方式有极强的渗透性、继承性、守常性。从文化人类学的观点看，思维方式的考察对于说明世界历史的发展有重要的理论价值。在社会、哲学、宗教、艺术、道德、语言文字等方面，中国与欧洲鲜明显示出两种不同的体系，不同的走向，不同的格调。[2]

由于"文化基因"的不同，中国城市的营建必然具有中国特色，中国的城市是中国人在自己的哲学理念指导下，根据城市的地理环境选址，按照自己的理想和要求营建的，中国的城市体现的是中国的文化特色。中国城市营建史一定要注意中国特色、研究中国特色、突出中国特色。

我们运用现代系统论的理论，也要认识到中国古代的易经和老子哲学也是用的系统论观点，认为天、地、人三才为一个开放的宇宙大系统，天、地、人、三才合一为古人追求的最高的理想境界，这些都投射到了城市营建之中。

赵冈先生从经济史的角度出发，发现中国与西方的城市发展完全不同。第一，中国城市发展的主要因素是政治力量，不待工商业之兴起，所以中国城市兴起很早。第二，政治因素远不如工商业之稳定，常常有巨大的波动及变化，所以许多城市的兴衰变化也很大，繁华的大都市转眼化为废墟是屡见不鲜之事。此外，赵冈的研究还发现中国的城乡并不似欧洲中世纪那样对立，战国以后井田制度解体，城乡人民可以对流，基本上城乡是打成一片的。[3]赵冈先生的研究成果显现了中国城市的若干特色。

中国城市营建史中有着太多的特色等待着更多的研究者去做深入的发掘。即以笔者的研究体会为例：

[1] 田盛颐. 中国系统思维再版序. 刘长林著. 中国系统思维——文化基因探视[M]. 北京：社会科学文献出版社，2008.

[2] 刘长林. 中国系统思维——文化基因探视[M]. 北京：社会科学文献出版社，2008：1-2.

[3] 赵冈. 中国城市发展史论集[M]. 北京：新星出版社，2006：90-91.

10

中国的古城的城市水系，是多功能的统一体，被称为古城的血脉。[1] 这是一大特色。

作为军事防御用的中国古代城池，同时又能防御洪水侵袭，它是军事防御和防洪工程的统一体，[2] 为其一大特色。

研究城市形态，可别忘了，我国古人按照周易哲学，有"观象制器"的传统，也有"仿生象物"的营造意匠。[3]

只有关注中国特色，才能发现并突出中国特色，才能研究出真正的中国城市营建史的成果。

六、研究中国城市营建史的现实意义

中国古城有6000年以上的历史，在古代世界，中国的城市规划、设计取得了举世瞩目的成就，建设了当时最壮美、繁荣的城市。汉唐的长安城、洛阳城，六朝古都南京城、宋代东京城、南宋临安城、元大都城、明清北京城都是当时最壮丽的都市。明南京城是世界古代最大的设防城市。中国古代城市无论在规模之宏大、功能之完善、生态之良好、景观之秀丽上，都堪称当时世界之最。

吴良镛院士指出：

中国古代城市是中国古代文化的重要组成部分。在封建社会时期，中国城市文化灿烂辉煌，中国可以说是当时世界上城市最发达的国家之一。其特点是：城市分布普遍而广泛,遍及黄河流域、长江流域、珠江流域等；城市体系严密规整，国都、州、府、县治体系严明；大城市繁荣，唐长安、宋开封、南宋临安等地区可能都拥有百万人口；城市规划制度完整，反映了不得逾越的封建等级制度等等；所有这些都在世界城市史上占有独特的重要地位。……中国古代城市有高水平的建筑文化环境。中国传统的城市建设独树一帜，'辨方正位'，'体国经野'，有一套独具中国特色的规划结构、城市设计体系和建筑群布局方式，在世界城市史上也占有独特的位置。[4]

中国古人在城市规划、城市设计上有相应的哲理、学说以及丰富的历史经验，这是一笔丰厚的文化与科学技术遗产，值得我们去挖掘、总结，并将其有生命活力的部分，应用于今天的城市规划、城市设计之中。

20世纪80年代之后，我国的城市化进程迅速加快，但城市规划的理论和实践处于较低水平，并且理论尤为滞后。正因为城市规划理论的滞后，

[1] 吴庆洲.中国古代的城市水系[J].华中建筑，1991，2：55-61.

[2] 吴庆洲.中国古城防洪研究[M].北京：中国建筑工业出版过，2009：563-572.

[3] 吴庆洲.仿生象物——传统中国营造意匠探微[J].城市与设计学报，2007.9，28：155-203.

[4] 吴良镛.建筑·城市·人居环境[M].石家庄：河北教育出版社，2003：378-379.

我们国家的城市面貌出现城市无特色的"千城一面"的状况。出现这种状况有两种原因：

一是由于我们的规划师、建筑师不了解我国城市的过去，也没有结合国情来运用西方的规划理论，而是盲目效仿。正如刘太格先生所认为的："欧洲城市建设善于利用山、水和古迹，其现代化和国际化的创作都具有本土特色，在长期的城市发展中，设计者们较好地实现了新旧文明的衔接，并进而向全球推广欧洲文化。亚洲城市建设过程中缺少对山水和古迹的保护，设计者中'现代化'、'国际化'的追随者较多，设计缺少本土特色。"即亚洲的"建设者自信不足，不了解却迷信西方文化，盲目地崇拜和模仿西洋建筑，而不珍惜亚洲自己的文化。"[1]事实上，山、水在中国古代城市的营建中具有着十分重要的意义，例如广州城，便立意于"云山珠水"。只是由于当代人对城市历史的不了解，山水才在城市的蔓延和拔高中逐渐变得微不足道，以至于成为了被慢慢淡忘的"历史"了。

二是中国古城营建的哲理、学说和历史经验，尚有待总结，才能给城市规划师、建筑师和有关决策者、建设者和管理人员参考运用。城市营建的历史本身是一种记忆，也是一门重要而深奥的学问。中国城市营建史研究不可建立在功利性的基础之上，但城市营建的现实性决定了它也不能只发生在书斋和象牙塔之内，对于处于巨变中的中国城市来说，城市营建在观念、理论、技术和管理上的历史经验、智慧和教训完全应该也能够成为当代城市福祉的一部分。

中国城市营建史之研究，有重大的理论研究价值和指导城市规划、城市设计的实践意义。从创造和建设具有中国特色的现代化城市，以及对世界城市规划理论作出中国应有的贡献这两方面，这一研究的理论和实践意义都是重大的。

七、中国城市营建史研究的主要内容

各个学科研究城市史各有其关注的重点。笔者认为，以建筑学和城市规划学以及历史学为基础学科的中国城市营建史的研究应体现出自身学科的特色，应在城市营建的理论、学说，城市的形态、营建的科学技术以及管理等方面作更深入、细致的研究。中国城市营建史应关注：

（1）中国古代城市营建的学说；

（2）影响中国古代城市营建的主要思想体系；

（3）中国古代城市选址的学说和实践；

（4）城市的营造意匠与城市的形态格局；

---

[1] 万育玲. 亚洲城乡应与欧洲争艳——刘太格先生谈亚洲的城市建设[J]. 规划师. 2006, 3：82-83.

（5）中国古代城池军事防御体系的营建和维护；

（6）中国古城防洪体系的营造和管理；

（7）中国古代城市水系的营建、功用及管理维护；

（8）中国古城水陆交通系统的营建与管理；

（9）中国古城的商业市街分布与发展演变；

（10）中国古代城市的公共空间与公共生活；

（11）中国古代城市的园林和生态环境；

（12）中国古代城市的灾害与城市的盛衰；

（13）中国古代的战争与城市的盛衰；

（14）城市地理环境的演变与其盛衰的关系；

（15）中国古代对城市营建有创建和贡献的历史人物；

（16）各地城市的不同特色；

（17）城市营建的驱动力；

（18）城市产生、发展、演变的过程、特点与规律；

（19）中外城市营建思想比较研究；

（20）中外城市营建史比较研究，等等。

八、迎接中国城市营建史研究之春天

中国城市营建史研究书系首批出版十本，都是在各位作者所完成的博士学位论文的基础上修改补充而成的，也是亚热带建筑科学国家重点实验室和华南理工大学建筑历史文化研究中心的学术研究成果。这十本书分别是：

（1）苏畅著《〈管子〉城市思想研究》；

（2）张蓉著《先秦至五代成都古城形态变迁研究》；

（3）万谦著《江陵城池与荆州城市御灾防卫体系研究》；

（4）李炎著《南阳古城演变与清"梅花城"研究》；

（5）王茂生著《从盛京到沈阳——城市发展与空间形态研究》；

（6）刘剀著《晚清汉口城市发展与空间形态研究》；

（7）傅娟著《近代岳阳城市转型和空间转型研究（1899—1949）》；

（8）贺为才著《徽州村镇水系与营建技艺研究》；

（9）刘晖著《珠江三角洲城市边缘传统聚落的城市化》；

（10）冯江著《祖先之翼——明清广州府的开垦、聚族而居与宗族祠堂的衍变》。

这些著作研究的时间跨度从先秦至当下，以明清以来为主。研究的地域北至沈阳，南至广州，西至成都，东至山东，以长江以南为主。既有关于城市营建思想的理论探讨，也有对城市案例和村镇聚落的研究，以案例的深入分析为主。从研究特点的角度，可以看到这些研究主要集中于以下

13

主题：城市营建理论、社会变迁与城市形态演变、城市化的社会与空间过程、城与乡。

《〈管子〉城市思想研究》是一部关于城市思想的理论著作，讨论的是我国古代的三代城市思想体系之一的管子营城思想及其对后世的影响。

有六位作者的著作是关于具体城市的案例解析，因为过往的城市营建史研究较多地集中于都城、边城和其他名城，相对于中国古代城市在层次、类型、时期和地域上的丰富性而言，营建史研究的多样性尚嫌不足，因此案例研究近年来在博士论文的选题中得到了鼓励。案例积累的过程是逐渐探索和完善城市营建史研究方法和工具的过程，仍然需要继续。

另有三位作者的论文是关于村镇甚至乡土聚落的，可能会有人认为不应属于城市史研究的范畴。在笔者看来，中国古代的城与乡在人的流动、营建理念和技术上存在着紧密的联系，区域史框架之内的聚落史是城市史研究的另一方面。

正是因为这些著作来源于博士学位论文，因此本书系并未有意去构建一个完整的框架，而是期待更多更好的研究成果能够陆续出版，期待更多的青年学人投身于中国城市营建史的研究之中。

让我们共同努力，迎接中国城市营建史研究之春天的到来！

吴庆洲

华南理工大学建筑学院　教授

亚热带建筑科学国家重点实验室　学术委员

华南理工大学建筑历史文化研究中心　主任

目 录

第五章　战时重庆的建筑活动思潮与建筑教育　/ 126

第六章　抗战背景下的重庆城市规划　/ 197

第一章　绪　论

第一节　研究问题的提出

一、缘起

我国学者对城市史的研究始于20世纪80年代，并日渐成为史学研究的一个热点领域。城市史是"以研究城市的结构和功能的发展演变为基本内容。城市史和地方史、城市志的根本区别在于，它重视的是城市本身的发展演变，而不仅是城市范围内发生的历史事件和历史现象，只有当这些历史事件和历史现象同城市结构、功能的演变有密切关系时才成为城市史的研究内容"[1]。城市史是以城市实体为研究对象，研究的类型包括：史前城市史、古代城市史、近代城市史以及当代城市化进程的城市问题等。其中，对于中国近代城市史的研究，在经过十余年的研究后，中国学者从不同的切入点展开，已初步形成了具有中国特色的理论框架和研究方法，以及多学派、多学科交叉的学术研究景象。

在近代城市史研究领域，对近代中国城市转型和早期现代化的研究一直是其研究的主线，经历了从单体城市到不同类型城市和区域城市以及近代城市体系等的研究过程。近些年，随着对中国近代城市史研究领域的不断拓宽和深入，近代中国城市发展的复杂性和特殊性，以及同一城市在不同发展阶段的差异性和多样性等现象，促使对单体城市的研究从宏观向微观的精细化研究方向发展，其中，对某一城市"短时段"的综合研究日益成为近代城市研究的新视角。

近代中国城市的发展包括开埠、军阀混战到国民政府成立以及抗日战争这三个时期。在近代风云突变的时代背景下，由于各个时期城市发展的地域环境、动力机制等不同，城市呈现出截然不同的城市形态，并存在明显的差异性。纵观对中国近代城市的三个发展时期的研究，除了将这三个时段作为整体研究外，学界的关注多集中在1937年以前，尤其以1927—1937这"黄金"十年的较多。相比前两个时段城市的发展，抗日战争时期和战后通常被认为是城市建设的停滞期和凋零期，学界对此时段城市的研究，几乎全是简略和概括的。而对于近代抗日战争的研究，以往也多以革命史和战争史的范式来解读史实。从20世纪90年代开始，不少学者注意到

[1] 隗瀛涛. 近代重庆城市史[M]. 成都：四川大学出版社，1991：4-5.

抗日战争的发生，一方面在很大程度上改变和破坏了近代中国原有的"后发外生型"的现代化性质；另一方面在反抗日本侵略的过程中，在中国西部以重庆为代表的"大后方"城市却被迫和主动地悄然开启了"自发内生型"的现代化进程的特点[1]，从而以现代化的范式来研究这段历史，这必然扩展了抗日战争史的学术内涵和外延。因此，在抗日战争这一重大历史事件发生后，在城市普遍因战争而衰落和停滞发展的同时，关注在战争中局部、短时段，且有限地推进现代化发展进程的中国抗战"大后方"城市，无疑是在近代城市史和抗日战争史研究中架起一座桥梁。

在抗日战争时期，作为战时首都，重庆受战争破坏最惨重，同时也是内迁外力作用最大，突变最为剧烈的城市。因此，在多学科交叉综合研究的思路下，在研究近代城市具体物质空间环境变迁的建筑规划学科，选择中国近代城市发展第三阶段的"主角"抗战首都重庆作为个案研究对象，以抗日战争这一重大事件发生后，重庆城市如何应对战争灾难，如何防灾减灾为切入点，探讨在相对短的时期内，在外部偶发性重大事件发生后，在外部力量的直接作用下，城市的突变现象以及取得的阶段性跨越发展历程，这将是一个非常困难却又十分有意义的研究课题。可以说，本书是在特定时空背景下，对一个城市特殊发展阶段的史学研究。

二、意义

1. 抗日战争成为推动近代重庆城市发展的重大事件

重庆是一座有着3000多年历史的文化名城，从古代的区域军事堡垒与政治中心，发展成为长江上游地区的经济中心；从偏居西南一隅的内陆山城，发展成为抗战中国战时首都，闻名世界的英雄之城，重庆的城市发展历程是独一无二的。这座内陆山城曾两度因为战争而闻名于世，一次是在南宋晚期长达40余年的抗蒙战争，另一次就是近代的抗日战争，两次民族危急存亡之时担负起天下兴亡之重任。两次战争改绘了中国和世界地图[2]，改变了世界，也改变了重庆。

众所周知，城市的形成发展是一个动态演进的过程，某一时期的城市空间结构与形态不会凭空产生，而是在特定的历史背景下，在当时的政治、社会、经济、文化、技术等的影响下，在已有的城市基础上发展起来的，其过程和特点具有相对的必然性和特殊性。作为改变中国近代历史命运的重大历史事件，抗日战争的爆发，极大地改变了以重庆为代表的大后方城市发展轨迹。近代重庆从传统城市向现代城市的转型过程中，由地方军阀主政的战前十年，重庆缓慢地开启了现代化历程。随着抗日战争全面

[1] 袁成毅，荣维木，等. 抗日战争与中国现代化进程研究[M]. 北京：国家图书馆出版社，2008：57.
[2] 王康.深度重庆[J].中国改革，2004年第8期.

爆发，国民政府移驻重庆，近代中国社会经济重心向以重庆为中心的西部大迁徙，在如此强大的外来动力的促进下，重庆从由四川省政府直辖的乙种城市，转变为抗战时期中国的陪都，城市的政治地位在战争中得到极大的提升，城市建设也在短时期内得到超常规的发展，城市空间实现了较大的突破。与此同时，重庆也成为人类战争史上"无差别轰炸"的第一个受害城市，城市在长达六年之久的战火中遭受到毁灭性的破坏。而从四面八方涌入重庆的"下江人"，使得重庆在短短的几年时间里，人口从战前1935年的30万左右骤增到1945年的120多万。战争阴影、物质匮乏、人口剧增带来房荒、城市公共卫生等许多难以解决的城市问题也一直困扰着战时首都。可以说，"战争空袭破坏与城市重建发展"的二元矛盾始终交织在这八年的离乱之中。

此外，不同于由乡村的农业人口涌进城市，解决城市发展的劳动力需要，抗战内迁是从中国沿海等发达省份迁入相对落后闭塞的内陆山城，是各类高素质人才的"反向"流动。具体表现在内迁工矿企业对城市经济发展的推动；内迁的学校、科研机构以及文化团体等对科学技术水平的提升和城市人文环境的改善等方面。这种因战争御灾防卫而出现的城市建设，反映出战时重庆城市发展的特殊动力机制以及"自发内生型"的现代化发展模式。虽然战后，伴随国民政府还都南京，大规模的资金、设备、人才、企业等的陆续回迁，导致重庆城市经济实力的下滑，城市建设在战后四年几乎处于停滞状态。但和战前十年相比，重庆城市在抗战期间的发展明显得到了阶段性的提升。

但是这种短期快速的城市变迁同样也带来许多消极层面的影响，以及至今依然存在的城市问题。在战争期间一切为军事需要服务的宗旨，导致了城市中原有社会秩序和经济结构的突变，以军事和战争密切相关的行业尤其是军事工业的畸形发展，直接改变了重庆的城市空间格局和结构。因此，以影响城市发展的重大事件为契机，全面探寻抗日战争期间重庆的城市发展脉络，不仅可以丰富近代重庆城市史的研究内容，而且通过了解战时重庆城市的发展规律，以及人口剧增而带来的城市问题，以史为鉴，将对今天重庆的快速城市化发展具有一定的参考意义。

2. 充实和深化中国近代建筑史和近代城市规划史的研究

近代中国的城市规划有着从最初的西方导入走向自立发展的轨迹。战前，在中国较为发达的沿海城市，由国人"自主"完成的近代城市规划有南京国民政府的《首都计划》、《大上海计划》等，这反映了中国近代城市管理者和建设者对西方城市规划理论的学习和运用的本土化过程。

战前的重庆，城市现代化刚开始起步。而抗战期间的重庆，几乎是一种突发的应急式建设。"此种急骤空前之发展，纯由战争与动荡，特殊情势所造成，与其他都市之自然成长者，大异其趣。……是以一切公用事业之设备、住行乐育之措施，多系临时因應，倥偬急就"[1]。1939年，国民政府在战时颁布了中国第一部城市规划法《都市计划法》，要求所有遭受轰炸的城市，均须依此法制定城市规划。因此，1941年，在抗战最艰苦的环境下，在西部大后方的城市如西安、昆明等，市政专家编制了如《西京规划》、《云南省昆明市三年建设计划纲要》等城市发展计划。同年，战时重庆也制定了《陪都分区建议》，虽然简略，但却是近代重庆首次按照现代城市功能分区进行的城市计划。1945年，抗战结束后，在短短不到三个月的时间里，国民政府组织在渝的市政专家，为陪都重庆编制了第一部城市总体规划文本——《陪都十年计划草案》，这是继《首都计划》、《大上海计划》后，西部地区乃至全国又一部较为全面的城市计划。可以说，《陪都十年计划草案》无论从规划思想、内容、制度等方面都是国人战前借鉴西方先进的城市规划理论，自主进行城市规划实践的延续，值得深入剖析和总结。因此，对战后《陪都十年计划草案》的研究，将对于中国近代城市规划理论的发展和演变有着较重要的意义和价值。

此外，对于中国近代建筑史而言，抗战时期的建筑活动、思潮和教育，同样是其不可或缺的组成部分，不应该被遗忘和忽略。虽然战时的建筑类型多以山洞厂房和临时性建筑等为主，但在大后方文艺活跃的氛围下，在渝的建筑师没有停止对现代主义建筑的探讨，对战前盛行的"古典样式"建筑风格的反思，以及对城市平民住宅的尝试等。虽然物质生活环境异常艰苦和危险，但中国的现代建筑教育，对专业人才的培养也没有因战争而停滞。因此，通过对战时建筑活动和思潮等的研究，将更全面地认识现代主义建筑思潮在中国的传播和发展轨迹。

3. 促进对战时重庆历史遗产保护的重视

抗战时期，重庆作为全国的政治、军事、经济、文化中心，遗留下200多处[2]的历史遗址和遗迹，包括国民政府的党政军机构遗址、名人旧居、外国驻华领事馆、工业遗产、学校等建筑，是今天重庆历史文化名城的重要组成部分。然而在重庆快速城市化发展过程中，大规模的市政建设，使得部分抗战时期的建筑文化遗产年久失修，面临着被拆除、开发商所谓的异地重建等窘况。因此，通过对抗战时期城市发展的动力机制和突变现象的深入剖析，重温战时建筑文化形成的时代背景和特征，旨在唤起今天城市管理者和建设者，以及普通民众对抗战历史文化遗产的重视。通过本课题的研究，希望能够为陪都时期重庆的历史文化遗产的保护和再利用提供较为全面的参考依据和指引，这也是本论文研究的现实意义。

---

[1] 张笃伦.陪都十年建设计划草案序.陪都十年建设计划草案.
[2] 冯开文.陪都遗址寻踪[M].重庆：重庆出版社，1995:153-178.

第二节　研究状况

一、近代城市史的研究

（一）国内外对中国近代城市史的研究

1. 历史社会学科方面

国外较早开始了对中国近代城市史的研究，有一批较有影响的研究成果。以美国为主的西方学者对中国研究的重点是西方对中国的影响，出现了"西方冲击——中国反应"的模式。20世纪70年代施坚雅（G.William Skinner）主编的《中华帝国晚期的城市》（2000），至今仍是中国城市史研究中的重要参考书目。此外还有诸如"传统—近代说"、"帝国主义取向说"、"中国中心说"[1]等方面的研究，20世纪90年代，美国对近代中国城市的研究，还出现关注城市公共领域和城市精英的新趋势[2]，其中以罗威廉对汉口的研究最为详尽。总的看来，国外尤其以美国学者为主的研究，主要集中在晚清到民国二三十年代的城市研究，尤以沿海沿江开埠城市为主。

国内从宏观角度的研究有：隗瀛涛的《中国近代不同类型城市综合研究》（1998）、何一民的《近代中国城市发展与社会变迁1840—1949》（2004）等。对单体城市和区域城市的研究，"七五"期间，以隗瀛涛主编的《近代重庆城市史》（1991）、张仲礼的《近代上海城市研究》（1990）、皮明庥的《近代武汉城市史》（1993）、罗澍伟的《近代天津城市史》（1993）等四个具有代表性的近代新兴城市的研究最为突出，对近代城市史的研究理论和方法进行较为全面的探索。"八五"期间，学界完成了近代东南沿海、华北、长江上游地区等区域城市研究。此外，还有谢本书主编的《近代昆明城市史》（1997）、罗玲的《近代南京城市建设研究》（1999）、李玉的《长沙的近代化启动》（2000）、何一民的《变革与发展：中国内陆城市成都现代化研究》（2002）等一批单体城市史专著成果。在"短时段"的城市综合研究方面的成果有张瑾的《权力、冲突与变革——1926—1937年重庆城市现代化研究》（2003）、安克强的《1927—1937年的上海——市政权、地方性和现代化》（2004）等。

2. 建筑学科方面

中国近代城市规划史是以中国近代城市为研究对象的专门史，其研究的时间范围与中国近代建筑史、城市史、政治史、经济史、科技史等专门史一致，都是以1840—1949年为时限。和中国古代城市规划不同，中国近

---

[1] 魏楚雄.挑战传统史学观及研究方法——史学理论与中国城市史研究在美国及西方的发展[J].史林，2008年第1期.
[2] 王笛.近年美国关于近代中国城市的研究[J].历史研究，1996年第1期.

代城市规划研究的空间范围拓展到世界交流的体系之中，其中最大的特点是涉及近代西方国家产生的近代城市规划理论与技术等在中国被动移植和主动导入的实践过程。

在宏观研究方面，董鉴泓主编的《中国城市建设史》（2004）全面系统地阐述了中国古代奴隶社会、封建社会以及近代半殖民地半封建社会及1949年后中国城市的发展历程。此外，还有曹洪涛、刘金声著的《中国近现代城市的发展》（1998）、杨秉德主编的《中国近代城市与建筑（1840—1949）》（1993）、庄林德、张京祥编著的《中国城市发展与建设史》（2002）、邓庆坦著的《中国近、现代建筑历史整合研究论纲》（2008）等。值得一提的是由清华大学汪坦教授倡导召开的"中国近代建筑史研讨会"，从1986年开始至今，每两年一届的学术会议，研究内容广泛，已取得相应的成果，出版了《中国近代建筑研究与保护》系列论文集（1—8集）。赖德霖的《中国近代建筑史研究》（1992）也是其中重要成果。此外，清华大学汪坦教授和日本东京大学藤森照信先生合作开展了16个大中城市的近代建筑普查，编著了《中国近代建筑总览》系列报告16册，收录近代建筑2000多件。

在单体和区域城市方面，于海漪的《南通近代城市规划建设》（2005）中以南通较为全面的规划建设为例，探索适宜中国近代城市本土化发展模式。针对近代日本在中国占领地的城市的研究，有吴晓松的《近代东北城市建设史》（1999）、李百浩的《近代中国日本侵占地城市规划范型的历史研究》。日本学者对日占区的中国近代城市史研究十分活跃，完成了《中国东北城市规划史研究》、《满洲国的首都规划》、《殖民地满洲的城市规划》等论著[1]。在台湾的黄世蒙也对日占期的城市规划历史展开了系统研究，相继出版了《日占期台湾城市规划之政经脉络及历程》、《日占时期台湾城市规划范型之研究》等。而针对欧美列强在中国的城市规划和建设，学界集中在对开埠城市中的"租界"，殖民地城市如青岛、大连、澳门、香港等的研究。此外，董鉴泓主编的《城市规划历史与理论研究》中对中国近代城市的发展与变化、城市规划图的评析进行详细的论述。除了以上的学术成果外，城市史研究还包括华南理工大学吴庆洲教授以及武汉理工大学的李百浩教授指导的诸多博士和硕士学位论文，涉及近代中国多个城市和地区。2010年，在吴庆洲教授主编的《中国城市营建史研究书系》中，在建筑学科研究领域首次明确了城市营建史外延包涵"城市建设史"、"城市发展史"、"城市规划史"，中国城市营建史是城市史研究体系的子系统，不能离开城市史学的整体视野[2]。在首批

[1] 李百浩.如何研究中国近代城市规划史[J].城市规划，2000年第24卷第12期.
[2] 吴庆洲.中国城市营建史研究书系[M].北京：中国建筑工业出版社，2010：5.

出版的10本著作中，既有研究城市思想体系的理论著作，也有对具体城市的案例研究。

（二）对抗日战争时期中国现代化与城市进程的研究

城市现代化与城市化一直是近代城市史研究中的重要课题，国内学者多以此展开对近代中国城市史的研究。在抗日战争史的研究领域，以现代化的视野和角度来解读抗日战争，是其近年来研究的新方向。众所周知，抗日战争打断了中国的现代化进程，内迁促使中国现代化重心与格局发生改变，作为现代化要素的人口、教育、文化及整个现代化框架，也随之同时向西部地区进行了空间位移。当中国大部分东部城市处于沦陷衰落之时，在抗战大后方以重庆为代表的传统中心城市却继续着有限的现代化进程。对此展开研究的有：忻平的《1937：深重的灾难与历史的转折》（1999）中将这一特殊现象称为是从现代化发达地区向不发达地区的反向运动[1]，蔡云辉在《战争与近代中国衰落城市研究》（2006）中客观地将重庆战时和战后的城市状态划为阶段型增长与衰落共生的两个阶段。袁成毅在《现代化视野中的抗日战争》（2008）一文中指出：日本的侵略破坏了中国原有的"后发外生型"的现代化进程；又使得新的"自发内生型"的现代化进程在反抗的过程中悄然开启[2]。此外还有关于工厂、学校内迁和建设的著作，但多数论著更侧重于论述工业、文化教育对抗战的贡献以及内迁工厂对城市经济和政治等方面的影响。然而大多数学校、医院、工厂，尤其是兵工厂一经选址兴建，就不太易搬迁变动。"大院式"的外来物质实体空间对周围乡村的影响，是一种独特的城市发展模式，而学界对此城市现象的研究，却并不多见。

（三）对近代重庆城市史的研究

和近代中国大多数城市一样，近代重庆的城市发展也分为开埠时期、军阀统治时期、抗日战争等三个阶段。重庆城市的现代化转型，有着从最初的被动依附到模仿沿海模式，以及自主发展逐步提升的过程。对近代重庆城市史的研究，人文社会学科研究成果颇丰，其中，通史类著作有周勇主编的《重庆通史》（2002），其综合了隗瀛涛、周勇的《重庆开埠史》（1983），隗瀛涛主编的《近代重庆城市史》（1991），周勇主编的《重庆一个内陆城市的崛起》（1997）等多项成果。此外，张瑾著的《权力、冲突与变革：1926—1937年重庆城市现代化研究》（2003）侧重对军阀统治时期的城市研究。

而在建筑学科方面，重庆大学对于近代重庆城市和建筑的研究已有20多年的历史。杨嵩林教授主持编著了《中国近代建筑总览·重庆篇》

7

[1] 忻平.1937：深重的灾难与历史的转折[M].上海:上海人民出版社，1999:510.
[2] 袁成毅，荣维木，等. 抗日战争与中国现代化进程研究[M]. 北京：国家图书馆出版社，2008：57.

（1993），此外，多年来由杨教授指导的近代重庆建筑史研究方向，涵盖了在近代重庆城市的发展、建筑类型、近代建筑文化等多方面的研究成果。徐煜辉博士论文《历史·现状·未来——重庆中心城市演变发展与规划研究》（2000）全面梳理了重庆城市的发展脉络。近年来，杨宇振以独特的视角，跨学科的研究方法展开对近代重庆城市的研究，成果包括《从〈巴蜀鸿爪录〉阅读三十年代重庆城市景观》（2005）、《城市历史地图与近代文学解读中的重庆城市意象》（2005）等。总之，他们的研究成果为本人的研究提供了较为全面的基础资料和广阔的视角。

多数学者对于近代重庆城市史的研究时域多集中在抗日战争爆发前，而对抗战时期的城市建设研究较为概括，如隗瀛涛等学者已全面论述了近代重庆三个阶段的城市发展特点和动因。但从近代城市建设史的角度，对战争事件下，重庆城市突变过程的研究，还有进一步深化的空间。目前，关注抗日战争时期重庆城市的最新研究成果有邓庆坦著的《中国近、现代建筑历史整合研究论纲》，将战时在渝的建筑活动认为是榫接战前中国第一次现代建筑实践高潮与新中国成立后的现代建筑自发延续的重要一环。杨宇振在《论近代城市建设发展研究的多维因子——以近代重庆城市为例》（2005）一文中，从空间层面、时间段、城市主体等方面探讨推进近代城市建设的力量，并提出"短时段"综合研究等是研究近代城市发展的多维因子之一。杨宇振的《陪都时期重庆城市图景素描》（2005）通过区域交通网络、城市空间拓展与演变、城市人口分布与职业构成、城市安全与城市卫生、二元矛盾结构的多维叠合等方面勾绘出了陪都时期的重庆城市发展状况与特征。此外，刘亦师在《中国近代建筑发展的主线和分期》（2012）一文将1937年后的近代建筑活动归属于近代化过程的另一个发展阶段，而战时国民政府内迁西南，客观上使得中国近代化发展极不均衡的状况得到初步改变。这些研究将开拓本课题的研究思路。

而对于《陪都十年建设计划草案》（以下简称《计划草案》）的研究，在董鉴泓主编的《中国城市建设史》（2005）中对《计划草案》的评述较为简略，杨宇振、徐煜辉等学者在对近代重庆城市研究中对《计划草案》有初步客观的评价。虽然《计划草案》（1946）和《上海大计划》（1929）、南京《首都计划》（1931）同是由国民政府主导下，集结当时国内外的市政专家制定的城市计划。但学界对《计划草案》的关注和研究远远低于后两者[1]。

---

[1] 通过查阅中国知网等期刊网，笔者发现对《大上海计划》、《首都计划》的研究成果斐然。较为详尽的有：魏枢的博士论文《大上海计划》启示录2007，张晓春的博士论文《文化适应与中心转移——上海近现代文化竞争与空间变迁的都市人类学分析》2004，陈秉钊等《尊重历史 挖掘历史——上海五角场地区历史文化资源整合规划》（城市规划学刊2005）；苏则民编著的《南京城市规划史稿》（中国建筑工业出版社，2008）。

二、城市御灾防卫的研究

影响城市发展的因素很多，除自然及人文环境、经济与技术条件外，在城市的形成发展过程中，战争灾难也是不可回避的重要影响因素。在人类数千年的历史长河中，修筑防御战争的城池，减少战争对城市的破坏，是古今中外城市建设必不可少的内容。战争是随着私有财产和阶级社会的出现不可避免的一种社会历史现象，而城市由于人口集中、工商业发达，通常是一个国家或区域的政治、经济、文化、军事中心，所以每当战争爆发后，城市往往成为主要的攻击目标。对于进攻方而言，以占领城池、破坏城市内物质空间实体为最终目标。而城市的防御方，对城市的防守不仅体现在战术的制定以及战斗力的集结，还反映在城市的最初选址、布局，以及防御物的构筑上。因此，对于古今中外的大小城市，从古罗马维特鲁威在《建筑十书》中构想出有利于军事防御的八角形的理想城市模式，到我国北宋东京三套城体系，城防安全往往是城市建设中的关键环节。

战争对城市的影响，不仅局限在城池的防御构筑，还反映在城市功能、格局、建筑等随着战争攻击手段和形式的改变而调整变化。在第二次世界大战中，新型的战略进攻形式"空中轰炸"的出现，使得交战双方没有身体的接触和面对面的杀戮，而是进攻方通过空中轰炸机的攻击，造成受攻击城市及建筑的毁坏，以及大量的人员伤亡。从1937年4月纳粹德国空袭西班牙格尔尼卡开始，重庆、伦敦、柏林、德累斯顿等城市都先后遭受到空中轰炸的破坏。战争对近代城市和建筑造成极大毁坏的同时，也影响了城市和建筑观念的发展。在近代二次世界大战期间，新建筑运动思潮的兴起，城市平民住宅的大量建设，以及现代城市规划理论的发展（如卫星城在战后的发展），或多或少都与战争相关联。

由华南理工大学龙庆忠先生首创的中国建筑防灾学研究，多年来，系统研究城市和建筑防洪、防火、防震、防风等的灾害风险和防灾对策，在城市与建筑防灾的研究领域独树一帜。其中，以龙老的学术继承人吴庆洲先生的研究成果最为丰硕。其先后完成《中国古代城市防洪研究》（1995）、《中国军事建筑艺术》（2006）、《中国古城防洪研究》（2009）三部专著。以独特的视角归纳出中国古代城池防御体系的特点是"军事防御与防洪工程的统一体"，通过结合中国古代的典型城池案例，剖析了不同兵器时代城池军事防御体系的主要组成与功效，并在此基础上从选址、规划、建筑等三方面总结出利于军事防御的城池艺术。而在吴庆洲主编的中国城市营建史研究书系中，万谦的《江陵城池与荆州城市御灾防卫体系研究》（2010）、李炎的《南阳古城演变与清"梅花城"研究》（2010），也分别总结了古代江陵城以及南阳"梅花城"的城池军事防御特色。

　　此外，还有不少学者对中国古代城市防御和防灾展开多角度、多方面的探讨，其中有思想理论层面的分析，如龙彬的《墨翟及其城市防御思想研究》（1998）；有针对典型个案城市防灾的研究，如北宋东京由于城池无天然的防御优势，因此城市在军事防御、防火、防洪等方面的建设尤为突出，对其研究有田银生《北宋东京城市建设的安全与防御措施》（1996）、郑东军等《里坊制解体与北宋东京城市防御体系探析》（2011）、朱黎明《开封城墙防御体系研究》（2011）等；又如四川山地城池防御在南宋晚期的抗蒙战争中发挥出极大的作用，对其研究有邓琳等《南宋四川山地城市防御设施研究》（2004）、何平立的《略论南宋时期四川抗蒙山城防御体系》（2004），以及刘志勇等以宋代东京城和巴蜀地区城镇防卫体系进行空间绩效的分析（2010）等。而对于古城重庆，吴庆洲在《中国军事建筑艺术·金汤篇》中以"四塞天险重庆城"一文，对古代的重庆城池发展沿革，在军事上的重要战略地位，城门关隘的设置与军事防御以及"九宫八卦"的象征意义等做了精辟的论述，总结了古城重庆筑城及城池军事防御特点等，为本文研究近代立体战争背景下的重庆城市防御与安全，在理论方法上做了清晰的指引。

　　从目前的研究看，大多数学者的成果多集中在古代的城市御灾防卫，以及古代城市防御对城市布局的影响等方面。而对于近代抗日战争中，针对空袭与反空袭斗争的城市研究，以往多集中在中国近现代史和军事史的研究范畴。从20世纪90年代起，国内形成了对抗战史的研究热潮，而对于战时首都重庆大轰炸的研究，更成为其中的一个学术热点，并取得一定的研究成果。在综合性的著作方面，包括军事科学院军事历史研究所的《中国抗日战争史》（1994），张宪文主编的《中国抗日战争史（1931—1945）》（2001）等。针对轰炸与防空，也有一些成果，如唐守荣主编的《抗战时期重庆的防空》（1995），谢世廉主编的《川渝大轰炸——抗战时期日机轰炸四川史实研究》（2005）等。日本的著名军事评论家前田哲男也以重庆大轰炸为研究对象，先后出版《重庆大轰炸》（1990），《从重庆通往伦敦、东京、广岛的道路——二战时期的战略大轰炸》（2007）。此外，还有不少学术论文，从不同角度对重庆大轰炸，对战时城市防空等展开研究，如杨光彦、潘洵的《论抗战时期重庆反空袭斗争的地位和作用》（1995），潘洵的《论重庆大轰炸对重庆市民社会心理的影响》（2005），袁成毅《国民政府防空建设史料整理与研究述评》（2011）等。值得一提的是，张瑾在《西方主流媒体对重庆大轰炸的报道分析——以〈基督教科学箴言报〉为例》（2009）一文中，以新闻传播学的研究框架对美国《基督教科学箴言报》1938—1943年对重庆大轰炸的相关报道进行研究，探讨西方主流媒体上的中国抗战首都重庆形象，这是从另一个角度解读重庆大轰炸。总的来说，这些研究都较侧重于对空袭轰炸后城市的破坏现象的描述，救灾的组织以及防空军事等方面。而对于遭受轰炸毁坏后，当时的城市管理者和市政专家，如何进行城市重建计划，如何在防空要求下进行城市规划布局，如何形成新的城市空间形态，平面形式和路网构架等如何适应新的战争环境等方面的研究，还较为缺乏。因此，本文试图从建筑学的角度对此展开探讨。

第三节　研究范畴和理论方法

一、空间范畴和时间跨度

本书研究对象涉及的空间范畴是1950年重庆行政区划的主城6区，即市中区、江北区、南岸区、沙坪坝区、大渡口区、九龙坡区，外加远郊北碚区。重点研究主城6个核心区的形成动因和特点，即在抗日战争时期，因防空疏散和御灾防卫而拓展市区形成的区域空间范围（图1-3-1）。

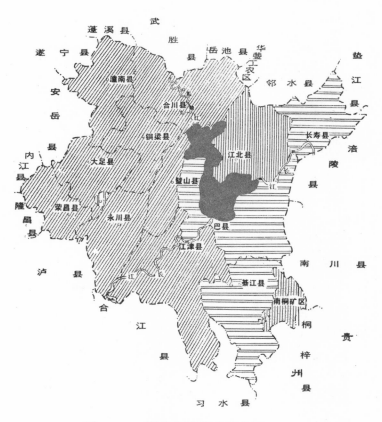

图1-3-1　研究空间范畴示意图

（资料来源：根据重庆地图自绘）

11

本书的时间跨度较短，因此不再遵循由前到后的时间顺序进行阐述，而是以各类专题的形式展开研究。由于是非正常时期，一切为防御战争服务的宗旨下，战时城市建设不可能有系统和整体的计划，从而导致城市发展不平衡和不全面。因此，对其研究也不可能如正常状况下的面面俱到，而是以战争事件带给城市的突变为主要研究内容，即1937—1946年战争期间重庆的有限城市建设，包括城市御灾防卫、旧城空间改造、市区范围拓展、乡村城市化；以及研究抗战胜利后，1946年初在国民政府还都南京前，召集市政专家完成《陪都十年建设计划草案》，这是对战时陪都重庆城市建设和问题的较为全面的总结，为陪都重庆制定出今后的城市发展蓝图，值得深入挖掘。论文拟以时间为界，研究线索会更为清晰明了。而在1937—1946年战时城市建设的时段里，随战争形势的变化，以1941年底太平洋战争爆发后，日机对重庆轰炸开始减弱为转折点，此前1939—1941年为轰炸激烈期，城市建设主要是御灾减灾和自救疏散，而从1942—1946年为轰炸减弱期，城市进行有限建设。

二、研究的理论和方法

本书主要通过史料与现实相结合的研究思路，以建筑史学的研究角度，选择这段特殊历史时期中具有代表性的城市建设进行考察分析。从当时城市呈现出的典型性形态现象入手，运用多学科的相关理论和方法，对现有历史档案、文献深入挖掘和运用，以史料为基础，以史代论是基本的研究方法。并通过对国内外与本课题研究对象相关的理论研究成果的借鉴和学习，应用类比、归纳、推理等多种方法进行分析与总结，不断修正和完善本论文的研究内容和理论体系，使本课题的研究具备更高的科学合理性和实用性。

（一）研究方法

本课题采用历史学和建筑学相结合的研究方法，以历史学的研究方法为基础，包括史料的考证，田野考察等。通过调查，对现有陪都建筑遗存或建筑实物进行实地考察调研测绘；通过访谈，走访战时城市建设历史的见证人；通过对重庆市档案馆保存的抗战期间（1937—1946）重庆作为陪都所形成的"陪都档案"，以及重庆市图书馆民国文献资料的收集与整理，获得本课题研究所需直观、真实、可信的第一手原始资料，并依靠主观的理解进行定性分析。

城市历史地图反映了一定群体对于城市空间结构与形态的认知，具有一定"认知城市"的作用。因此通过定量分析法，将不同历史时期的重庆城市地图进行对比量化分析，是本课题研究的重要环节。通过不同历史时期重庆地图中呈现出城区范围的拓展，城市道路的变迁，城市空间节点的形成等特征，全面了解城市的演变历程。此外，本课题还侧重研究战时和战后城市规划文本中的现代城市规划设计图例，通过对规划图例中的道路、街道、社区空间和建筑物等物质要素的量化分析，以及运用数理统计分析方法，通过多方面的数据分析，减少盲目臆测，使本研究的推论更为理性和科学。

此外，运用综合比较方法，对比战争前后的重庆各个城镇布局、空间结构和形态特征的变化，将同属于战时大后方城市的重庆《陪都分区建议》和昆明的《云南省昆明市三年建设计划纲要》，以及同属于中国近代"自主"城市规划范畴的《陪都十年建设计划草案》与南京的《首都计划》进行比较研究，是本文的重点内容之一。同时在立足于史料的基础上，将战时与开埠、军人自治等不同时期的重庆城市建设进行综合分析和比较研究。

总之，对于近代城市建设的研究，历史学科和城市规划建筑学科常因侧重点不同而相对独立进行。本课题旨在将两者结合起来，既重视史学研究，又重视技术图纸的数理量化分析。

（二）相关理论

1. 重大事件与城市发展动力机制

近年来，探讨重大事件对城市发展的影响和作用，在城市规划学科越来越引起重视。

"事件"一词在《现代汉语词典》中的释义是"历史上或社会上发生的不平常的大事情"[1]。而能在城市中改变城市状态的事件，则多是影响较大、不寻常的重大事件。吴志强先生定义"重大事件"，将其分为广义和狭义两个概念。在广义上，城市发展过程中，对城市具有长远性、全局性、战略性影响的关键事件都构成该城市的"重大事件"。相对于城市发展每一个时间段，都有重要的、短期的、能级不同的来自外部的动力构成了它的"重要事件"[2]。纵观城市发展的历史轨迹，许多城市会与一系列重大事件（包括政治、经济、战争等）联系起来，在发展过程中出现重要的转折点。偶发的重大事件可能带给城市机遇，也可能带来灾难，其对城市的影响有两种涵义：一种是指主动意义上组织城市行为，争取有利于城市发展，具有积极作用的城市事件，如2008年北京奥运会和2010年上海世博会的举办给北京和上海城市带来了积极意义的城市突变。另一种指被动性的事件，其中包含了自然灾害、战争灾难、社会暴动、流行性疾病爆发、环境污染等[3]，带给城市消极、破坏性的突变。但事物的发生都有两面性，灾难毁坏了城市，但灾后的重建又为这些受灾城市提供了新的

13

城市发展机遇，例如四川汶川，大地震的突然降临摧毁了众多城镇，但在灾后短短三年的时间里，在全国各地人民的帮助下，重新建立起来，城市面貌发生翻天覆地的改变。从近代中国城市的发展历程看，抗日战争对于重庆城市的影响也同是属于后一种意义的重大历史事件。

吴志强先生认为城市发展机制存在"底波率"原理[1]。城市发展的动力机制有内在动力和外部促动力，城市在内部经济、政治以及文化等的作用下，表现出持续稳定的发展轨迹，这是城市发展的一个底线，但在外部突发性动力的作用下，城市表现出阶段性的跨越提升，这样城市重大事件就属于"底波率"中的"波"的要素（图1-3-2）。

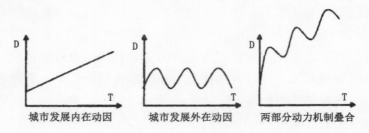

图1-3-2 城市发展机制的"底波率"原理示意图

（资料来源：吴志强.重大事件对城市规划发展的意义及启示[J].城市规划学刊，2008年第6期：17）

从近代重庆城市的发展轨迹来看，在战前十年，重庆在内部的动力下，缓慢地推进着现代化进程，这是重庆城市发展的一个底线。但随着抗日战争的爆发，战争因素成为城市发展的双刃剑，战争的破坏力和内迁形成的外部促动力，带给重庆城市突变的机遇，城市得到阶段性的跳跃式发展。虽然战后伴随国民政府的还都南京，大规模的资金、设备、人才、企业等的陆续回迁，导致重庆城市经济实力的下滑，人口从1946年125万降至1949年不足70万，城建在4年中没有任何发展[2]。但和战前十年相比，城市明显得到了阶段性的提升。因此，运用城市发展的"底波率"原理，能够从新的角度来解读重庆在遭受战争灾难的同时，如何自救、发展、提升的城市现象。抗日战争是对重庆城市影响的重大事件，促使重庆城市在短时段内发生巨大改变，具体表现在因战争而内迁工厂对城市经济发展的推动，城市空间结构和形态的改变，内迁学校与政府机构的疏散对城市人文环境的改善，内迁工厂、学校等促进乡村城市化的发展历程。

在抗战重大事件的影响作用下，城市发生突变，表现在城市形态与城市空间结构上的改变。重庆古城由于受地理环境的限制，以及古代城池军事防御需要，较难向西进行城市拓展，只有选择在嘉陵江北岸建筑新城，

[1] 吴志强.重大事件对城市规划发展的意义及启示[J].城市规划学刊，2008年第6期：17.
[2] 曹洪涛，刘金声.中国近现代城市的发展[M].北京：中国城市出版社，1998：163-170.

章生道先生将这种城市形态归为因河流或运河阻隔而形成的双城模式（复式城市）。重庆古城是重庆城市的发祥地，也是今天重庆的商业和经贸中心，其城市形态和空间结构在近代逐渐完成了由封建传统城市形态向近代城市形态的转变过程。近代开埠后日租界设在长江南岸，与重庆古城和江北城，形成了三足鼎立的城市格局，只是租界对重庆古城的示范作用不够明显。抗战前十年军人政府更多把城市建设向古城西郊拓展，重点放在开辟新市区的运动上，但扩展规模却因多方面受制而举步维艰。对以渝中半岛为中心的重庆古城的城市形态和空间的大规模改造，更多始于抗战期间遭受空袭轰炸后城市的重建。而江北和南岸沿两江线型大规模拓展，则是内迁工业分散式建设的结果，城区因此得到更大范围的扩展。可以说，战时促进重庆城市形态和空间结构发生较大变化的源动力是由抗日战争这一重大事件决定的。

2. 西方现代城市规划理论及在战时的"本土化"应用

在遭受空袭轰炸的近代战时环境下，除了军事上的御敌外，基于防空下城市的建设，也是本论文的主要内容，而指导战时防空城市规划建设的是西方现代城市规划理论。

众所周知，城市功能分区制、田园城市、卫星城，以及带状城市等现代城市规划理论的产生，是缘于西方工业革命后，城市由于人口膨胀、环境恶劣而出现的诸多城市问题。早在1933年，针对工业化时期城市扩张过程中各类用地布局混乱的状况，《雅典宪章》提出了城市四大基本功能，即居住、工作、游憩和交通，并依此进行城市功能分区改善城市环境。而针对如何疏散及控制大城市人口，霍华德（Ebenezer Howard）在20世纪初就提出了"田园城市"理论。在他的《明天——一条引向改革的和平道路》书中，霍华德认为理想的城市应该兼有城市和乡村的优点，为了控制城市的规模，他主张实现城乡结合，建设若干田园城市围绕一个中心城市，构成一个城市组群。试图在工业化条件下，解决城市发展与适宜居住之间的矛盾。而由霍华德的追随者恩温（Unwin）则进一步提出发展在大城市的外围建立能承担局部功能的卫星城市，以疏散人口控制大城市规模（图1-3-3、图1-3-4）。卫星城镇的发展经历了由"卧城"到半独立的卫星城，到基本上完全独立的新城，其规模逐渐由小到大，规模大些的可以提供多种就业机会，也有条件设置较大型完整的公共文化生活服务设施，减少对母城的依赖，从而减缓中心城区过度发展的压力。此外，由伊利尔·沙里宁（Eliel Saarinen）在1934年提出的"有机疏散"理论，是把城市看成由许多细胞组成，利用细胞间的空隙既有益于有机体灵活地生长，同时又能保护有机体的原理，主张城市采用"化整为零"的布局结构，将大城市那种拥挤成一整块的区域，分解成为若干个集中单元，并把这些单元组织成为"在活动上相互关联的有功能的集中点"。在这样的意义上，构架起了城市有机疏散的最显著特点，便是原先密集的城区，将分裂成一个一个的集镇，它们彼此之间将用保护性的带状绿化地带隔离开来[1]，从而将城市从无秩序的集中变为有秩序的分散（图1-3-5）。可以说，沙里宁的有机分散思想在战时甚至战后的许多城市规划中得到了应用，对发展新城以及大城市向城郊疏散都有较大的影响。

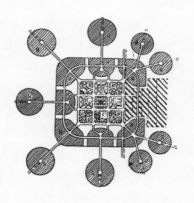 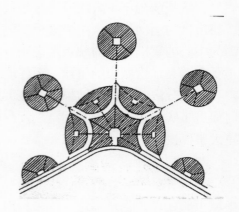

图1-3-3 恩温的卫星城模式一　　　图1-3-4 恩温的卫星城模式二

（资料来源：张京祥.西方城市规划思想史纲[M].南京：东南大学出版社，2005：159）

在20世纪初，在西方势力的冲击以及国人主动引进下，这些现代城市规划理论传入中国，首先在沿海开埠和殖民地城市（如上海、广州、大连、青岛等）得到实践。在20世纪二三十年代，南京国民政府成立后，南京、上海等城市管理者开始主动借鉴和学习西方现代城市规划理论，并组织从国外留学归来的市政专家完成了《大上海计划》、《首都计划》等城市计划。随着抗日战争全面爆发后，中国的市政专家和专业技术人员等内迁到

图1-3-5 沙里宁的有机分散模式

（资料来源：张京祥.西方城市规划思想史纲[M].南京：东南大学出版社，2005：131）

相对落后的西部城市时，也带去了西方国家先进的城市规划思想和理论，在战时一切从防空出发的城市规划中，这些有关大城市疏散理论得到了"本土化"的应用。在战时重庆，霍华德（Ebenezer Howard）的"田园城市"理论、恩温（Unwin）的"卫星城镇规划"理论、沙里宁的"有机

---

[1] 沈玉麟.外国城市建设史[M]．北京：中国建筑工业出版社，1989.

疏散"理论等被合理运用来解决战时重庆城市所面临的城市问题，通过战时防空疏散与功能分区规划，促进了传统山地城市改造，城区的大规模拓展，郊区乡村的城市化发展，多个卫星城镇的形成。而战后《陪都十年计划草案》的制定，同样也深受西方现代城市规划理论的影响，如佩里的"邻里单位"理论。因此，通过重温20世纪40年代西方近代城市规划理论，可更清晰地认识战时重庆城市建设的指导思想，以及深入了解战时中国在后方城市"自主"进行城市规划的实践过程。

第四节　研究目标与内容

一、研究目标

抗战时期重庆因外来因素的影响呈跳跃式发展，这是一个偶然而独特的城市现代化现象。因此在对历史事件、实物遗迹等的调查分析基础上，以物质层面上的战时重庆城市防御建设（包括火巷建设和旧城区改造、兵工厂建筑、城市空间拓展等），文化层面的战时建筑思想、建筑理论、建筑教育等，制度层面上的《陪都十年计划草案》的编制、战时城市管理和法规的制定等，以及人的层面（包括城市管理者及建设者等）等四个层面为研究对象，全面构建出1937—1949年期间重庆城市现代化发展进程中的动力机制、发展轨迹以及运行规律等多方面特征。

二、研究内容

本书试图从战争与城市防御为切入点，围绕战争带给城市的变化作为主线，组织和筛选研究内容。战时重庆城市面临战争破坏力和内迁促动力的两方面影响和作用，表现在随着战争形势的变化，为应对战争破坏，重庆开始了防御型城市建设，以及为减少战争损失，城市向乡村疏散，以内迁工厂和学校为主的外来发展动力促进重庆郊区城市化进程，具体表现为工业区和文化教育区的出现。此外，作为中国近代城市发展第三阶段的主角，战后重庆第一次编制的城市规划和战时的城市建设一样，都是中国近代城市建设史中不可缺少的部分。可以说，《陪都十年建设计划草案》延续了中国近代"自主"城市规划的轨迹，战时高素质的专业人才和先进的科学技术是外来发展动力的具体表现，一个城市的建设活动离不开对建设者的培养和建设者的实践活动。因此，作为战时首都独特城市文化组成部分的建筑思潮、现代建筑教育等与城市建设密不可分，这是当时中国在残酷战争的巨大破坏面前，战时首都呈现出的积极活跃的建筑文化现象，同样也丰富了中国近代建筑史和近代建筑教育史的内容。因此，本论文的研究包括五方面的内容：

1. 时代与区域背景下战前重庆城市发展概况

从城市的军事防御角度出发，分析古代重庆的山、水与城市选址布局的特点，梳理重庆古代四次主要筑城活动与战争的关系。在此基础上，分析抗战迁都与历朝历代迁都迥然不同的时代内涵和国际背景，国民政府应对战争的各方准备，迁都选址的缘由和过程，分析重庆成为近代立体战争的战时首都和国防中心区的地理及人文环境、区域交通网络、经济基础等多方面的优势。

2. 战时重庆城市御灾防卫与城市空间改造

在抗日战争期间，战时首都重庆遭到日军长达六年多的无差别轰炸，给城市带来灾难性的破坏。通过探讨中国古代城市防火策略以及山地城市火灾防治的途径，研究战时重庆城市的减灾防御政策和措施，重点分析国民政府在重庆旧市区进行的开辟火巷等战时特殊的市政建设，以及在遵循现代城市功能要求而进行的城市功能和空间格局的重建与改造。

3. 战时城市区域空间拓展与近郊区城市化进程

国民政府施行的战时城市疏散政策，缓解旧城区压力，促进了城市地域空间范围的拓展，并给广大的乡村带来建设发展的机遇。而内迁工厂区和学校基于防空要求分散建设，促进郊区的城市化发展，以及重庆城市因战争初步形成的"大分散、小集中、梅花点状"的城市布局特色以及成因。

（1）战时重庆的迁建区建设

抗战爆发后，国民政府为应对人口的剧增以及躲避日军的轰炸，制定战时的疏散政策和办法，并在成渝公路到青木关和青木关到北碚的公路沿线划分疏散迁建区，包括歌乐山迁建区、北碚迁建区等。

通过对歌乐山疏散迁建区的调查研究，在大量相关数据分析的基础上，论述歌乐山迁建区的迁建对象的特殊性（军政机关、社会团体、军队医院建筑和军政要员及社会名流的公馆等），歌乐山风景区的建设特点，以及对城市分区规划的影响与意义。

与歌乐山迁建区不同，北碚在民族实业家卢作孚先生的努力经营下，抗战前已是初具规模的小市镇，随着迁建区的建设，北碚的市政建设得到进一步的发展。因此将北碚和重庆市区的城市建设思想、建设模式等多方面的异同作为研究侧重点，并详细论述北碚独特的乡村城市建设运动。

（2）战时工业区建设促进了近郊区城市化发展

抗战内迁来渝工厂建设在中国近代工业史上占有较为重要地位，正是依靠这些从沿海一带迁来工厂的技术和设备，以及重庆城市本身便利的交通网络和丰富的工业原料资源，重庆迅速成为当时全国最大的重工业和军事工业基地，为抗日战争发挥了巨大的作用。重庆在战时短短的七八年间便走完了需要数十年乃至百余年才能走完的历史进程，奠定了今天的工业基础。

通过分析迁渝工厂从防空安全考虑的选址规划与城市空间拓展的内在关联，论述迁渝工厂的建设如何促进了战时重庆城市的发展、城市结构的改变和城市工业区的形成，以及多个以厂区为中心的新市镇的出现。重点论述战时江北工业区的大发展和由此而来的区中心的转移，以及大渡口钢铁工业区的形成。并论析独一无二的战时山洞工业建筑特色以及经济适宜的建造艺术。

（3）"沙磁文化区"的形成

战时城市疏散，促进重庆近郊文化区的形成和发展。内迁的学校集中分布在城市西郊的沙坪坝和北碚的夏坝，尤其是沙坪坝至磁器口一带，集中了中央大学、南开中学等当时全国一流的学校，推动了当地乡村教育的建设与发展，奠定了今天重庆城市文化区的雏形。通过对抗战期间内迁学校的调查，在分析大量相关数据的基础上，了解这些学校的分布和建设情况，并论述其对重庆教育的贡献以及对城市发展的重要作用。重点分析本土的重庆大学在战时的发展概况，以及迁渝的南开中学在建校之初新建的一批现代主义建筑风格的学校建筑，如范孙楼和图书馆，在重庆近代教育建筑中具有重要的社会意义和历史价值。

4. 抗日战争时期的建筑活动、建筑思潮与建筑教育

系统分析战时陪都新建筑的特点、建设过程、建筑师、营造厂以及设计思想与实践。并在此基础上，总结出战时重庆建筑文化的特征。通过对战时重庆的多种建筑期刊杂志的调查分析，深入了解当时现代主义建筑思想传播的背景和反思中国"古典样式"建筑思潮，并论述在办学与求学都极其艰苦的战时条件下，陪都的现代建筑教育状况。重点分析在中央大学、广东勷勤大学、中山大学等建筑系的师资帮助下，重庆大学建筑系成立的缘由，创办过程以及课程设置、师资队伍等特点。对战时建筑类型的研究，除了对政治性、纪念性、文化教育建筑，以及现代山地建筑的探索外，还关注在战争阴影下对重庆市民威胁较大的"房荒"问题。因此本书重点分析国民政府在结合疏散区的建设，在郊外营建市场的同时，多层次、多渠道建设平民住宅的相关政策、实施办法和实践过程，以及战后对沿江棚户的整治等内容。

5. 抗战背景下的重庆城市规划

主要分析战时重庆制定的《城市分区计划》，以及战后《陪都十年建设计划草案》的编制及其意义。其中，战时重庆的《城市分区计划》是结合防空疏散与城市功能分区思想，初步规划出大重庆的格局。比较同时期昆明制定的《云南省昆明市三年建设计划纲要》，可以发现战时的城市计划对功能分区思想的重视。而战后《陪都十年建设计划草案》是重庆在战

时城市建设的基础上，运用现代城市规划理论编制完成的重庆市第一部城市规划。通过对《陪都十年建设计划草案》起草的历史背景、制定过程、草案内容、编制人员等系统客观的评述与分析，论证其对重庆现代城市建设和规划的影响，并对比分析《陪都十年建设计划草案》与近代南京的《首都计划》的异同，全面归纳总结出中国近代城市规划的思想和特点。

第二章 时代与区域背景下战前
重庆城市发展概况

秦汉江州城、蜀汉李严城、南宋晚期的重庆城以及明清重庆府城，历朝历代的筑城行动都体现了重庆山水城市具有战争防御的优势。而南宋时期是古代重庆城市发展的转折时期，一方面，以重庆为中心建立的山地城池防御体系在南宋晚期的抗蒙战争中起到关键作用；另一方面，南宋时期的重庆也开启了城市化的历程，重庆从单纯的军事城邑转变为军事与商贸并重发展的城市，到明清时期重庆已逐渐成为川东的军政和经济中心。近代重庆从开埠到军人执政十年，城市缓慢开启了现代化的进程。抗日战争全面爆发后，同样由于重庆城市的战争防御以及自然、人文、经济等多方面的优势，最终成为中国战时首都最理想的城址。

第一节 从军事城邑到区域商贸中心的重庆古城

一、具有战争防御优势的重庆古城

1. 防御战争是城池建设的重要内容

战争是指民族与民族之间、国家与国家之间、阶级与阶级之间或政治集团与政治集团之间的武装斗争[1]。德国军事学家克劳塞维茨认为，"战争就其本义来说就是斗争，因为在广义上称为战争的复杂活动中，唯有斗争是产生效果的要素，斗争是双方精神力量和物质力量进行的一种较量[2]"。在人类数千年的历史长河中，战争是随着私有财产和阶级社会的出现不可避免的一种社会历史现象。战争不仅是政治的继续，是流血的政治，是解决政治矛盾的最高的斗争形式；也是利益驱动下的暴力行为，从战争的起因来看，经济利益是战争发生的最终原因。

在人类原始社会时期，当农业生产逐渐成为主要的生产方式时，氏族部落形成，产生了聚族而居的固定的居住点，随后出现了聚落和村庄。而到了父系氏族社会，父系氏族社会的首领利用自己的特权占有氏族的公

---

[1] 中国社会科学院语言研究所词典编辑室.现代汉语词典[M].北京：商务印书馆，1988：1454.

[2] [德]克劳塞维茨.战争论[M].第一卷.中国人民解放军军事科学院译.北京：商务印书馆，1982：101.

共财产，掠夺邻人财富，发动战争，这是原始社会末期的军事民主制时期[1]。恩格斯认为在这一时期"邻人的财富刺激了各民族的贪欲，在这些民族那里，获取财富已成为最重要的生活目的之一，进行掠夺在他们看来是比进行创造性的劳动更容易甚至更荣誉的事情"。战争已经"成为经常的职业了[2]"。有掠夺就有反掠夺，各个部落为了保护自身的财产、人口不被侵略，为了提高部落的防范能力，于是具有防御功能的构筑物及设施便出现了。中国的史前时代也出现了部落间的战争，为保护部落的安全和不被外族侵扰，同样也在聚落居住点外面建具有军事防御功能的濠沟、夯土墙、石墙等防御构筑物，如西安半坡、陕西临潼姜寨、内蒙古赤峰东八家石城等遗址。随着生产工具的进步，生产力的不断地提高，私有制和阶级的出现，原始社会过渡到奴隶制社会，以商业手工业为主的城市从一般的村落居住点分化出来。这时的城市防御构筑物有外筑土墙、沟池或木栅栏，也出现了防御城垣。正如《礼记》中所言："城郭沟池以为固"。到了春秋战国时代，各国间战争频发，对城市的防御极为重要，不仅各大国的都城防卫颇费心思，就连战国时期小小的淹城，都设有三重城墙、三重城壕防御。

随后在长达数千年的封建王朝更替中，城市由于人口集中、工商业发达，通常是一个区域的政治、经济、文化、军事中心，这样的地位使得战争发生后，城市往往首先成为战争攻防双方争夺的焦点。无论是冷兵器时代还是热兵器时代，对于进攻方而言，以占领城池，破坏城市里的物质空间实体为首要军事目标。而城市的防守方，对城市的防守不仅体现在战术以及战斗力的集结，还反映在城市的防御构筑上。因此，充分考虑城池的军事防御，是城市从最初的选址以及规划布局都极其重视的内容。尤其是战争频发的年代，城市防卫就显得更加重要。当城池防御实力加强后，不仅可拖延战时，还可减弱侵略者的攻击力度和强度。除了城池的自身防御外，在军事技术、交通手段相对落后的古代，地理环境对战争的结果影响较大。选择并控制具有地理位置优势的战略要地，将其有利的地形、水文、交通条件和城池防御有机地结合起来，构成坚不可摧的防线，是战争中交战双方都极为重视的战略要素。因此，城池的地理形势、地形地貌是否有利于军事防御，是城池选址中至关重要的问题。选择有地形地貌环境优势的地方建城池，可加强城池的军事防御实力，取得事半功倍的效果。墨子在《号令》中说："安国之道，道任地始，地得其任则功成，地不得其任则劳而无功。"可见两军交战，地利优势是保卫城池安全的重要途

---

[1] 恩格斯.家庭私有制和国家的起源//马克思恩格斯选集[M].北京：人民出版社，1972:160.

[2] 恩格斯.家庭私有制和国家的起源//马克思恩格斯选集[M].北京：人民出版社，1972:160.

径。

中国古代有许多利用地理环境构筑的金城汤池，除国都外，还有诸如高句丽山城、静江城、赣州城等险固城池。此外，还有多个城池组成的多重防线。其中，最引人注目的是在南宋晚期的抗击蒙古人的侵略战争中，在面对强大的蒙古铁骑时，南宋军队以山城重庆为防御中心，以三面环江、据山险筑的合川钓鱼城为支柱，在东起夔门（白帝），西至嘉定（乐山）的长江上游，以及在由北往南汇注于长江的岷江、沱江、涪江、嘉陵江、渠江等江沿岸，选择险峻山势建城20余座（表2-1-1），共同建立山地城池防御体系（图2-1-1）。正是凭借这组防御性的军事城池，在与实力远大于自己的蒙军对峙时，南宋军队能够充分发挥地理优势，扬长避短，最大限度地发挥了据山筑城，以江为濠池的防守作用，坚持长达40多年的反抗斗争，创造了一个军事战争史和城池防御建设史的奇迹。

南宋后期四川山地城池一览表　　　　　　　　　表2-1-1

	城名	位置	山势、水源、距江情况
前沿防线	1.得汉城	通江县城东的得汉山，通江县自汉以来为兵家必争之地（川东北）	崛起岩垫、峭绝千仞、石壁如城，山顶平坦；山上泉水冬夏不竭；入渠江
	2.平梁城	巴州城西平梁山，巴州城是巴蜀军事重镇（川东北）	四周石壁如城，山顶平坦约数十亩；有古寺、龙泉二水，四季不竭；入渠江
	3.小宁城	巴州城东南面的天马山，与平梁城一左一右拱卫巴州城（川东北）	壁立江岸，三面临江；入渠江
	4.大获城	阆中城北十公里的大获山，与阆中城作为抗元南北子母城，构成一南一北的并立局面（川东北）	天生奇险、高阜崛起、园石森列、石城四周，山顶宽平；天池浸其中，临嘉陵江
	5.苦竹隘	剑阁县北四十里苦竹寨，"蜀门锁钥"剑门关为兵家必争之地（川东北）	四际断岩、前临巨壑、孤门控据、状如城郭；临嘉陵江
主要防线	6.青居城	南充市南二十余里的青居山，南充为川北军事重镇（川东北）	山势高耸、直上数十仞，上有三峰，顶宽平；嘉陵江中游江东、西两岸
	7.运山城	蓬安县东南三十里云山（川东北）	其上高险，四壁陡绝；顶上宽平；天生池泉水终年不竭；临嘉陵江
	8.赤牛城	梁平县西二十里梁山（川东）	形状如牛头；临长江
	9.云顶城	金堂县云顶山（川西）	高峰特起，重岩峻峡，状如城垣，四面壁立；顶上宽平；沱江两岸

	城名	位置	山势、水源、距江情况
主要防线	10.铁峰城	安岳县城北的铁门山（川西）	高耸壁立，四面险固；临渠江
	11.钓鱼城	合川县东北过江十里的钓鱼山（川东）	山高千仞，峭壁悬崖。山顶宽平，周回四十里；大天池，大旱不干涸；嘉陵江、涪江、渠江三江交汇处
后方防线	12.神臂城	位于泸州合江上游30公里处的神臂岩，泸州是川南政治、军事、经济、文化中心（川南）	孤峰突起，高数丈，四面笔削，滩急水险；山顶宽平环城十里；泉水四季不干涸；北、西、南三面临长江
	13.凌云城	乐山城东岷江对岸（川西南）	山有九峰，山下凌云寺，与嘉定旧城隔江相望；岷江、大渡河、青衣江三江交汇处
	14.紫云城	犍为县东南三十里（川南）	临江大壑，一峰巍然；南北宽平；有水井；东临岷江
	15.多功城	重庆市渝北区的翠云山（川东）	岩石陡峭，山顶宽平，周长500米；水池清莹大旱不涸；临嘉陵江
	16.瞿塘城	奉节县东白帝城下（川东）	峡中两岸，高岩峻壁；锁峡门户
	17.天生城	重庆市万州区天城山（川东）	山势雄奇，绝壁凌空；山顶宽平呈月牙形；临长江
	18.磐石城	重庆市云阳县双江镇（川东）	地形险峻，山顶宽平呈梭形；临长江
	19.白帝城	奉节县东十三里的白帝山（川东）	四壁峭绝，山顶宽平；临长江
	20.重庆府	重庆旧城（川东）	临长江、嘉陵江

资料来源：刘道平.钓鱼城与南宋后期历史[M].重庆：重庆出版社，1991：23。

2．古代重庆城池防御特点

重庆城控扼长江和嘉陵江，为川东的咽喉所在，历代为兵家必争之地。顾祖禹曾这样描述重庆："府会川蜀之众水，控瞿塘之上游，地形险要。春秋时，巴人据此，常与强楚争衡。秦得其地，而谋楚之道愈多矣。公孙述之据蜀也，遣将从阆中下江州，东据捍关。光武使岑彭讨述，自江州而进。先主初入蜀，亦自江州而北。盖由江州道涪江，自合州上绵州者，谓之内水；由江州道大江，自泸戎上蜀郡者，谓之外水。内外二水，府扼其冲，从来由江道伐蜀者，未尝不急图江州。江州，咽喉重地也[1]"。从军事防御上看，古重庆城池有着独特的防御优势。

（1）金城汤池：处在两江汇流的重庆城，凭险据守是其最初被选为军事据点的最突出特征。由嘉陵江、长江环绕城池的东、南、北三方，是

---

[1] 吴庆洲.中国军事建筑艺术（上）[M].武汉：湖北教育出版社，2006：339-340.

天然的"汤池"，筑城在山脊之上，仅西面一线通陆路，是天然的"金城"。处在山脊最高点的佛图关海拔370米，雄踞高冈上，其最狭窄处仅宽200米左右，有着南锁长江，北镇嘉陵江之势。

图2-1-1　四川山地城池防御体系示意图

（资料来源：胡昭曦，唐唯目.宋末四川战争史料选编[M].
成都：四川人民出版社，1984：76-77）

（2）城郊关隘拱卫：除佛图关外，重庆的四郊还分布了许多关隘，据《巴县志》记载的关隘多达153座，如城南南城坪的南平关，城东南的黄桷垭、拳山垭，城东的亮风垭，城东北的铜锣关，在城西佛图关以西，还有星罗棋布的关隘，主要有二郎关、龙洞关等为之屏障，关隘林立，重重拱卫重庆城池[1]。

（3）选择两江交汇的凸岸筑城：古代的城池选址，除战争军事防御安全外，也要充分考虑地震、干旱、洪水等自然灾害的侵犯。吴庆洲先生总结出在河流弯曲处建城的特点：若选址于凹岸，则易受洪水冲刷；选在凸岸，则可少受洪水冲刷。如凸岸城址地势低下，仍不免于水患，但只受淹而不受冲，损失会小很多。对于两江连襟的山城重庆，最初选择处在河流凸岸的半岛朝天嘴和江北嘴的高地上建城，既取水方便，又能最大限度地避免了洪水袭击，选址符合古代城池防洪原则。

因此，在城池具有四塞天险的军事防御优势下，古城重庆有过四次大规模的筑城活动。

3.出于军事政治需要的筑城活动

和绝大部分古代城市产生在北纬30°～40°之间的一些大河流域以及沿海地区一样，重庆介于北纬28°22'～32°13'，东经105°17'～110°11'之间，

[1] 彭伯通.古城重庆[M].重庆：重庆出版社，1991：10-11.

位于四川盆地东部，长江与嘉陵江的交汇处。亚热带湿润气候，冬暖春早、夏热秋雨、降雨充沛、植被茂密、果实丰富，有着较好生态环境，适宜最早的古人类生存。据考古发掘，2万多年前，即有原始人类在此活动。在今重庆中心城市附近的长江、嘉陵江河段两岸的台地上，迄今已发现新石器时代（距今4000至1万年）遗址20余处，平均5公里左右就有一个氏族公社居住。而在距今4000多年前，重庆地区已有大量的土著居民居住在洪水线以上，依山傍水，过着相当原始的锄耕农业生活[1]。伴随着巴王族的西迁，在春秋战国时代，重庆地区才从原始社会进入奴隶制时代，并出现相对密集的人类聚居点。

春秋末期，江、汉之间的巴国在与楚国交战中败下，被迫放弃故土，迁入长江流域的川东地区，立国后，由于继续受到楚国、蜀国等国的蚕食进攻，战争威胁使得巴国迁都频繁，百余年间竟然五易其都。据《华阳国志·巴志》记载："巴子时虽都江州（今重庆），或治垫江（今合川），或治平都（今丰都），后治阆中，其先王陵墓多在枳（今涪陵）。"从巴国的这五个城邑来看，都有着共同的特点：城邑的性质均是因政治需要，在战争中兴建的军事据点。城均分布在长江、嘉陵江沿岸，并顺江由东向西北移动；均以河为池，以山为城，交通便利；受山地、丘陵、江河、河谷等自然地理环境影响和制约城池形态发展；在川东的地形条件下，采取沿江分散选点，小聚居的方式建立城池；各城池均是背山面水，临水聚居；城池规模小，均为不规则形状。这些特点符合《管子》关于城市建设"因天材，就地利"的思想。据史料记载，巴国在江州的时间为最长。"巴子都江州"是重庆有文字记载的开始。《说文》："水中可居高地曰州"。从城池防御来看，城池的城郭形式，城池形态都与城市的军事防御有直接影响。三面环江、二水合流的江州，易守难攻，形胜之地，是当时生产力条件下理想的生息场所，也是重庆城市的最初雏形。此时，城邑的"城"的功能远远大于"市"的功能，城的经济活动不突出。据记载："巴国时期，在龟亭北岸（今重庆市巴县小南海车亭子一带）逐渐形成了一个以物易物的交易市场"[2]，这是重庆历史上可考证的最早的市场。

（1）秦汉时期的江州城

公元前316年，秦灭巴子国，置巴郡，治所设在江州，并在秦将张仪的主持下开始首次大规模修筑江州城，其城池周长约七华里，谓之小城。受地形所限，江州城以嘉陵江两岸为主，整体布局上采用中国古代的"城郭分工"的结构型式。对于何为城，何为郭，学者徐煜辉分析了江北嘴

---

[1] 重庆市地方志编纂委员会总编辑室. 重庆市志（第一卷）. 总述 大事记 地理志 人口志[M].成都：四川大学出版社，1992：669-670.

[2] 重庆市地方志编纂委员会总编辑室. 重庆市志（第一卷）. 总述 大事记 地理志 人口志[M].成都：四川大学出版社，1992：28.

和朝天嘴的用地状况，从《管子》的择地原则上看，江北嘴的河岸台地比朝天嘴更具有优势，且江北有良好的农业基础，因此认为官舍应是居于江北，称为"北府"，市井中心位于两江环抱的半岛上称为"南城"，为方便商贸水运。"南城"与"北府"以舟船相联系（图2-1-2）。

（2）蜀汉时期的李严城

三国时期，蜀将李严在驻防江州时，在秦"张仪城"的基础上改扩建城池。"更城大城，周围十六里"，这是重庆城市发展史上的第二次大规模筑城。大城在秦汉江州"南城"的基础上发展，充分利用半岛自然山水地势扩建。其范围南线大致相当于今朝天门以南沿江至今南纪门；北线约在今天渝中区大梁子、人民公园、较场口一线（今下半城的大致位置）。和秦时张仪所建江州城池相比，在三国鼎立不稳定时期，李严筑的大城更侧重于城池的防御建设，甚至设想在半岛最窄处的鹅岭凿岩，以江环城来加强城池的防御功能（图2-1-3）。

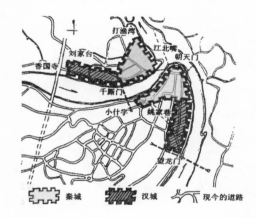

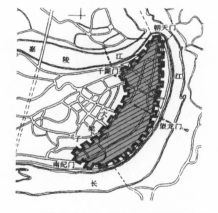

图2-1-2 秦汉时期江州城范围示意图
（资料来源：徐煜辉.历史·现状·未来——重庆中心城市演变发展与规划研究[D].重庆：重庆大学博士论文，2000）

图2-1-3 蜀汉时期李严大城范围示意图
（资料来源：徐煜辉.历史·现状·未来——重庆中心城市演变发展与规划研究[D].重庆：重庆大学博士论文，2000）

中国古代城市有着从最初的城郭分治发展为城郭集中设置的过程。因此，"李严大城"将秦汉时期江州城沿嘉陵江两侧布置的形制，转变为主要沿长江南岸的带状布置，并改变"城郭分置"形式，将城与郭的功能统一在城内。从城池安全看，以江分隔的城郭，不利于城池的整体防御，这或许是李严筑城所考虑的要点。此外，"李严大城"除了强化城池的军事防御外，也重视城市经济的发展，商业突破了原有市制的限制，商业网点由"市"扩大到"坊"，形成新的商业布局结构[1]。两江航运保证了城

[1] 徐煜辉.历史·现状·未来——重庆中心城市演变发展与规划研究[D].重庆：重庆大学博士论文，2000：45.

池给养供应。

（3）南宋晚期的重庆城

晚唐以后，四川的发展重心逐渐转向以重庆为中心的川东地区，并且重庆又地处长江上游的咽喉位置，若据此顺江而下，则江汉、江南皆危险，因此重庆的战略地位就显得更加重要。在经历江州、巴郡、楚州、渝州、恭州后，南宋淳熙十六年（1189年）八月，宋光宗先封恭王，后即帝位，自诩"双重喜庆"，升恭州为重庆府，重庆的城名由此得来。因战争所需，在南宋后期重庆城的政治地位得以提升，甚至代替成都，成为扼守全川和保卫南宋的唯一政治军事中心。宋理宗嘉熙元年（1237年）秋，彭大雅入蜀，任四川安抚制置副使兼知重庆府，大事修葺重庆城池，使之成为守蜀的根本。事实证明了他的远见卓识，重庆城作为长江上游的防御中心，屏障南宋政权的残局达四十余年之久。彭大雅所修筑的重庆城，现已无遗迹可考，只能通过少量的文字和实物，对其有片断的认识。其城区范围较"李严大城"扩大近一半的面积，城市面积约为2.5～3平方公里。其西线由"李严大城"的大梁子、小梁子、较场口一线，移至今临江门、通远门一线；山脊线以北的大片地带和原城西的制高点（今七星岗自来水厂水池区）已筑入城内；城市北缘已抵至嘉陵江边，城东缘则与长江之间留有一个三角形的狭长地带——扶桑坝，并在城内外形成一定规模的商业区，初步奠定了明清重庆城的大致范围（图2-1-4）。

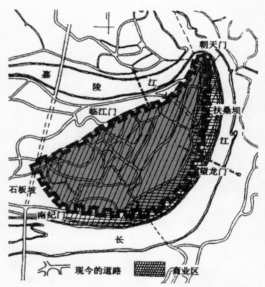

图2-1-4 南宋时期的重庆城范围示意图

（资料来源：徐煜辉. 历史·现状·未来——重庆中心城市演变发展与规划研究[D]. 重庆：重庆大学博士论文，2000）

这是重庆历史上继秦张仪、三国时期蜀国李严筑城之后的第三次筑城，是在蒙古军队大兵压境的危急关头，完全出于军事防御需要而扩建的城池。为力求城池坚固，在修筑时改历代版筑城墙为石头墙基，其上再砌大尺度的城砖。宋末重庆城的城门数量，至今无确定的结论，据宋代邵桂子在《雪舟脞语》中记载了彭大雅筑城后，命人于城之四门立四块大石，上刻"大宋嘉熙庚子，制臣彭大雅城渝为蜀根本[1]"。《宋

[1] 周勇. 重庆通史[M]. 重庆：重庆出版社，2001：148-154.

史·张珏传》记载："重庆城当时有薰风门（南），千斯门（东），洪岩门（北），镇西门（西）。"从这两处的描述看，在宋代时重庆城有四门（现已无法考证具体位置）。近代在余玠所筑的钟鼓楼遗址附近（今重庆太平门至望龙门之间），发现了南宋淳祐五年的城砖，砖上铭文为"淳祐乙巳东窑城砖"（1245年），"淳祐乙巳西窑城砖[1]"成为当年彭大雅筑重庆城的历史见证。此外，在清代重庆"湖广会馆"内陈列的一幅木雕，描绘的是宋景炎三年（1278年），制置使张珏率军由薰风门出，在城东扶桑坝，与蒙古大将也速答儿大战的场景，形象直观地证明了南宋后期重庆城抗蒙的历史史实。

二、作为区域经济中心的重庆古城

从最初巴国城邑的出现，一直到唐代，重庆城市性质主要是单一的区域军政中心，在四川的地位和经济发展程度远远落后于成都。但两江环抱不仅是城市的天然防御壕池，同时也提供了便利的水上交通，使重庆具有商业发展的潜力。

1. 宋代开启重庆城市化的历程

宋代是我国古代城市发生根本性转变的时期，开放的街市促进了城市商业的发展。但在北方异族的战争威胁下，中国的政治和经济重心被迫由北方向江南转移，这随即影响了南方长江流域一带城市的发展。对于四川，过去的对外交通联系是经成都通往关中，此时已转为由重庆通过长江航运与长江中下游联系。尤其是南宋时期，川江航运变得尤其重要之时，重庆就更显现出长江上游水运枢纽的区位优势，逐渐发展成为长江上游商品贸易的集散中心。城市功能由单一的军事政治功能开始向包括商业、交通、经济、文化、军事等功能在内的多功能发展[2]，完成了从军事城堡向人口稠密、工商业发展的城市的转变，开始了重庆的城市化历程。

2. 明清时期重庆的城市化发展

明清时期，湖广成为全国最富饶的粮食产地，重庆与湖广的经济活动，促使重庆成为长江上游和嘉陵江流域最重要的贸易集散之地。这正是重庆城市区别于普通军事城堡的不同之处，正因为有经济的保障和富足的资源，重庆城市才能够从单一以军政为主发展成军政与商贸并重的城市。随着川江水运的兴盛，处于枢纽位置的重庆城，逐渐超过成都，成为四川最大最繁荣的商业贸易中心，城市经济得以迅速发展。在全国工商业比较发达的三十几个城市名单中重庆已是榜上有名，成了我国的一个著名城市[3]。明清时期的重庆城主要由半岛府城和嘉陵江以北的江北厅组成，

[1] 周勇.重庆通史[M].重庆：重庆出版社，2001：148-154.
[2] 隗瀛涛.重庆城市研究[M].成都：四川大学出版社，1989：3.
[3] 傅崇兰.中国运河城市发展史[M].成都：四川人民出版社，1985：47.

29

江北厅是在秦时的北府城旧址基础上发展起来，到明代中期逐渐成为一个较大的集镇。由于商业发展，城市人口不断增多；但半岛府城无法向西拓展，因此，选择在嘉陵江北岸发展新城，初步形成双城的山水城市形态（图2-1-5）。

图2-1-5 增广重庆地舆全图 刘子如绘制
（资料来源：重庆市规划展览馆）

（1）明清时期的重庆府城

在明王朝正式建立之前，朱元璋采纳了谋士朱升之"高筑墙、广积粮、缓称王"的建议，极其重视城池的修筑。在其称帝后（1368年），全国掀起了一片修筑城池的高潮。在此期间，在重庆卫指挥使戴鼎的领导下，重庆在南宋旧城址的基础上砌筑石城，这是重庆历史上记载的第四次筑城活动。之前三次的筑城多以城池防卫为重，这一次的筑城军事防御和商业市场的发展并行不悖。

据清乾隆《巴县志》记载："明洪武初（实为洪武四年灭明夏政权后，即1371—1398年间），指挥戴鼎因旧址砌石城，高十丈，周二千六百六十丈七尺，环江为池。门十七，九开八闭，象九宫八卦，朝天、东水、太平、储奇、金紫、南纪、通远、临江、千厮，九门开；翠微、金汤、人和、凤凰、太安、定远、洪崖、西水，八门闭"。明初所建的十七座城门中，开九门，朝天、东水、太平、储奇、金紫、南纪六门临长江，临江、千斯二门临嘉陵江，通远门接陆。除东水、金紫二门外，都有瓮城。为了防卫需要，瓮门一般不开在正面，而在侧面。没有瓮城的城门，城门的名字直接横书在城门上；有瓮城的城门，城门的名字书在瓮门上，而在城门上另外横书四字。明代重庆府城大致还是宋代城池范围，只是城门数比宋代增多了13座。明末清初时，因张献忠及其余部，明军和清军对重庆的多次战争，导致城垣损毁严重。到清康熙二年（1663年），四川总督李国英下令修补重庆城池，重新恢复了明代时形成的城墙和城门。在重庆古城的开九门中，处两江交汇点的朝天门是规模最大，气势最雄伟的城门，是地方官员恭迎皇上圣旨和钦差大臣之地。其他的城门也各自承担不同的城市功能，临长江的东水门是出城渡长江到南岸的要道，随后的太平门是一道重要的城门，历代的重庆府署、巴县署等地方政治机构聚集在此门内。而储奇门是山货和药材业集中的地方，南纪门不仅是水陆两通的门，也是木材、蔬菜的集散之地。建在全城最高处的通远门，地势险要，易守难攻，是出城唯一的陆路。而临嘉陵江的千厮门则是粮食货物仓库的集散之地。至今，重庆的古城门，仅保存下东水门和通远门两座古城门（图2-1-6）。

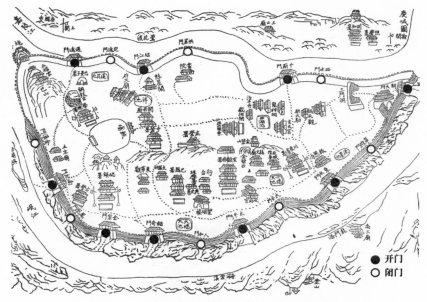

图2-1-6　清乾隆年间重庆府城图

（资料来源：重庆市规划展览馆）

（2）下半城为政治经济中心

明清时期的重庆城，是遵循中国古代城市布局的基本原则，结合重庆临江山地的地理环境，在前三次筑城的基础上，集军事防御与城市经济、政治、文化等活动为一体，城市功能最为完善的古代山水城市。明清时期的重庆府城位于两江环抱的半岛上，东、南、北三面临水，只有城西面与陆地相连。全城北宽南窄，北高南低（东面低西面高），由东北至西南穿城而过的山脊线将全城分为上、下半城。山脊北面称为"上半城"，除东北角的朝天门、千厮门一带临江外，其余地区均离江边较远；山脊南边称为"下半城",为东北至西南向的狭长沿江地带,长约3千米,宽仅200~500米(图2-1-7)。

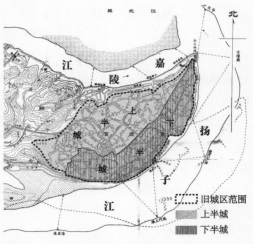

明清重庆作为川东重要的城市和军事据点,其城市首先须考虑官署区和军事区的布局。学者杨宇振对清代重庆城市功能进行了经验性分区研究[1](图2-1-8)。其中,不同于中国古代一般平原城市居中布置官署区,重庆受地形所限,在"背山面水"风水思想的影响下,半岛最理想的空间位置是在下半城太平门附近区域。而军事区则选择城西南面高地,不仅可以居高临下,还有相对宽阔平整的军事训练场较场,以及距离军事关隘浮图关较近等优势。且城西北面较为荒凉,人烟稀少,有出城的唯一陆路通远门,此外这里是全城的墓葬区。在整个布局中,除了军事、宗教和官署区外,商业活动占据了城市中临江的最佳位置,开9门中有6门在靠近长江南岸的临江地带,均是城池防御和经济发展并行。

图2-1-7 上下半城范围示意图

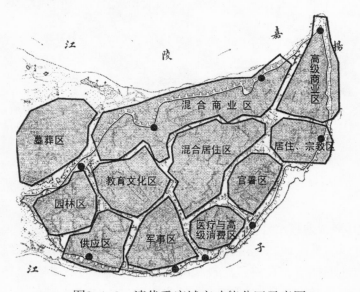

图2-1-8 清代重庆城市功能分区示意图

(资料来源:杨宇振.城市历史与文化研究——以明清以来的四川地区与重庆城市为主[R].北京:清华大学博士后研究报告,2005:41)

32

---

[1] 杨宇振.城市历史与文化研究——以明清以来的四川地区与重庆城市为主[R].北京:清华大学博士后研究报告,2005:41.

　　因此，从城市的功能分区中可以发现，下半城成为清代重庆府城的政治、经济和商业中心。城市中的主要商业区和官署衙门均分布于此。由于重庆是川米出口的大码头，以及转口长距离的贩运贸易，因此吸引了大量的外来商业性移民，促进了重庆城市商业的快速发展，重庆城市官署集中的下半城分散着全国各地的会馆，见证了城市商业的兴盛（图2-1-9）。

图2-1-9　移民会馆的分布

（资料来源：根据近代重庆城市史底图自绘）

第二节　抗战前重庆市区的变化和拓展

　　纵观近代重庆从封建府城发展到近代城市的过程中，经历了开埠、建市、抗战时期三个主要的发展阶段。由于各个阶段城市发展的动力机制不同，因此呈现出的城市空间形态既有传承，又各具时代特色。具有两千多年历史的重庆城，在1891年3月1日正式开埠，重庆成为长江上游最大的口岸和"条约体系"下重要的城市之一，从一个古老封建城市逐渐变成半殖民地半封建的城市，也缓慢地揭开了近代城市化的序幕。

一、开埠后城市的变化

　　开埠后的重庆，打破了城市封闭的自给自足的经济状况，推动了城市的变革和发展。作为川东地区的物质聚散地，迅速成为帝国主义倾销商品、掠夺原材料的基地。城市功能发生变化，从而也带动作为其物质形态反应的城市建设的变化。

1. 城市中新建筑类型的出现

早在开埠前，外国传教士已进入重庆，为传教布道在城市中修建了少量的教堂。开埠后，宗教势力在政治、经济、军事势力的促进下，教会数量和教会建筑的营建都快速增长，教会建筑也增加了学校、医院等多种类型。据统计，开埠最初十年（1891—1901年），传教士人数从175人增至315人，医院学校从最初的13个增加到673个[1]。教会学校有美国基督教美以美会在曾家岩创办的私立求精中学、启明小学堂、广益中学等。教会医院有美国基督教会创办的宽仁医院，英国和加拿大教会的仁济医院，法国天主教会创办的仁爱堂医院等。这些教会建筑以"点"的形式出现在城市中。此外，随着西方势力在重庆的扩张，各个列强纷纷在重庆设立领事馆，据《巴县志》记载，1890年英国在领事巷设立领事馆，1893年法国在二仙奄设领事馆，1896年美国领事馆设在五福宫……。领事巷、领事馆及其相关建筑（兵营、住宅，如南岸法国水师营等）都带有券廊等殖民地风格。殖民式风格的领事馆，教会建筑等新类型建筑元素的出现，为城市发展注入新的内容，改变了重庆的城市面貌。

2. 租界对重庆城市的影响

城市中租界的出现，是中国近代城市开埠的主要标志。1901年9月，日本驻渝领事和川东道宝在重庆订立了《重庆日本商民专界约书》，其中规定："在重庆府城朝天门外南岸王家沱，设立日本专管租界"。由于朝天门码头碛平水浅，不能停泊巨船。所以凡各处商船抵渝者，"不克径薄城下，均泊南岸王家沱一带[2]"。因此，除了日本人选择南岸的王家沱设立日租界外，南岸的龙门浩以及旧市区靠近长江码头的主要街道成为外国工厂和洋行的聚集点，开埠后的南岸有局部的发展。随着川江轮船航运的开辟和繁荣，封闭而古老的重庆凭借长江水路展开了与外界的联系。然而作为内陆山城，与上海、天津、汉口等近代中国最为"西化"的城市相比，重庆租界设置的时间较晚，面积较小，只有0.47平方千米。其选址不仅距离半岛市中心区远，还得横渡长江，交通不便。因此，租界对旧市区的影响极其微弱。

由于重庆旧城受地形影响，发展空间受限，且居住环境恶劣。"下水道无全部联络通沟，时有淤塞，雨时则溢流街面者有之，积潴成河者有之"，"全城除五福宫附近外，无一树木。除夫子池、莲花池两污塘外，无一水池[3]"。因此，如要改造旧市区，成本太大，风险也极高。因此，外国势力选择驻地时，都有意避开旧市区。将领事馆集中在城西外围高地，居高临下。租界和洋行、工厂则选在水运交通便利的南岸和朝天门

[1] 周勇.重庆，一个内陆城市的崛起[M].重庆：重庆出版社，1989：95.
[2] 陈喆.重庆近代城市建设发展史[D].重庆：重庆建筑工程学院硕士学位论文，1990：16.
[3] 重庆市政府秘书处.九年来之重庆市政[M].第一编.总纲.1936:6.

等码头附近，侵略者更多是以重庆为据点，向四川倾销商品，掠夺原材料和资源，投资设厂，旨在以最小的代价，获取最大的利润，因此租界的建设对旧市区没有起到明显的示范作用。开埠后，整个重庆城市变化并不剧烈，旧城区的空间格局改变较少（图2-2-1）。

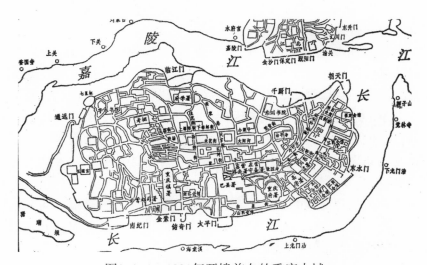

图2-2-1　1891年开埠前夕的重庆古城

（资料来源：《中国城市建设史》第3版，第330页，图12-4-1）

二、军人自治十年

1911年，随着辛亥革命推翻满清政府的热潮，重庆独立起义成功，11月22日重庆蜀军政府成立。1913年全国废府存县，重庆府撤销。1921年，刘湘开始了筹建商埠督办处，1927年改商埠督办为市政厅，1929年成立市政府。从1927至1936年重庆作为四川军阀刘湘的重要防区，在四川军阀混战的背景下，在首任军人市长潘文华的主政变革下，重庆以沿海"上海模式"[1]为范型，主动开启了一系列具有现代意义的城市建设。

1．改造旧市区

在近代，伴随着传统城市向现代城市的转型，狭窄弯曲、人车混行的旧有街巷已不能适应现代城市的功能需要。因此，开凿新马路，拓宽旧街道，发展交通成为中国传统城市现代化改造的首要任务。与近代中国许多城市的现代化进程一样，军人执政时期的重庆才真正开始了对旧市区的

---

[1] 转引自：张瑾.权力、冲突与变革——1926—1937年重庆城市现代化研究[M].重庆：重庆出版社，2003：6.所谓上海模式主要指衡量上海城市现代化发展程度的若干措施物化环境的现代性指标。在这里"上海模式"只是一个抽象的概念，其内涵糅合了这一时期的广州、上海、汉口等城市的市政建设经验与举措，以"上海模式"作为当时中国现代化建设最高成就的代表者。

改造，拆除城墙、修筑码头、拓宽和改造旧有街巷、整理市容成为军人政府刻不容辞的任务。重庆商埠督办公署针对山城特定的地理环境，制定了一系列改造旧有市政的措施和计划。而当旧市区改造计划刚一公布，立刻引起全市震动。当时房屋和地皮属于私人所有，拆去马路两边房屋，严重损害屋主的切身利益，市民纷纷要求停止在旧市区改建马路。迫于各方压力，重庆商埠督办公署只得暂缓施工。

在旧城道路改造的同时，市政府还利用旧市区原污浊的垃圾场后饲坡，兴修重庆市的第一座城市公园——中央公园。还将原文庙前的夫子池填平，改建为公共体育场，并在旧市区内建设了三个模范市场，新增自来水、发电厂、电话、路灯等城市现代化基础设施的建设。

但在土地私有的经济制度下，市中心的土地，其价值因为人口集中、商业繁盛而愈高，人们对其土地的利用方法亦愈为精明，决不肯放弃尺寸以减少其进益，所以为获得私人的利润，宁愿牺牲公共的福利。政府明知宽敞的道路为便利交通的必然工具，但无法加以合理的修筑，明知空地、公园、树木、花草等设施是维持全体市民健康的必需品，但也无法加以合理的建设，改造旧市区的困难就在于此。

2．开辟新市区

在改造旧市区的同时，市政当局决定突破旧市区原有的范围和格局，向半岛西郊拓展，开辟新市区。新市区主要是在通远门外向西从临江门至曾家岩、南纪门至菜园坝，其面积有7.5平方千米，是旧市区的一倍。1928年在工务局提出的《开辟新市区说明书》中明确了开辟新市区的工作包括收用土地、迁徙坟墓、规划区域、发展交通等四项。为表示政府建设新市区的决心，潘文华提出市政建设的口号是："城墙再厚也要拆，坟墓再多也要迁，马路再难也要修[1]"。对于新市区土地，一半是坟地，一半是其他私有土地，故采用分期收用的办法。而对于坟墓的迁徙，却是一件不容易的事情。当时在通远门外和南纪门外至菜园坝、兜子背一带，共有明清以来43万多座荒坟丛塚。市府特设迁坟事务所，"以董其事，市绅合组同仁义塚会，以助其成[2]"。1927年8月开始迁移坟墓，在此过程中，"民怨忿郁，人鬼恫伤[3]"，为了平息民怨，在康定安却寺多杰喇嘛的建议下，1930年市政府在新市区中央最高的枇杷山上建成藏传佛塔金刚塔，超度亡灵。1934年3月，完成了迁坟工作。对于新市区的规划，市政府还按照现代西方城市建设的模式和功能分区思想，将新市区划分有政治区、商业区、工业区、居住区、教育区、平民村、园林等不同区域。整个新市区建设的重点是发展交通。新区道路的规划，须与山脉约成平行，以

[1] 王小全，张丁.老档案.老重庆影像志之七[M].重庆：重庆出版社，2007：84.
[2] 重庆市工务局.重庆市工务局开辟重庆市新市区说明书[J].建设月刊，1929年第2期.
[3] 王小全，张丁.老档案.老重庆影像志之七[M].重庆：重庆出版社，2007：85.

求交通之贯彻，并须与旧城规划之经路，衔接贯通。开发道路包括三条干道，即南区干道，由南纪门至菜园坝；中区干道，由通远门经两路口至曾家岩；北区干道，由临江门、双溪沟经孤儿院至曾家岩。这三条干道总长8千米，计划两年内完成。同时还计划于干路每200米左右建筑横街支路，与各干路相衔接。

新市区开辟后，昔日的荒山坟地被繁华的街市替代，"谁复念数年以前，此处犹为荒塚累累哉"，按照规划，政府的行政部门将会迁到新市区，同时也吸引了旧市区的商家迁至新市区。

客观而言，在军人执政的这十余年间，重庆的市政建设和城市经济均有一定的发展，为随后抗战爆发，重庆作为战时首都打下了一定的物质基础。但由于此时财政投入是以军事需要优先，用于城市建设的经费相对有限，而且山地城市改造要比平原城市难度高，投资相比较也很巨大，同时街道整修和扩建涉及土地的收用，难免会触动许多临街店铺的利益，市民的反对也较强烈。因此，对旧市区大规模的城市功能改造推行的较为缓慢。直到抗战前夕，旧市区除增添了多个现代化的设施外，只拓宽了部分街道，修筑了联系新旧市区的中区干道和南区干道（图2-2-2）。

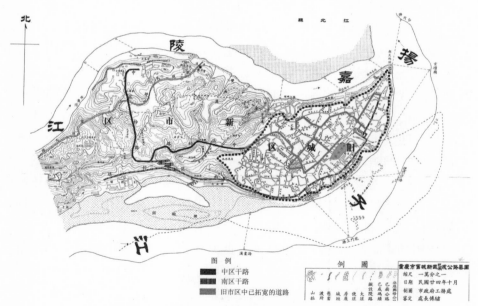

图2-2-2　1935年的重庆城市道路建设示意图

（资料来源：根据重庆市政府秘书处.九年来之重庆市政[M].第一编.1936：50底图自绘）

正当重庆偏居西南一隅，在军人执政下艰难而又缓慢地进行城市现代化建设之时，一场抵抗外族的战争，将重庆推到全国乃至全世界关注的焦点。如同六百多年前的抗蒙战争，在中华民族危急存亡之时，重庆又一次担负起天下兴亡之重任，再一次发挥出城市独特的军事防御和自然人文环境优势。

第三节　基于防御安全的抗战首都的选择

一、防御战争的都城迁移

1. 首都与陪都

首都，是一个国家的最高政权机关所在地，是集全国政治、经济、文化、外交、军事等为一体的中心城市。对于首都的选址，从古到今都是统治阶级及其最高权力机构立国后须考虑的头等重要大事。国都所在地要求占据天时、地利、人和之势，其地理环境、军事防御、交通运输、经济状况等自然条件以及人文环境都应是当时状况下最为理想的。在多方面因素影响权衡下选定的国都建都后，由于各种不可预知的事件发生，如自然环境的改变，以及外族侵扰等，统治者又会考虑在首都之外另设立陪都或行都。陪都和行都均是在首都之外另设的一个都城，以备必要时政府暂驻。

陪都在我国最早出现在殷商时期[1]，随后在西周时形成较正规"两京"制度。西周都城为关中的丰京及镐京，周武王为了加强对东方诸地的控制和防止商朝残余的复辟，首次提出了"定天保，依天室"巩固政权的陪都建设方式，选择在洛邑建东都。此举开创了我国陪都制度的先河，使东都洛邑成为周王朝控制东方版图的前哨阵地[2]。此后基于各种缘由，历朝历代模仿周朝的两京制度，在首都之外建陪都，除两京制外，还产生了三京、四京等"多京"制度。在中国长达三千多年的陪都建设史，出现了各式各样的陪都，朱士光先生将其分为三种类型：第一是由于政治、经济发展的迫切需要，即能对首都起重大辅助作用的陪都，如西周的东都洛邑，隋唐东都洛阳等；第二是政治象征性的陪都，多是开国者发祥之地，如清代的盛京沈阳、明中都凤阳等；第三种多是徒具形式的陪都，在历史上的作用和影响几乎是微乎其微的。此外，还有一种特殊情况下的陪都建设，即受外族侵略战争等突发事件的影响，随着军事形势的改变，出于避难目的而被迫选择在战时非常时期迁徙都城而形成的陪都。近代抗日战争期间，国民政府由首都南京被迫先迁都洛阳，后随战势发展而最终迁往重庆就属于这一类陪都。

纵观中国各朝代陪都位置的设置，可以发现其中的变化规律。在宋以前，国都和陪都的位置多在黄河流域，呈现出由西向东的布局，如隋唐长

---

[1] 杨宽.中国古代都城制度史研究[M].上海：上海人民出版社，2003:32-39.
[2] 朱士光.中国古都学的研究历程[M].北京：中国社会科学出版社，2008：131.

安和洛阳。而从宋代开始，随着国家政治、经济中心的南移，以及军事中心的东移，加上南北大运河的开通，主都和陪都的位置已由东西方向变为由北向南分布，如明代的北京和南京。而到了近代抗战时期，相对于首都南京，陪都重庆的位置呈现出由东向西的反方向回移，但近代的这次主、陪都的位移变化，却是发生在长江流域。

2．抗战初期的迁都决定

1927年，中华民国成立，定都南京。此时的国内，军阀割据，国民政府统治着有限的范围，尽管困难重重，国民政府对营建首都南京，仍充满理想和希望，这在1929年制定的《首都计划》中可见一斑。而此时的国际形势却不容乐观，近邻日本经明治维新后，迅速强大起来，在经过1894年中日甲午战争后，日本处心积虑侵略中国的野心也越发地膨胀。许多中国人都普遍认为："中日之间必有一战"。一旦发生战争，日本若从东面进犯中国，中国东部沿海城市将面临巨大的威胁，近在咫尺的首都南京是极其不安全的。而早在民国初期，孙中山也预感到南京一经国际战争就不是一座持久的国都，在发生外来侵略战争的情况下，中国政府若不愿受"城下之盟"的屈辱，势必迁都，因此孙中山曾构想建"海都"、"陆都"两个都城，海都为南京，另外"要在西北的陕西或甘肃建立陆都"[1]，孙中山的顾虑在20多年后得到应验。

1931年，日本挑起"九一八"事变，随后日军仅用了4个月18天就强行占领东北三省全境。而在1932年初，为扩大对中国的侵略，日本又在上海发动了"一·二八"事变，突袭上海驻军，强占闸北，十九路军在全国人民抗日救亡运动的推动下，奋勇迎敌，拉开了淞沪战争的帷幕。日军来势汹汹，靠近上海的南京国民政府，面临一旦对外战争爆发，即暴露在敌人强大的空军、海军和炮火的攻击之下，首都危在旦夕。"如果国民政府不想在对外战争中屈辱求和，订城下之盟，那么，迁都之举就势在必行[2]"。

在危机逼近的情况下，国民政府首脑机关不得不另觅安全之地。于是在1932年1月30日，国民政府宣布除军政部、外交部仍留南京办公外，政府中枢迁都洛阳。紧接着3月1日，国民党四届二中全会在洛阳召开，会议将"我们今后是否仍然以南京为首都，抑或应该在洛阳要有相当的时间，或者我们更要另找一个适宜的京都"作为一个重大问题而正式提上了议事日程，并视之为"此次会议的第一要义[3]"。该次会议还讨论通过了《以洛阳为行都以长安为西京》的提议案，最后在3月5日做作出重要决

[1] 黄立人，郑洪泉.论国民政府迁都重庆的意义与作用[J].民国档案，1996年第2期.

[2] 唐润明.四川抗日根据地的策定与国民政府迁都重庆[J].档案史料与研究，1992年第4期

[3] 载荣孟源.汪精卫在国民党四届二中全会上所致开幕词∥中国国民党历次代表大会及中央全会资料[M].下册.北京：光明日报出版社，1985：142.

定：以洛阳为国民政府的行都，以长安为陪都，定名为西京，随即组织成立陪都筹备委员会，开始了陪都的筹备建设工作。

3. 战时初期的行都洛阳和陪都西京

在抗日战争初期，从国民政府拟定的行都和陪都可以看出，在当时中国东北、华北、华东、华南等沿海地区纷纷面临战火的威胁，而西南地区还处于各路军阀混战和割据之中，统一问题尚未得以解决时，将中国的政治中心确定迁往西北和中原地区是逼不得已，也是可行的选择。而在西北和中原，处在重要地理位置的西安和洛阳两个历史名都，首先被国民政府选定为陪都和行都。

古代的中国大多数时候面临的外患多来自北边的游牧民族，为加强北方防卫，选择在长安和洛阳建国都或陪都是合适的。洛阳地处中原，为天下之中，位于河南西部的伊洛盆地，自古为兵家必争之地，历史上曾有13个朝代在此建国都，另有数个朝代如在中国最早出现陪都的西周，隋唐鼎盛时期，均以此为陪都。近代的洛阳仍然处在显要的战略地位，陇海铁路穿行其中，西有崤山之险，连通关中，东临平汉铁路，连接黄河中下游和江淮流域，北有黄河天险，南接伏牛山脉，是遏制西北与东部地区的咽喉。"一·二八"淞沪抗战爆发后，洛阳成为行都。"七七"事变后，全面抗战爆发，以洛阳为政治、军事、经济中心的半壁河南，成为我西北大后方坚实的屏障。由于外敌是从东边入侵，随着战争形势的变化，洛阳越发接近华北、华中前线，城市安全受到威胁。因此，洛阳作为行都仅有短短一年的时间。事实上，国民政府的迁都工作更侧重于对陪都西京的筹建。

西安是中国的六大古都之一，历史上也先后有多个朝代在此建都长达1200多年。而洛阳和长安在地理位置上正好是一东一西，互为犄角关系。唐代以后，随着中国政治、经济、文化等重心的渐次东移南下，作为中华民族发祥地的西北各大城市日渐衰败，尤其是近代国门被迫打开后，我国东部沿海城市在接受西方现代化冲击和同化之时，西部仍处在一片闭塞之中，东西部发展呈现出不平衡的状况。为抵御日本侵略，国民政府将长安改名为西京，在全国掀起了以陪都西京为中心，开发西北的建设热潮。然而随着国内、国际形势的变化，1937年11月，国民政府发表移驻重庆宣言。1940年，随着重庆被确定为永久陪都后，西京的政治地位发生改变，1943年后西京改称为西安。

二、抗战大后方与国防中心区的形成

1. 战势改变与持久战略思想的确定

1932年冬，日军进攻热河省，到1933年3月初，日军占领热河全境，华北屏障尽失，门户洞开，洛阳也处在不安全的边沿。由于英美两国从自身的利益考虑出面调停，中日军队于5月签订《上海停战协定》，南京才稍减危机。1933年12月1日，国民政府从洛阳迁回南京，局势稍加平静。然而到1935年，日本发动了华北事变，严重动摇了国民政府在华北的统治，将国民政府推到"忍无可忍"的地步，为捍卫国家主权，国民政府调整了以往的对日政策，逐渐由妥协转向抵抗，对日战争开始了实质性的转变。随后1936年，西安事变以和平的方式解决，标志十年内战的基本结束，中国抗日民族统一战线的初步形成。正当在备战之时，1937年7月7日，卢沟桥事变爆发，日军大举进攻中国，这迫使国民政府从局部的抗战转变为全面抗战。

日本，中国一衣带水的邻邦，在古代，曾与我国有过多年的友好往来和文化交流的历史。由于日本是地少人稠、资源匮乏的岛国，到了近代，随着国力的加强，为了获取更多的资源，日本对外扩张的野心也逐渐膨胀。其首先把侵略目标锁在地广人多，资源丰富，却贫穷落后的中国。早在1927年，在首相田中义一上奏天皇的"田中奏折"中，就可以看出日本侵华的野心："如欲征服世界，必先征服支那"。而两国的国力相比，早在甲午战争时，实力悬殊已是十分明显。"中国的国土1140余万平方公里（注：当时外蒙古尚未独立），日本国土37万平方公里，仅为中国1/30（略小于四川省）；中国人口约4亿5千万，日本8千万，仅为中国1/5（略多于四川省）；但日本工业总产值约60亿美元，中国约14亿美元，仅为日本1/4；日本年钢产量580万吨，中国4万吨，仅为日本1/145；日本年造飞机1580架，火炮744门，坦克330辆，主力舰、航空母舰等大型军舰285艘，总吨位1400万吨，汽车9500辆，中国虽能生产步枪和机枪，但所有的重武器，包括飞机、坦克、火炮、军舰、石油和无线电器材都完全依赖进口[1]"。在面对如此巨大的差距时，当抗战全面爆发后，一个四分五裂，犹如一盘散沙的落后农业大国，不可能抵抗一个正在迅速崛起的东方列强的进攻。

在抗战初期，近代著名军事家蒋百里先生基于对日军入侵路线的担忧，上书国民政府，他在给蒋介石的信中称："中日必有一战，要警觉日寇模仿八百年前蒙古铁骑灭南宋的路线，即由山西打过潼关，翻秦岭，占领汉中，再攻四川与湖北。彼计若成，（我）亡国无疑。必须采取抗战军'深藏腹地'，建立以山西、四川、贵州三省为核心，甘肃、云南、新疆为根据地，拖住日寇，打持久战，等候英美参战，共同对敌的策略，方能最后胜利[2]"。因此，在持久战思想的影响下，一方面，蒋介石在国民党正面抗日战场提出了"积小胜为大胜，以空间换时间"的战略指导思

41

---

[1] 王康.沉潜磨洗六十年——凭吊中国抗战首都重庆[J].书屋讲坛，2002年第6期.
[2] 张永涛.试论蒋百里军事思想[D].郑州：郑州大学硕士学位论文，2007:38.

想，即"以广大的土地来和敌人决胜负……以长久的时间来固守广大的空间……以广大的空间来延长抗战的时间，来消耗敌人的实力，争取最后的胜利[1]"。随即以淞沪战争，徐州会战、武汉会战等战役拖住日军，为国民政府机构以及工厂、学校等向大后方迁徙赢得宝贵的时间。另一方面，深入腹地，在中国西部地区选择适当地点建设抗战大后方，也成为国民政府抗日战略的重要内容。

当战局恶化，国都危在旦夕之时，为了不做亡国奴，迁都是必然的事。而一个国家的首都什么时机适宜迁移，迁徙到何处，都是非同一般的大事。抗战初期选择的洛阳和西安，随战况的发展而处于危险之中，国民政府不得不再次选择适宜迁都的理想之地。此外，国民政府还需要充分考虑对敌的战略计划，一方面敌强我弱，敌我实力相差巨大；而另一方面，日军首先进攻的是中国东部沿海经济发达的重要城市，这不仅威胁首都南京的安全，在随后的战争中还将完全切断中国东部沿海对外的联系通道。这促使国民政府必须在短时间内在内陆腹地寻找能够支持抗战，满足抗战所需要的国防、军事工业、经济、资源、交通等多方面要求，能够提供充足的原料和能源供应，自行生产武器和生活物资的地方，即抗战大后方。随着对日抗战战略思想的逐步形成以及战局瞬息万变，国民政府最终选择山城重庆为战时首都，西南四川、云南、贵州三省作为抗战大后方。

2. 以四川为中心的西南抗战大后方

腹地，即中心地区、内地。中国幅员广阔，是一个有腹地的国家，如四川盆地、关中盆地、贵州山地等，这些地方之所以叫作腹地，不仅在于它们远离边境，深居内地，更重要的是它们的地形易守难攻，可以抵抗侵略，所以抗战的大后方只能在这些内陆腹地中选择。从战争发展状况来看，在整个抗日战争时期，在陆地上一直未受到日军侵扰的领土也只有西南和西北两个地区。因此从大的范围看，大后方不仅是指四川、云南、贵州等西南三省，也包括陕西、甘肃、宁夏、青海、新疆等西北五省。国民政府在抗战期间对于中国西部的建设经历了三个阶段：在抗战初期，最先考虑的是以西安为中心，在西北建立抗战根据地的设想；而在抗战全面爆发后，在战争形势不断变化时，国民政府着力经营西南地区，建立后方基地；随着战事进入相持阶段，战争最艰难的时候，大西南对外联系的唯一通道滇缅公路遭受敌人破坏后，国民政府又再一次开发西北，作为西南大后方的补充。

从地理位置、交通运输、物质生活条件、工业矿产资源等多方面条件相比，西南三省比西北地区更为优越。以四川为中心的西南地区，从古至

---

[1] 阮荣华.论石牌战役及其战略影响[J].三峡大学学报（人文社会科学版），2001，第23卷第4期：20.

今具有军事防御的优势，水运交通发达，在战时可迅速运输物资和兵员。在东部沿海对外通道受阻时，在云南开通了与南亚印度、缅甸等的国际交通线路。虽然当时西南三省的工矿业发展较为落后，但却蕴藏着丰富的能源，如天然气、水力发电资源，以及有色金属、非金属等各种矿产资源。此外，西南地区农业发达，人口众多，不仅能为持久战争输送源源不断的兵员，更重要的是为战争提供物质生活等必需的后勤保障。

　　1935年1月，蒋介石派"参谋团"（即国民政府军事委员会委员长行营参谋团）入川，打破了军阀的防区制，重建四川省政府于重庆，开始了四川与外部的联系。3月2日，蒋介石开始了他长达半年之久的西南之行，此行以指挥剿共和收拾西南地方军阀，统一西南军政为主要目的。首站是重庆，这也是蒋介石第一次来到重庆，刚抵达两天，蒋介石即作了《四川应作民族复兴之根据地》的训词，他说："就四川地位而言，不仅是我们革命的一个重要地方，尤其是我们中华民族立国的根据地，无论从哪方面讲，条件都很完备。人口之众多，土地之广大，物产之丰富，文化之普及，可说为各省之冠，所以自古即称天府之国，处处得天独厚。我们既然有了这种优越的凭籍，不仅可以使四川建设成功为新的模范省，更可以使四川为新的基础来建设新中国"。随后蒋介石又继续前往贵阳、昆明、成都等西南地区的几个重要城市考察，针对西南三省的情况，除重庆外，他在讲演中还提到："贵州最容易建设，也最应迅速建设成为民族复兴的一个基础"，"我们云南……居于非常重要的地位，无论就天时、地利、人和各方面看来，云南种种条件都具备，可以作为复兴民族最重要的基础"。随着蒋介石在四川、贵州、云南三省考察时间的延续，他对西南三省尤其是四川有了逐步的认识，这为后来形成以四川为中华民族对日抗战根据地的战略思想打下基础。8月11日，蒋介石对峨眉山军训团为受训团员作了题为《川滇黔三省的革命历史与本团团员的责任》的训话："在建立民国的革命事业上，川滇黔三省，实占有重要的地位。尤其是四川，实为革命的发祥之地"。通过此次的西南之行，蒋介石意识到四川在战略上的重要性，他说："如果没有像四川那样地大物博、人力众庶的区域作基础，那我们对抗暴日，只能如一二八时候将中枢退至洛阳为止，而政府所在地，仍不能算作安全。所以自民国二十一年至二十四年入川剿匪之前为止，那时候是绝无对日抗战的把握……到了二十四年进入四川，这才找到了真正可以持久抗战的后方。所以从那时起，就致力于实行抗战的准备[1]"。

　　1936年初，国民政府制定了《民国廿五年度国防计划大纲草案》，正式确定在中日战争一旦爆发后，将"以四川为作战总根据地，大江以南

43

---

[1]　秦孝仪.总统蒋公思想言论总集[M].第14卷.台北：中央文物社，1984：653.

以南京、南昌、武昌为作战根据地，大江以北以太原、郑州、洛阳、西安、汉口为作战根据地[1]"。以此开始了改革四川政治、整顿军队、统一四川币制等建设，而此时困扰国民政府的最大的问题是四川的对外交通联系。在1935年前，四川都没有一条通往外省的省际公路，对省外的联络只能依靠长江水运。于是改善四川与外省的公路交通，成为全面抗战前夕，国民政府重要的一项工作，由蒋介石直接干预，并先后拨给四川善后公债1500万，作为修筑四川新路和整理旧路的经费[2]。随后动用兵工以及大量民工应征服役，在短短两年多点的时间里，完成了川黔、川陕、川湘、川鄂等大干线，在全面抗战前夕，还计划修筑川滇、青碚、海广等公路。据统计，"从1935至全面抗战前夕，四川公路建设修筑新路总计完成1400多千米，整理旧路长达2000千米，测量新线或开工修筑的计600余千米[3]"。基本建立了四川到邻近省份以至全国的公路交通网，为随后大规模的工厂内迁以及抗战发挥了极大的作用。

3. 四川国防中心区的形成

"九一八"事变后，蒋介石在一方面采取了"攘外必先安内"的政策，另一方面也开始着手进行抗战的准备工作。1932年11月，隶属于国民政府参谋本部的国防设计委员会在南京秘密成立，由蒋介石亲自担任国防设计委员会的委员长，任命翁文灏为国防设计委员会秘书长，钱昌照为副秘书长，具体负责各项事务。委员会的组成成员大都是当时各个学科的著名专家和学者。针对日本的侵略威胁，国防设计委员会自成立后便开始对抗战的准备，其最初的工作是进行国防资源的调查和统计。在《国防设计委员会工作计划大纲》提到："本会工作之目的，在按现代的国防需要，及本国之物资与形势，以制成整个的国防计划，惟百废之俱举既非仓卒可期，亦非财力人力所能胜。故设计之工作须研究事项之缓急轻重与施行之难易，而划分为国防计划为若干步骤或若干期[4]"。在调查过程中，国防设计委员会预见到，中日战争一旦爆发，沿海各口岸和经济发达地区必将被日军占领，中国从外国进口物资的通道将被截断，到时只能依靠国防工业原料及产品的自给自足。因此，国防设计委员会的抗战准备工作重点是围绕着各地的资源分布状况及现有工业生产能力的调查展开。通过对煤炭、石油、矿产，以及对国防至关重要的铁路、公路、航运等交通线路、运输量等调查，在此基础上，制定了以国防为中心的多项经济建设计划，

44

---

[1] 陆大钺.抗战前四川的公路建设[J] // 重庆文史资料[M].第33辑.重庆：西南师范大学出版社，1990：41.

[2] 陆大钺.抗战前四川的公路建设[J] // 重庆文史资料[M].第33辑.重庆：西南师范大学出版社，1990：43.

[3] 陆大钺.抗战前四川的公路建设[J] // 重庆文史资料[M].第33辑.重庆：西南师范大学出版社，1990：48.

[4] 国防设计委员会档案.国防设计委员会工作计划大纲.南京：中国第二历史档案馆藏.

包括：《重工业建设计划》、《战时燃料及石油统制计划》、《四川水利发电计划》、《运输动员及统制初步计划》、《粮食储存及统制计划》等计划[1]。

随着时局的变化，战争的威胁迫在眉睫，1935年，国民政府军事机构进行了调整，国防设计委员会改隶军事委员会，并与兵工署属下资源司合并易名为资源委员会。和国防设计委员会时期相比，资源委员会的工作重心已从调查统计工作转为更有现实意义的国防重工业的建设上。从1936年7月起，资源委员会开始实施为期5年的《重工业建设计划》，计划在5年内投资27120万元，兴建冶金、化工、机械、电力等30余家大中型厂矿。这些厂矿的产品，将能全部或部分满足国内的需要。对于这些重工业厂矿的建设，是从技术设备引进、选址、整理扩充原有老厂矿等三个方面同时开始。其中，在战争阴影下，资源委员会对厂矿的选址，将安全问题放在首位。国防设计委员会曾认为："在我国海空防实力未充时，重要之国防工业如钢铁厂、兵工厂、航空制造厂、化学工厂，诚未便设在沿江海都会，至随时有被敌摧毁之虞，亟应通盘筹划，择安全地点，为国防工业中心区，庶各项工厂俱得从速建设[2]"。因此，在战时选址建设国防中心区，是保证重工业厂矿正常生产的至关重要的因素。

"国防中心区"是国家抗击外敌入侵的国防战略总后方。为了达到战时保存自己，抗击敌人的目的，必须在战前和战时，从本国国力、国防安全、工业布局、交通运输条件、战略方针乃至作战计划等的实际出发，综合考虑，统筹兼顾，慎重选择、策定和积极建设"国防中心区"，以作为实现国家防卫目标的依托，使之成为供应前线武器弹药和各种军需物资的战略后方基地[3]。而对于国防中心区的选址，我国的近代军事理论家蒋百里、杨杰以及当时南京国民政府的德国军事总顾问法肯豪森有三种不同的观点。蒋百里根据敌情变化，提出建立国防中心区的初步构想，并制定出以湖南为中心的国防中心区规划，"以湖南为各项国防工业建设的中心地带……沿海地区战时首当其冲，工业建设应着重置于山岳地带；南岳地区可作为战时工业核心阵地，重要产业部门宜分布于株洲至郴州之线[4]"。而另一个著名军事家杨杰也对当时的国防军事工业布局提出了自己的见解，他同样提出了要在大后方建立国防军事工业中心的设想。他从西安的历史、地理、交通、国防资源四个方面进行了综合分析，提出西安作为古代多个朝代的国都和中国的政治中心，南有秦岭横亘，北为渭

[1] 资源委员会档案史料初编[M]（上）.台北：国史馆，1984：104.

[2] 国防设计委员会档案.国防设计委员会提案.南京：中国第二历史档案藏.

[3] 王德中.论我国抗战"国防中心区"的选择与形成[J].民国档案，1995年第1期.

[4] 余子道.从《军事计划》、《国防论》到《国防新论》——论蔡锷、蒋百里、杨杰的国防思想[J].军事历史研究，2002年第4期.

水贯流，东控黄河，更有渔关、散关、肖关、武关险固屏障，地质条件适宜建国防工程，陇海铁路也可以西延至此。因此，杨杰认为西安是最为理想的国防中心区[1]。而国民政府的德国军事顾问法肯豪森在1935年7月在兵工署署长俞大维的陪同下前往四川，视察长江沿岸的情况，通过此行，法肯豪森看到长江在对日战略上的重要性，因此在对国防中心区的选择时认为："对海正面有重大意义者，首推长江……如开战后固守'南京、南昌'，此种作战方式足使沿海诸省迅速陷落，国外向腹地之输入完全断绝，最要之城市与工厂相继陷落，于是陆军所必需战具迅即告罄，无大宗接济来源。川省若未设法工业化能自造必要用品，处此种情况必无战胜希望，而不啻陷中国于灭亡"，"终至四川为最后防地，富庶而因地理关系特形安全之省份……是造兵工业最良好的地方[2]"。

对于上述几种意见，资源委员会在实地调查和综合比较之后，实际上采纳了蒋百里的意见。在他们制定的三年重工业计划中，拟以湖南中部如湘潭、醴陵、衡阳之间为国防工业之中心区域，并力谋鄂南、赣西以及湖南各处重要资源之开发，以造成一个主要经济中心。可惜的是，这一军事工业中心区的建设还是随着战争形势的发展而不得不放弃。1938年10月，日军占领武汉，在湘北隔新墙河与中国军队对峙，湖南成为中日两军激战的战场，在此地建设的军工企业生产面临着日军的直接威胁，因此国防军事工业区被迫迁移到更具战略纵深的西南抗战大后方，四川也最终成为抗战国防中心区。随着国防中心区从湖南迁入四川，分布在全国各地的兵工厂也纷纷迁至大后方，这使得众多的兵工厂集聚在战时的政治中心——重庆成为可能。因此，重庆不仅成为中国的政治、经济、文化、军事指挥中心，还成为全国的重工业和军工生产基地，全国半数以上的兵工厂集聚在重庆的两江沿岸，急速地改变了重庆城市的空间格局、城市功能及结构。

三、近代立体战争下的重庆城市防御优势

在全面抗战爆发后，淞沪会战历时3个月，打破了日本"速战速决"的梦想，鼓舞了全国人民的抗日斗志，也为沿海工业、学校、文化事业机构等的转移，最大限度地保存实力内迁西南大后方，赢得了宝贵的时间。上海失守后，南京即受到威胁。在淞沪会战之初，国民政府为安定民心，于1937年8月14日宣布："外侮虽告急迫，政府仍应在首都，不必迁移"。但事实上，随着战况吃紧，迁都的准备工作已在暗中进行。国民政府从10月底起，开始陆续向武汉、长沙、重庆等三地疏散政府机关人员。

---

[1] 杨杰：关于国防中心问题的意见书，转引自王德中.论我国抗战"国防中心区"的选择与形成[J].民国档案，1995年第1期.

[2] 中国第二历史档案馆.中德外交秘档（1927—1947）[M].南宁：广西师范大学出版社，1994:173.

11月19日，蒋介石在南京国防最高会议时做了《国府迁渝与抗战前途》的讲演，正式确定了以四川为抗战大后方中心，以重庆为国民政府的驻地。当天晚上，国民政府主席林森及其随从人员由南京溯江而上前往重庆。20日，国民政府为表抗战决心，在渝发表了《国民政府移驻重庆宣言》，称"自卢沟桥事变发生以来，平津沦陷，战事漫延……国民政府兹为适应战况，统筹全局，长期抗战起见，本日移驻重庆，此后将以最广大之规模，从事更持久之战斗……外得国际之同情，内有民众之团结，继续抗战，必能达到维护国家民族生存独立之目的"。国民政府虽然正式宣告迁都重庆，但此时真正开始在重庆办公的只有国民政府和国民党中央的少数部门，大多数职能部门则暂时迁到武汉、长沙等地。1938年夏，日军侵略范围的进一步扩大，华中重镇武汉岌岌可危，在不到一年的时间里，国民政府又再一次开始大规模的西迁行动，直到12月8日，随着蒋介石率领军事大本营从桂林飞抵重庆，中国近代史上第一次最大规模的政府首脑机关和国家都城的大迁徙才得以完成。

古代战争中，重庆凭借金城汤池，关隘林立的四塞之地经历了多次的战争洗礼。历史如此巧合，600多年后，在同样抗击异族的进犯时，重庆在地理环境、人文环境、物质条件、军事防御等多方面的优势，在以飞机、炸弹为武器的近代立体战争中，再一次彰显出来。"可以说中国抗战最后的胜利，既是中国人民英勇抵抗的结果，也有中国山河之险的辅助之功"[1]。四川的险要位置，无论是水路还是旱路，要想从北、南、东等三个方向进入都不是件容易的事情，这也给当时从全国各地内迁四川带来无法想象的困难。但从城市军事防御看，四川的地理环境却是最为理想的易守难攻之地。

1．水的优势

从当时的战争形势看，日军若想进攻四川，最适合的进攻路线是走水路，逆长江西上。但是雄伟壮丽的三峡成了天然的抗战天堑。长江三峡的险要，主要是指从宜昌至重庆650千米的距离，有不下70多处的险滩，再加上此处的三峡航道变得狭窄，季节水位差达20米以上，水流湍急，两岸悬崖绝壁，险象环生，历史上有"三里一弯，五里一滩"之说（图2-3-1）。宜昌地处长江三峡的西陵峡口，是进出四川的必经要塞，素称"川鄂咽喉"之称。以此逆江而上，首先经过南津关，接着进入三峡中最长的西陵峡，其线路复杂，通航条件是三峡中最差的。

从上海内迁重庆，走水路，须以武汉为中转点，再由武汉撤退到宜昌。这时能在险滩密布的川江上继续西行重庆，只有卢作孚领导下的民生公司的船队。由于长江上游从每年12月下旬到第二年的4月末为枯水季

47

[1]　单之蔷.中国的腹地[J].中国国家地理，2005年8期：12.

节。在这个时期，水位将大大地下降。当水位降到3.048米以下时，长60.96米以上的大船就只能停航。当水位降到零上数米时，所有中外轮船都要停航。这时四川通往省外的唯一水上交通孔道就完全断绝，所有往来的旅客和货物运输都只能中断。这是当时无法解决的航运界难题。直到1937年初，卢作孚领导下的民生公司，在对三峡各险滩充分了解考察的基础上，提出了分三段航行的设想，并依据重庆至宜昌间的水位情况、险恶河段的水流情况，以及民生公司的船舶性能、吃水深浅，在保证安全的条件下，制定出船舶过滩的具体实施办法（包括第一段由宜昌到庙河，第二段是由庙河到万县，第三段由万县到重庆。全程避开险滩，接力运输）。这是由民生公司创造出的奇迹，在随后抗日战争爆发后宜昌大撤退时，民生公司在紧急情况下完成了如此艰巨的任务。当日本的舰船和兵团追到宜昌时，面对枯水季节，只能望江兴叹。从宜昌大撤退迁都重庆的过程看，在敌人未赶到时，东部沿海的工矿企业等在长江三峡进行大规模的搬迁，同时长江天险阻止敌人的进攻速度，这无论是迁都西安还是洛阳等，都不可能具有的防御优势。

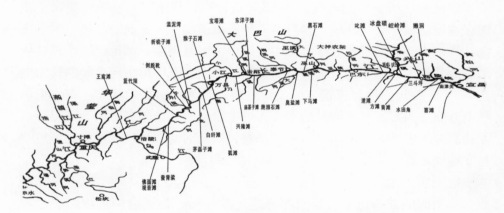

图2-3-1　长江（宜昌至重庆段）险滩分布图

（资料来源：朱复胜.宜昌大撤退图文志：1938中国的"敦刻尔克"[M].贵阳：贵州人民出版社，2005）

1940年6月12日，宜昌被日军占领后，为防止日军以宜昌为据点继续西进，威胁战时首都重庆的安全，国民党制定了依托长江三峡的《拱卫陪都作战计划》。1943年，日军在其他战场受挫的情况下，集结重兵进攻重庆。在确保三峡的战略精神下，国民党军队全力以赴，借助石牌天险，发起一场悲壮山河的石牌保卫战[1]，重创日军，打破了日军沿长江西进攻

---

[1] 注：石牌位于长江三峡西陵峡右岸，下距宜昌城仅30余里，自日军侵占宜昌后，石牌便成为拱卫陪都重庆的第一道门户。1943年5月的石牌保卫战被称为中国的"斯大林格勒保卫战"。

占重庆的梦想，成功地拱卫了重庆。

此外，处在两江交汇的重庆城，水源充足，基本保障了战时首都生产和生活的用水需要，内迁来渝的几大兵工厂均隐蔽分布在两江沿岸的山地，以便捷的水路航运运输着原材料和产品。虽然在近代，长江三峡天险在一定程度上延缓和减弱了重庆城市近代化的速度和强度，但在抗日战争发生后，险要的长江三峡破灭了日军一次次试图以水路进攻重庆的妄想。

2．山的优势

四川盆地周围被众多的山脉环绕，其中包括海拔3000多米高的秦岭、大巴两大山脉。这对于战争防御是极其有利的，自古有"蜀栈道，常吞兵"之说，远在三国时期，诸葛亮凭也曾感言：弱小之蜀，可对魏吴。险要山势虽有利于战争防御，但艰险的山路使得进入四川极其不容易。李白的"蜀道难，难于上青天"，韩愈的"云横秦岭家何在，雪拥蓝关马不前"等古诗均是描写从山路进入四川的艰难情景。抗战时期内迁时从北方进入四川的路线，可先通过陇海铁路，经过西安，到达宝鸡，再之后只能依靠徒步行走，向左拐南下，走川陕大道越大散岭入川。据当年许多通过此路的人士回忆，当时为了通过崎岖的山路，甚至是借助骡子和马车等原始工具，才颠沛流离地内迁入川。因此，由西向东，通过北面的山路和层层关隘攻陷四川，也是极其不易的。

重兵把守的外围防线，以及有利防御的地理环境，阻挡了日军的进攻步伐。而处于腹心的重庆城，同样也是固若金汤。众所周知重庆是一座山城，整个城市就是一座巨大的山岩。在古代战争中，它是居高临下、易守难攻的天然金城，而在近代立体战争中，日本侵略者在无法通过水路和陆路攻陷重庆，只能依靠空袭轰炸战时首都，以此削弱中华民族的抗日意志。但重庆却有上天的眷顾，城内高高低低的山地是战时最易开凿的防空保护屏障，是坚不可摧的地下城池，也是人类战争史的一大奇观。在1937年末，重庆就制定了在战时首都建造大规模防空设施的计划。重庆是褐色的沙土地带，只要投入时间和资金就可以建造地下要塞。所以，蒋介石进城后政府各机关都投入防空洞的建设之中。重庆多是依山靠崖开凿防空洞，类似西北窑洞的靠崖窑形式，有一字排开的，也有层层退台呈阶梯状的布局形式。在防空洞施工时，国民政府还规定，为了安全起见，所有防空洞必须穿透地表的赤褐色风化层，一直打到下层坚实的岩石以下才合格。每个防空洞要求有两个进出口，洞与洞里面多是相通。随着日机对重庆的轰炸不断升级，重庆城市遭受到毁灭性的严重破坏。但让日军万万想不到的是，重要的兵工厂、医院、政府中枢等都藏在山洞里。尤其是在重庆郊外，许多山峦都被掏空，搬进了多家军工厂，独创了战时"山洞式"的工业厂房，在山体的庇护下，在轰炸中不分日夜地生产工作。可以说，重庆的山在抗日战争中最大限度地庇护着战时首都。现在的重庆城内仍能看到许多当时的防空设施，甚至还有作为人防工程在继续使用的。

3．雾季是城市的天然屏障

重庆盆地因四周高山环绕，冬季寒潮不易入侵，具有阴天多、日照少、湿度大、云雾浓等特点，是全国日照最少的地区之一，古有"蜀犬吠日"的说法。重庆的雾使得重庆一年之中有近半年多时间见不到太阳，在平常，无论是本地人还是外省人都是不喜欢这种没有阳光的冬季。但是在抗击空袭的战争中，城市能够被浓雾萦绕而免遭轰炸，却是不幸中又万幸的事。每当浓雾弥漫时，市民就可以松口气，当时有首打油诗："大雾满山城，对面不见人，倘能长如此，哪来炸弹声"，刻画出人们急盼雾的心情。钱歌川教授还曾在防空洞里留下"从此无心望明月，但求浓雾锁长空"的佳句[1]。在1946年抗战胜利后，郭沫若先生离开重庆时发表了《重庆值得留恋》一文中提到："重庆的雾实在有值得赞美的地方。战时尽了消极防空的责任且不用说，你请在雾中看看四面的江山胜景吧。那实在是有形容不出的美妙。不是江南不是塞北，而是真真正正的重庆[2]"。对于战时重庆的雾，连一向讨厌重庆雾天的江浙人蒋介石也感到这片天地造化的奇妙，而由衷感谢上苍的恩赐[3]。而聚集在重庆的文艺界人士大胆创造出"雾季公演"的演出形式，通过话剧、诗歌、电影等形式为战时的广大市民带来暂时的精神安慰，增进了中华民族在抗战中的凝聚力。在二战期间，重庆与伦敦一样，都是以雾都而闻名。"正如1939年9月那场异乎寻常的大雾大雨与英国皇家空军共同阻了纳粹德国空军连续六个星期的轰炸一样，重庆特有的弥天大雾也魔术般地缓解了日本军队的毁灭性轰炸[4]"。

在大雾的庇护下，人们不仅可以像往常一样正常生活工作，还可以进行特殊的市政建设。在敌机持续轰炸重庆的六年时间里，每当雾季来临，战时首都重庆就开始新一轮的清理房屋废墟，建临时性的住屋，开火巷，改造道路等工程。

4．自古尚武好勇的人文环境

在原始时代，重庆地区气候温暖而湿润，植被茂盛，依山伴水，适宜古人类的生存发展。研究表明，在距今4000余年前，重庆地区的土著居民已经进入了氏族社会，居住在洪水线上，聚居生活。据史籍记载：这些先民"其属有濮、賨、苴、共、奴、獽、夷、蜒之蛮[5]"。其中的賨人，

[1] 刘光华.陪都重庆风情画[M].重庆文史资料.第六辑.重庆：重庆出版社，2002：161.
[2] 郭沫若著作编辑出版委员会.郭沫若全集[M].文学编.第二十卷.北京：人民文学出版社，1992：52-53.
[3] 王康.沉潜磨洗六十年——凭吊中国抗战首都重庆[J].书屋讲坛，2002年第6期.
[4] 王康.沉潜磨洗六十年——凭吊中国抗战首都重庆[J].书屋讲坛，2002年第6期.
[5] 《华阳国志》卷一《巴志》：28.

又称板楯蛮[1]，是川东土著民族之一，居住在嘉陵江和渠江两岸，北及汉中东部，东及长江三峡，遍及整个川东地区，是分布最广的部族之一。据《华阳国志·巴志》记载："賨民多居水左右，天性劲勇"。

巴，是一个古老的部族。据童恩正先生考证，古巴族人最早居住在武落钟离山，即今湖北西南部的清江流域。"巴郡南郡蛮，本有五姓：巴氏、樊氏、曋氏、相氏、郑氏，皆出于武落钟离山。其山有赤、黑穴，巴氏之子生于赤穴，四姓之子皆生黑穴，未有君长，共立巴氏子务相，是为廪君[2]"。从各种传说和文献看来，巴族以渔猎为主，经常迁徙。其熟悉水性，能造船，善于掷剑射箭，是一个非常强悍的民族。在与楚国的频繁战争中，巴族最终战败，而被迫自东向西的迁移，进入川东地区。其征服了该地区的原始居民，并逐渐同化，统称为巴人。

与别的民族相比，无论是外来的巴族，还是原著民賨人，巴人都以尚武好勇善战而闻名。殷商末年，周武王伐纣，巴师为其前锋，以巴师勇锐而著称。除了作战勇猛顽强外，古代的巴人还能歌善舞，民风淳朴。在此环境下产生了巴文化中最具地域特色的巴渝舞，其舞风刚烈，铿锵有力，属于武舞、战舞类型。据记载巴人军队参加周武王伐商纣王战争时，总是一边唱着进军的歌谣，一边跳着冲锋的舞蹈，于是便有"武王伐纣，前歌后舞"的古代典籍。

纵观古代巴国的发展历程，可以看到其基本上是由战争构成的，这是一个罕见而独特的历史现象。1954年，前西南博物院曾经在巴县冬笋坝等地发掘了一批战国后期巴族的墓葬，发现凡是男子，每墓都出有铜剑、铜矛、铜戈、铜箭等武器，更证明这是一支强悍勇武的民族。在南宋抗击外族入侵的战斗中，巴人谱写了一曲悲壮的诗篇。无论是在保卫重庆城，还是钓鱼城，以巴族为主的守军一直抗争到最后的援绝粮尽，表现出不屈不挠的民族精神。

而在近代，当抗日战争全面爆发后，川军群情激昂，纷纷要求出川抗日。整个抗战期间，四川给前线输送了大量兵源，应征赴前线的达300多万人，其中重庆籍的士兵就占了1/3，即为抗日前线输送了96万[3]名战士。有如此顽强勇敢的群众基础，战时首都重庆才能够固不可摧，坚守到抗战的最后胜利。

---

[1] 由于他们对封建王朝只完成一种賨赋，故称为"賨人"。秦汉时代又称为"板楯蛮"，以善用一种板盾武器而得名。

[2] 《后汉书·巴郡南郡蛮传》

[3] 数据来源：由重庆市委抗战工程办公室、重庆市委党史研究室组织的"重庆抗战调研课题组"，正式发布《重庆市抗战时期人口伤亡和财产损失》，2011年8月。

第三章　空袭轰炸下的城市御灾防卫
与市区重建

在抗日战争中，作为战争中的防守方，战时首都重庆表现出中华民族不屈不挠的顽强意志和精神。同样，作为近代重庆城市现代化历程中重要的组成部分，抗战期间的重庆城市建设并没有因战争而停滞。战争在给重庆城市带来灾难性破坏的同时，也给重庆提供了遵循现代城市规划思想重建城市的机遇。从战时城市的防御减灾开始，国民政府在旧市区积极地组织进行开辟火巷等战时特殊而有限的城市建设，以御灾防卫火巷带动旧市区道路和城市空间形态的局部改造。经过如此独特的城市改造运动，推进了重庆城市现代化转型的进程，为随后的城市建设奠定了基础。

第一节　战时首都的城市安全

一、日军的"无差别轰炸"战略

"七七"卢沟桥事变后，日军快速地占领上海、南京，国民政府被迫沿长江退避至武汉，在一年半的武汉保卫战中，由于全国范围的全民族顽强抗战，日军也付出巨大的代价，同时日本深陷世界大战的泥沼，因此被迫停止了正面战场的战略进攻，战争进入相持阶段。武汉失守后，国民政府移驻重庆。

对于默默无闻的山城重庆，突如其来的战争，使其一下成为全世界的焦点和中国的战时首都。由于重庆独特的山水地形，险山环绕、激流扼守、关隘林立，以及国民党军队在北面外围以及东面长江三峡的重重拱卫，有效地阻止了日本侵略者从陆路和水路攻陷"四塞天险"的重庆城。

1938年12月，为改变战况，日本以"制空进攻战"，开始对中国大后方城市实行残酷的以炸迫降的"无差别轰炸"的作战策略，妄图通过其强大的空军优势来进攻国民政府极其薄弱的防空体系，从空中彻底摧毁中国，打击人们的抗战意志，从而达到迅速结束战争的目的。为此，日军开始了对中国尚未沦陷的西部地区重庆、成都、西安、兰州、昆明、贵阳等大城市，以及四川的一些中小城市如自贡、万县、奉节、合川等展开大规模的轰炸。而日军对中国战时首都重庆进行空中轰炸，不仅出于战略需要，更具有政治意义。日军企图以轰炸重庆来逼迫国民政府投降，因此对重庆的轰炸频率、破坏程度远远大过其他城市。

二、重庆应对空袭轰炸的现实状况

重庆虽然有着别的城市无可比拟的防御空袭的自然环境，一年中大半年的雾季，以及依山开凿的防空洞等在一定程度消减轰炸造成的损失。但对于从天而降的战争灾难，战时重庆的人们经历了从最初无从适应到泰然应对的过程。日机连续不断的空袭轰炸除直接炸毁和破坏城市建筑，造成大量的人员伤亡外，对城市毁灭性的破坏是引发城市大面积的火灾。由于重庆古城是在长江和嘉陵江交汇的半岛山脊上形成发展起来的，"地势侧险，皆重屋累居，数有火害[1]"。城内道路狭窄弯曲，起坡不平，"通衢如陕西、都邮各街，仅宽10余尺，其他街巷尤狭[2]"。再加上山地地势高差，城内联系极其不便，自古以来重庆就是火灾频发的城市。因此，战时重庆市区面临的主要城市问题是如何尽量减少因轰炸引发的火灾损失。

对于火灾的预防，古代的山城，到处可见蓄贮消防用水的石缸，称为熄火池[3]。城市中最著名的熄火池有大熄火池和小熄火池。据《乾隆巴县志》记载："大熄火池，在储奇坊储奇门内旧仓后，旧基周围三十八丈，长十丈五尺，宽八丈五尺。小熄火池，在宣化坊城隍庙大街右……东西阔七尺五寸，南北长一丈五尺"。同时，为在城内全方位预防火灾，还开辟莲花池、西湖池、洗墨池、夫子池等水沼（图3-1-1）；此外，在城内许多街道转角处设置了消防栅栏，栅栏里备有装沙的沙桶，劈墙隔火用的太平斧、火构等防火设施，以备急需。而在传统民居建筑内，则是用安放水缸来预防火灾，如在湖广会馆的院落里都摆放着形状各异的石缸。

古城内除了熄火池以及防火设施外，还建有祈福免灾，具有象征意义的宗教建筑和构筑物。重庆是水码头，行船需要龙王保佑，防范火患也有特别的需要。因此，建龙王庙，对于重庆有重要意义。而明代初期建的九开八闭城门中，八门是水门，将八门封闭是与城内的火灾有关。由于城内火灾接连发生，官府与地方士绅，从阴阳风水说中认为，水门洞开，不能克制火星，所以将八道水门封闭。此外，据彭伯通先生研究，为了祈福免火灾，重庆古城还按照中国的阴阳五行学说，在通远门右（东）侧城垣内，用象征主义的手法设计了以北斗星魁四杓三形状排列的七口蓄贮消防用水的石缸，象征北斗七星。以北方为水，南方为火，水克火五行相克制，用代表"水"的七星缸镇住坡下居南，代表"火"的南纪门。

[1] 重庆市地方志编纂委员会总编辑室. 重庆市志. 第一卷. 总述 大事记 地理志 人口志[M]. 成都：四川大学出版社，1992：726.
[2] 引自：重庆市政府秘书处. 九年来之重庆市政[M]. 第一编. 总纲. 1936：6。
[3] 彭伯通. 重庆地名趣谈[M]. 重庆：重庆出版社，2001：143.

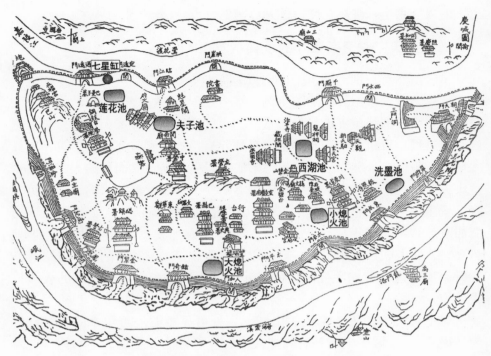

图3-1-1　古代重庆城内主要消防水池区位示意图
（资料来源：根据《巴县志》底图自绘）

　　到了近代开埠后，随着商业贸易的发达，市区更为拥挤，火灾对市区的危害比古代更为严重。据《重庆海关1892—1901年十年调查报告》记载："1895年6月25日重庆太平门失火，救熄时，已毁民房四百余间"，"1896年8月间，前所未闻的大火灾在重庆城内东南部爆发……官方察明毁坏房屋10382间……许多最富华人商行被焚"。而重庆城中大部分的民宅多是就地取材，因陋就简，采用竹、木、纸等材料建构，本身就极易引发火灾并蔓延成片。1929年重庆设市后，在警察局下组建了消防队，将全市划分为8个消防区，即东、西、南、北、中、新市、南岸、江北，实行分区救火制度[1]。并在1928年成立消防联合会，管理各地区行业的义勇消防队和拆卸队。由于没有马路，最初用的全是需8人手动操纵的人力水龙。1930年旧市区部分马路修通后，由消防联合会组织募捐购置了新式救火汽车2辆，升降梯2架[2]，补充了救火设施。但火灾发生时，由于上下半城道路联系不畅，只能通过一两条坡道相连，且消防警力配制不足，消防设施简陋和匮乏，消防扑救还是相当困难。

　　与此同时，重庆还是一座在火灾发生时取水救火不便的山城。其

[1] 中国人民政治协商会议重庆市委员会文史资料委员会.重庆文史资料[M].第33辑.重庆：西南师范大学出版社，1990：11.

[2] 重庆市公安局市中区分局.重庆市中区公安志[M].内部发行，1993：189.

"负山为城，崖石层叠，凿井不易，低下处间有泉水，率臭秽不堪。全市饮料概系取之临江各城门外河边，渣滓水萃汇于兹，水质淤浊，汲运不便[1]"。古代的重庆靠人力担挑运两江河水，解决用水需要（图3-1-2）。"一般市民，浊水饮而疾疫丛生，汲水难而火灾迭见[2]"。到了近代，重庆创办了自来水厂，开始向新旧市区供水，但日供水量只能部分满足城市用水需要，且消防给水设施也极不完善。

在成为国民政府的战时首都后，重庆城市人口急剧膨胀，并且大部分人都集中居住在半岛旧市区的9.3平方千米内。随着人口的暴增，城市更加拥挤，卫生、住房等城市问题尤其严

图3-1-2　担水图

（资料来源：重庆市规划展览馆）

重。此外，重庆市区中除了在下半城有一处公园（即中央公园）外，几乎没有较大、较宽敞的市民集散广场空间。在近代立体战争中，如果像重庆这样人口过度拥挤，建筑密度过大，道路狭窄且多坡道，房屋重叠累置，缺乏诸如公园、广场等相当数量的疏散场地，遇到紧急突发事变时，人口疏散将极其困难。因此重庆城市的这些现实问题，对于抵御空袭轰炸是十分不利的。

针对重庆的市区现状，日本侵略者在1938年10月4日试探性轰炸后认为，重庆是不堪一击的。在随后的1939年"五三"、"五四"惨烈的大轰炸中可以看出日军对重庆的轰炸，是有计划、有准备地把目标选定在人口稠密的旧城中心区域进行，炸弹以燃烧弹为主，大轰炸几乎摧毁重庆曾经繁华的上下半城[3]（图3-1-3、图3-1-4）。

[1] 重庆市政府秘书处.九年来之重庆市政[M].第3编第1章，1936：61.
[2] 《重庆商埠月刊》第2期，1927.
[3] 据《重庆市防空志》记载："1939年5月3日下午1时17分，日机26架以密集队形突袭重庆，从东北方向侵入市区上空，重点目标是老城区下半城，以朝天门——陕西街——望龙门——太平门——储奇门一带为中心。日机共投弹166枚，下半城有41条街道被炸起火，造成人员伤亡1023人，炸毁房屋846栋、222间，直接损失达国币42万余元。这次大轰炸历时1小时50分钟。5月4日下午6时许，日机27架仍按3日战术已大编队猛袭重庆，重点目标是上半城商业中心。被炸区域为：会仙桥——上、下都邮街——劝工局街——苍坪街；至城巷——鸡街、寒家桥——代家巷、石板街；以及通远门外中山一路一带。日机共投弹126枚，上半城有38条街道被炸起火，都邮街、柴家巷尽毁。造成人员伤亡5291人，炸、焚毁房屋2840栋、963间。此外，驻渝英、法、德使馆均遭到不同程度的损失，直接损失达150余万元。此次大轰炸历时1小时48分钟。

在随后的六年[1]多的时间里，重庆作为国民政府的战时首都，是遭受日机的轰炸规模最大、次数最多、持续时间最长、损失最为惨重的城市。据统计："至1943年8月24日止，日机共空袭重庆以及周边区县203次，出动飞机9166架，投弹17812枚，炸死市民11148人，重伤12856人，炸毁房屋17452栋，37182间[2]"。使繁华的重庆市区大半变为废墟，财产损失无法计数。

图3-1-3　遭受轰炸的重庆市街景

（资料来源：秦风老照片馆.抗战中国国际通讯照片[M].桂林：广西师范大学出版社，2008：119-120）

图3-1-4　被炸成废墟的重庆旧市区

（资料来源：李云汉.中华民国抗日战争图录[M].台北：近代中国出版社，1995：128）

---

[1] 据2011年9月，由重庆市委抗战工程办公室、重庆市委党史研究室组织的"重庆抗战调研课题组"，正式发布《重庆市抗战时期人口伤亡和财产损失》中统计：1938年2月18日，日机空袭巴县广阳坝（今南岸区广阳坝）机场，这是目前档案文献记载日军飞机第一次对重庆的轰炸。1944年12月19日，日机轰炸梁平、万州、开县，在开县南雅、灵通乡（今铁桥镇）二保邓氏、陈家两湾上空，先机枪扫射后投小型炸弹100余枚于山林田地，这是目前档案文献记载日军飞机最后一次对重庆的轰炸。由此可知，重庆大轰炸持续的时间是整整6年零10个月时间。

[2] 重庆市人民防空办公室.重庆市防空志[M].重庆:西南师范大学出版社，1994：135.

第二节　临战应急型防空体系的建立

一、战时城市的消极防空体系

相比伦敦凭借英吉利海峡、先进的地下铁道以及主动防空的军事实力抵挡纳粹德国的进攻，抗战首都重庆却没有先进的空防体系和设施。在经历多次日机的残酷轰炸后，随着武汉至重庆四周防空情报网的逐渐完善，依靠防空情报网提供的空袭信息，战时重庆建立了一套具有山地特色的灯笼警报体系，通过在城市高处悬挂不同颜色的灯笼，及时、快速、一目了然地向市民传递轰炸的危机程度和应对方式。每当有情报显示有日机即将轰炸，城市的高处首先挂起绿色三角形灯笼表示"预袭"，提醒市民敌机已起飞，有可能来袭。挂一个圆形红色灯笼表示"警报"，警告居民准备入防空洞。上下悬挂两个红灯笼是"空袭"，汽笛同时响彻全城，通知市民敌机已迫近，必须立即进入防空

图3-2-1　红色灯笼示警

（资料来源：李云汉.中华民国抗日战争图录[M].台北：近代中国出版社，1995：128）

洞（图3-2-1）。悬挂三个红灯表示"紧急"，汽笛声忽起忽落，路上断绝车马行人。灯笼全落，汽笛寂然无声，表明敌机现已临空。在最后空袭结束时，挂起黑色长方形灯笼，汽笛长鸣不止，表示警报已解除，可以出洞回家。当时的市民把这称为"跑警报"，并当作是雾季过后，每天必须要做的事情。总之，战时重庆这套应急型的防空体系，虽不能阻止日机的侵袭，但在减少人员伤亡上也取得一定的成效。

二、构筑战时城市防空设施

早在1936年10月，重庆市当局鉴于时局的日趋恶化，预料日军对重庆的空袭是迟早会发生的事，为了应付将来空袭后救护等问题，成立了重庆市防护团，防护团团长和副团长分别由市长和警察局长兼任，并在1937年10月开始构筑简易掩蔽体。1938年，鉴于日军对战时首都的空袭轰炸形势，国民政府开始重视防空设施的修筑，防空设施从简易掩蔽体转向防空

洞和防空隧道发展。各项工程由营造厂以投标方式承建，并根据国民政府公布的军事征用法，征用修建各类防空工事的土地，并由财政部拨款，修筑公用防空设施。与此同时，市民修筑的私人防空洞壕的数量也在不断增加。据统计：到1943年11月，全市共有各类防空工事1823个，总长度8.4万米，总容量44.5万人；其中公共防空工事有282个，长度共计1.9万米，容量共计11.26万人；私有防空工事有1541个，长度共计6.5万米，容量共计33.24万人[1]。

此外，为战时避难所需，重庆防空司令部成立了隧道工程处，决定在人口稠密的旧市区修建防空大隧道，以此配合解决市区一般市民和流动人口空袭避难场所严重不足的问题。该隧道计划由朝天门至通远门，临江门至南纪门，横贯旧市区的南、北、东、西，共有13处进出口，可容纳4万多人。由于负责隧道建设的工程技术人员多是土木工程出身，对隧道工程并不十分在行，再加上工程管理人员贪污腐败成风等多方面原因，造成工程进展缓慢。1940年，当局迫于舆论压力，将已贯通了的一部分隧道开放给市民使用。由于敌机不断的疲劳轰炸，以及国民政府在对防空建设管理制度等的种种弊端，最终还是酿成了1941年6月5日的大隧道惨案。但从客观上讲，战时国民政府在重庆修建的防空避难设施，对于减少人员伤亡，还是起到了一定的作用。

面对战争，在敌我作战实力极其悬殊的情况下，除了上述军事方面的城市消极防空措施外，国民政府还推行了多种因地制宜的防御办法，最大限度地减少空袭损失。而在遭受日机频繁轰炸的旧市区，轰炸后引发的大面积火灾，严重威胁着城市安全，是战时亟待解决的城市问题。

第三节　开辟火巷与战时城市御灾

战争历来是引发城市火灾的主要祸首。从宋代发明用火攻击对方城池到近代的立体战争，战争所造成的火灾，给城市带来的是毁灭性的破坏。在城市中开辟火巷，是始于宋代的城市减灾防御措施，并一直延续至今。在近代抗日战争中，战时首都重庆成为人类战争史上"无差别轰炸"战略的第一个受害的城市。不同于城市中某一局部发生的火灾，由于日军对重庆的轰炸点遍布全城，对城市的摧毁是快速的。如何尽最大限度降低火灾蔓延对城市的再破坏，国民政府借鉴宋代以来的城市火巷措施，在瓦砾和废墟中广开火巷，并在火巷建设的基础上，进一步推进了旧城区原有城市道路等基础设施的改造和更新。

58

[1] 重庆市人民防空办公室.重庆市防空志[M].重庆:西南师范大学出版社，1994: 221.

一、火巷是城市预防火灾的重要措施

众所周知，引发火灾有自然灾难和人为纵火两大主要原因。从古至今，人们在不断预防和扑救火灾的过程中，已逐渐认识到城市的规划和布局，城市街道的宽窄，房屋间距等对于防御火灾的重要性。从最初的原始村落，如陕西临潼姜寨遗址，可以看出其居住区和生产区分开布局，房屋成组分布，前后排房屋有意识地留有6至9米的距离（图3-3-1）；到隋唐时期的都城，其整齐划一的里坊，高大坚实的坊墙，集中设置的市场，规整、宽广的方格网状道路等措施都在预防城市火灾的发生以及减少火灾蔓延方面起到积极有效地作用（图3-3-2）。随着城市的发展，中国古代的城市格局在宋代发生了根本性的变革，城市打破了以往历代集中、封闭的里坊，拆除了坊墙，形成了开放的城市街巷。这种沿街设店的布局促进了城市商贸的发展，同时城市的繁荣兴盛也吸引更多的人潮涌入城市，城市人口迅速增加。据专家考证，北宋东京、南宋临安两个都城的人口都超过100万[1]。和汉、唐时期的城市相比，由于经济空前繁荣、人口剧增，宋代的城市建筑密度不断提高，城市空间十分拥挤，呈现出"甲第星罗，比屋鳞次；坊无广巷，市不通骑[2]"的城市景象。此外，两宋都城的街道路面明显比唐长安窄，街巷间距变小，商业、居住、生产混在一起，功能分区较乱，屋宇相连，缺少必要的间距规划，因此火灾频繁，城市防火问题极其突出。

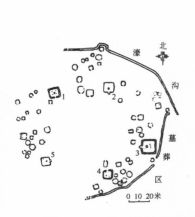

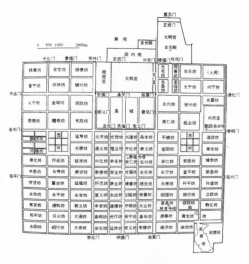

图3-3-1 陕西临潼姜寨遗址　　图3-3-2 隋唐长安城复原平面

[资料来源：《中国建筑史》第五版，第17页，图（1-4）]　　[资料来源：《中国建筑史》第五版，第60页，图（2-6）]

[1] 李采芹.中国消防通史[M].北京：群众出版社，2002:515.
[2] 伊永文.行走在宋代的城市[M].北京：中华书局，2005：156.

为预防和减少火灾，北宋制定了完整的防火救灾制度，并设置了消防军队，在城市中广建望火楼和园林，建筑封火山墙和封护檐墙，拆除茅屋改建瓦房，并首创在城市中开辟火巷的方法。据《宋史·善俊传》记载："俊知鄂州，适南市火，俊急视事，驰竹木，发粟振民，开古沟，创火巷，以绝后患[1]"。火巷，也称为"太平巷"，它不仅是指为有效地阻止火势在相邻两建筑之间的蔓延，而开辟的防火小街巷，即每隔几座建筑物，修建一条火巷；而且还包括在城市中兼有防火和交通功能的火巷大道。

与北宋东京相比，南宋临安在商品经济的高度发展下，城市布局出现了更多不利于防火的因素，火灾更加频繁。为此宋高宗在严令"火禁"的诏书中指令临安府，要有计划地开辟火巷，并规定了具体的防火间距尺度标准，要求"被火处每自方五十间，不被火处每自方一百间，各开火巷一道，约阔三丈[2]"。在此基础上，还进行了原有旧街巷拓宽，在重要建筑周围留有空地，增设广场等城市空间改造，从而改进和完善了城市的防火措施，并减少火灾的蔓延。此外，开"大衢"的措施也促使了城市的主要街道在满足交通功能外，也兼做城市主要的消防通道。但事实上，宋代的火巷政令执行并不彻底。原因是多方面的，如拆迁房屋成本较高，一般人承受不了；有权势的官员"侵街"、"侵道"现象严重，为维护自身利益，又迟迟不肯拆除，成为实施"火巷"计划的最大阻碍。但开辟火巷，作为预防火灾的重要措施从此一直延续下来。

在随后元、明、清代的都城建设中，进一步继承和发展了宋代的开辟火巷措施，城市格局采用以坊巷制为主的布局。一个个四合院民居，在院墙和庭院空间的间隔下，拉开了距离，使得院与院之间自然就形成了一条条火巷（图3-3-3）。在保存至今的许多明清古镇中，我们仍然可以看见完整的火巷通道，有的虽然狭窄深长，但对于阻隔火势蔓延却有着显著的效果。

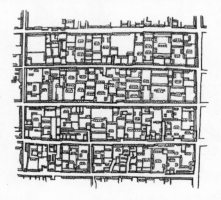

图3-3-3　清代北京典型街坊及四合院布局图

[资料来源：《中国建筑史》第五版，第92页，图（3-21）]

---

[1]　《宋史》卷247《宗室传·善俊》.
[2]　《宋会要辑稿》瑞异2之36绍兴三年十一月二十二日.

二、开辟火巷的组织与实施过程

从宋代以来的古代城市防火方法证明，开辟防火巷是一项易于开展又行之有效的城市防火策略，也能完全适宜战时特定的城市环境。因此战时国民政府要求在遭受轰炸的西部城市如重庆、成都、自贡等城市都须开辟火巷，减少火灾蔓延。重庆每年9月到次年4月是浓雾紧锁的季节，是日军无法进行空袭的间歇期，这为城市拆除危旧房屋，清理被战争毁坏的街道，开辟防火巷，创造了良好时机。在战争的非常时期，市民不可能也无法像战前那样，再为了个人利益的得失去阻拦街道拆迁等工作的展开，这为推进火巷的建设扫清了障碍。

为了保证"火巷"工程的顺利进行，重庆市疏建委员会责成下属工程组负责办理市内有关疏散工程及疏散地区一切建设事项，由当时重庆市工务局局长吴华甫亲自兼任工程组组长。1939年4月15日，工程组首先选择旧市区神仙口至三牌坊以及长安寺至县庙街两线，将其辟为六公尺宽的火巷，并在4月29日完工。正当积极筹备继续开工之际，重庆市却在5月3日~4日遭受敌机疯狂空袭，损失惨重，这迫使开辟火巷的工程不得不加紧进行。由于人手不足，时间紧迫，工程组不仅调用了市工务局的全体员工，国民政府甚至还下令卫戍区军队协助，从事危险性较大的拆卸工作。整个工程计划在市区开辟火巷80条线，共长23千米。除新市区外，旧市区被划分为三个拆卸区（图3-3-4），每区配备三个拆卸队，工人上千名，在5月6日即开始拆卸，并限于6月底以前完工。

当时的国民政府极其重视此项工作，除颁布了开辟火巷的办法、计划及拆迁房屋的条例政策外，更在5月24日对重庆疏建委员会的训令中要求扩大工程计划并指出：①开辟太平巷不可视为平常工作，原定一千名工匠不够，应再加一千名，并昼夜换班拆卸，限6月底开辟完竣。②市区彼此毗连之房屋原计划约每隔房屋40间左右，即每隔140米左右开辟一巷，现扩大计划应以8~15间为度，即每隔30至50米开辟一巷等[1]。和四川其他城市相比，由于是战时首都，重庆的相邻两火巷间距最小，因此开辟的数量也相应地增多。而其他城市的两火巷间距离就大于重庆，如成都在1939年6月颁布的拆除火巷实施办法，其中规定："轰炸目标附近街道，每隔200米处应相对拆除火巷1道；繁盛街道每隔250米处，应相对拆除火巷1道；普通营业街道，每隔300米处应相对拆除火巷1道"。据史料记载，原成都北门卫民巷、南门君平街湛冥里通汪家拐小巷等，都是当年所拆的火巷遗址[2]。

[1] 重庆疏建委员会训令总字第760号.重庆市档案馆：全宗号0067，目录号5，卷号657.
[2] 四川省档案馆.川魂——四川抗战档案史料选编[M].成都：西南交通大学出版社，2005:15.

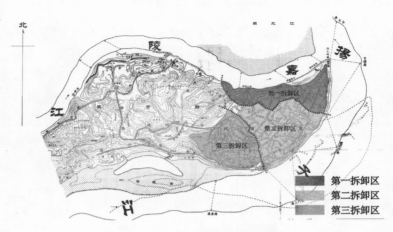

图3-3-4　旧市区拆卸分区示意图

　　因此，开辟"火巷"成为战时重庆旧市区建设的主要内容，在大轰炸发生后的两个月，经过工程组人员的日夜赶工，旧市区共拆出太平巷总长21093米，其中开辟的15米宽的火巷马路14线，计6262米；10米宽之火巷69线，计14831米。拆卸房屋面积达1146666.7余平方米，共拆除大小平房、楼房9600余户[1]（图3-3-5）。

三、火巷带动的旧市区道路改造

　　宋代城市开辟火巷可分为两方面：一是要求房屋间保持一定的防火间距，形成火巷通道；二是在火灾发生后，在救灾过程中，城市中需要有宽广顺畅的道路，来保证快速救援和疏散市民。但重庆由于山地的高差，城市上下半城的格局，以及狭窄弯曲街巷，

图3-3-5　当时政府号召市民开辟火巷时的宣传标语

（资料来源：李金荣.重庆旧闻录1937—1945——御倭传奇[M].重庆：重庆出版社，2006：83）

会在一定程度上阻碍消防队的营救速度。因此和南宋临安以火巷带动城市空间改造一样，重庆需要对旧有城市街道进行疏通、拓宽，并结合地势，在高差较大的上下半城修建便利宽敞的火巷马路，这就开始了以御灾为主的旧市区道路改造。

　　重庆旧城是在长江和嘉陵江交汇的半岛山脊上形成的传统商业城市，

---

[1] 廿八年开辟太平巷工作报告"重庆市疏散委员会工程组拆卸太平巷统计表".重庆市档案馆.

近代对其的改造，始于军阀刘湘的统治时期。拆除城墙、修筑码头，拓宽和改造旧有街巷，整理市貌成为20世纪二三十年代军人政府推动城市现代化的主要任务。针对街巷改造，市政府先后公布了《重庆商埠整齐街面暂行办法》和《整理马路经过街道规划》，确定市内公共街面，划定街道宽度。1935年在工务局长傅骦的主持下，制定了顺应地势，依山而建的现代城市道路计划。由于街道整修和扩建涉及土地的收用，难免会触动许多临街店铺的利益，市民的反对较为强烈。因此，迫于各方压力，市政府对旧城区的道路改造推行较为缓慢，而将城市建设重点放在拓展新市区上。直到抗战前夕，旧城区内联系上下半城间的路网尚未形成，只是拓宽了部分街道，修建了联系新旧城区宽20米的中区干路和南区干路。

由于时间紧迫，战时道路改造首先以尽可能利用原有街道进行拓宽和疏通为原则。随着工程的推进，火巷的宽度从最初仅满足战时防御需要的6米防火小巷，到考虑将来城市道路的发展，增加到10米和15米两种形式，在大轰炸后修建的15米火巷，成为旧市区的主要交通马路，至今仍在城市发挥出重要的作用。从1939年冬季到1940年春，在这短短几个月的雾季中，战时首都重庆积极抢开火巷，在废墟和瓦砾中不断整合新旧街巷空间。从当时的一些文章中可了解开辟火巷后的情形："……街道，在炸烧后便马上画好了'建筑新界'，新的房子无论是木屋、高楼，统统建筑在'建筑新界'线上看齐了……这样在新陪都的街面上，是房与房子之间自然留出了10~20米不等的间隔，这些间隔恰恰构成了最好的'火巷'，假如敌人再来轰炸，那就至少一间房子要索取他一颗炸弹的代价，否则他要想新的'陪都'再像以前那样集中似的给他毁坏，那就简直是梦想！""……纵使其弹无不中，亦一弹只能毁我一宅空室，而屋少巷多，避灾更易，在敌既得不偿失，在我则永免连廛被灾之苦[1]"。可以说，火巷是战时特殊的城市建设工程。战争结束后，1945年重庆市政府对战时特殊形势下开辟的火巷进行了整理和改造。根据其在城市中具体位置，除将一部分留作永久火巷外，其余的在抗战结束后就不再保留，并在原来修建火巷的位置重新划出道路，将多余土地发还另作其他用途。

在火巷建设中值得一提的是，上下半城终于有了相联系的道路。在战前，旧城区上下半城的联系只有打铜街和十八梯，通过爬坡相连。为了在战时遭受轰炸时上下半城都能快速、方便地救灾，国民政府有意识地在开辟火巷时，新建了连接上下半城的两条南北向的15米宽螺旋线型火巷（即凯旋路和中兴路）。其中，凯旋路起于南区干道中段的储奇门，玉带街盘山而上，到达山顶大梁子，道路全长730米。值得一提的是在车辆和人流集中的山城山脊大梁子顶端，与坡底下半城地面的直线高差约20 米，

63

---

[1] 阮建华.在瓦砾中长成的新陪都[J].黄埔1940年第5卷第13期.

为贯通上下城区之干道，建有石砌拱桥，高耸山际，蔚为壮观，成为近代重庆城市景观的重要标志。此桥分为两部分，桥上部分为行车道，桥下部分为人行通道，是人车分行的便捷立体道路。凯旋路建成后，贯通了被山脊阻隔的上下半城之间的道路，实现了不同高差区域之间的联系，反映了重庆城市鲜明的山地形态特征（图3-3-6）。

图3-3-6　凯旋路

（资料来源：重庆老照片）

除构筑上下半城的立体交通外，在战前已有的两条东西向（中区、南区）干道的基础上，国民政府通过开辟火巷拓宽路面，有目的地将过去零散的街道进行整合，化零为整，并尽可能将其连贯成纵横相间的经路和纬路，从而打通旧市区南北向的干道。这样不仅能盘活山城道路，而且使得旧市区初步形成了系统、连贯、便利的道路网（图3-3-7）。因此，战前由于多种原因未能完成的现代城市道路计划，在经受战争灾难的同时，也获得继续实施建设的机会。但由于战时轰炸和物资匮乏，重庆当时也仅仅完成了旧市区道路网络的基本构建。

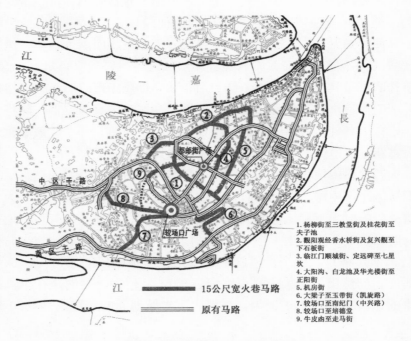

1. 杨柳街至三教堂街及桂花街至夫子池
2. 觐阳观经香水桥街至复兴观至下石板街
3. 临江门顺城街、定远碑至七星坎
4. 大阳沟、白龙池及华光楼街至正阳街
5. 机房街
6. 大梁子至玉带街（凯旋路）
7. 较场口至南纪门（中兴路）
8. 较场口至培德堂
9. 牛皮凼至走马街

— 15公尺宽火巷马路

═ 原有马路

图3-3-7　1939年计划开辟的15米火巷马路示意图

第四节　战时重庆旧市区城市空间改造

一、战时重庆现代城市道路系统的建构

1．重庆现代城市道路骨架的形成

近代中国许多城市按照现代化城市功能要求对古老城区的改造，是一种艰难而缓慢过程，通常面临着城市土地资源的重新组织和再分配的矛盾和困难。然而当城市本身受到天灾人祸等突发事件的袭击时，城市会发生突变，原有的建筑及设施全部或部分被毁坏，城市如何在断垣残壁中重建，这是城市建设中的新课题。

在战前的"黄金十年"间，国民政府借鉴欧美近代城市规划理论和技术，自主完成了南京首都计划和大上海市中心区计划。而在战火弥漫的重庆，国民政府对中国近代城市规划的探索并没有停止。在轰炸最严重的1939年6月，国民政府颁布了中国近代第一部城市规划法《都市计划法》。在面对被战火摧毁的城市时，国民政府意识到一旦战争结束，时局稳定后，城市将急需重建发展，因此为了使战后有计划地重建，在该法规颁布两月后，内政部随即要求在抗日战争期间遭到敌机轰炸的城市，包括"四川之成都、重庆、自贡；贵州之贵阳；云南之昆明等20多个城市均应优先拟订都市计划，咨部核转备案实行，且当重庆、成都、贵阳……原有市区受相当毁坏，正应乘此机会对于将来市区复兴"，并提出"事前早定根本计划，此项城市再造之计划并应注意市区之疏落以免将来之损害[1]"。随后在1940年，国民政府针对空袭轰炸制定出更为详尽的《都市营建计划纲要》，以指导战时防空前提下的城市规划和建设。在这两个法规颁布之时，1940年9月，国民政府宣布重庆为"中华民国永久之陪都"。为了促进战时作为全国政治、经济、文化中心的陪都建设，行政院在1941年2月成立了陪都建设计划委员会[2]，并召集了滞留在重庆，曾参与战前规划建设上海、广州、南京等城市的技术型官员如哈雄文、吴华甫、周宗莲等进入陪都建设计划委员会，为战时重庆制定出较科学实用的

---

[1]　转引自：陕西省政府公函：奉行政院令饬拟都市计划函请查照办理（民国档案），民国二十八年九月十六日，西安市档案馆存∥中国近代建筑研究与保护（五）[M].北京：清华大学出版社，2006：153。

[2]　陪都建设计划委员会成立于1941年2月，是隶属行政院的一个建设计划咨询机构。由当时的行政院副院长孔祥熙兼任主任委员，内政部长周钟岳、四川省长杨庶堪为副主任委员，在十几名委员中有重庆市长吴国桢、建筑专家梁思成，委员会中负责具体业务技术的有哈雄文、吴华甫等。1946年2月其改变了隶属关系，更名为重庆都市计划委员会，由当时市长张笃伦兼任主任委员，组织在渝的市政专家如周宗莲、黄宝勋、陈伯齐、罗竟忠等，用3个月的时间编制完成《陪都十年建设计划草案》。

城市计划。在有限的条件下，陪都建设计划委员会组织专家完成了"战时建设计划大纲"以及防空建筑的改进意见等工作，并组织测绘了旧市区，提出了改善和发展重庆城市道路的《重庆市城区街道系统计划》[1]，计划的重点之一是发展市郊道路，二是进一步完善市区和新市区的道路。对旧市区的道路进一步拓宽，原先15米宽的火巷马路，作为旧市区的主要交通马路，按计划拓宽为22米或18米，在此基础上又新规划多条路线，并尽量将部分弯路驳直，改变路面过于弯曲的现象。整个旧市区新改造的街道，以宽度为限分为甲种22米、乙种18米、丙种15米三种标准。众所周知，现代城市道路红线宽度必须满足行车、行人的宽度，同时还需要满足日照、通风、消防、照明、绿化、管线布置等要求。假定一般道路红线宽度为B，房屋层高为H，$H{:}B{=}1{:}2$，$B{=}b{+}2r$（b-路面宽度，r-人行道宽度）。因此从道路宽度可以推算出，街道两旁建筑的层高：甲种为4层、乙种为3层、丙种为2层（图3-4-1）。这样有意识的道路分级、拓宽，彻底改变了旧街巷弯曲狭窄的空间形态，奠定了重庆现代化城市道路的基础，营造出现代化的城市街景（图3-4-2）。在战后制定的《陪都十年建设计划草案》中，针对市中心区道路系统规划，提出需"沿用民国三十年市工务局所订道路标准，并力求与工务局原有系统相衔接，以免改线之烦"[2]的原则，这是对战时旧市区道路建设的肯定和延续。

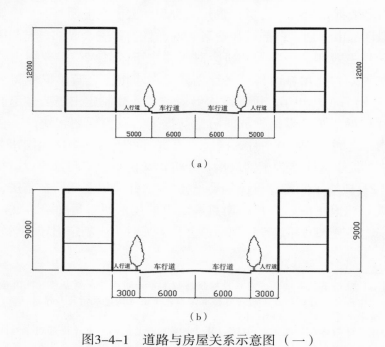

图3-4-1 道路与房屋关系示意图（一）

[1] 重庆市工务局1940年"本市道路网计划".重庆市档案馆：全宗号0067，目录号1，卷号754.
[2] 引自：陪都建设委员会编.陪都十年建设计划草案[M].1946：120。

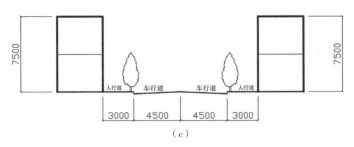

（c）

图3-4-1 道路与房屋关系示意图（二）

（a）22米宽；（b）18米宽；（c）15米宽

（a）   （b）

图3-4-2 抗战时期的重庆街景

（a）街景一；（b）街景二

［资料来源：[美]艾伦·拉森等图／文.飞虎队员眼中的中国（1944年-1945年）[M].上海：上海锦绣文章出版社，2010］

此外，为了应对轰炸，方便城区的市民以及工厂学校等向郊区乡村的安全疏散，国民政府还抢修了城区通往西郊（包括沙坪坝、九龙铺等地带）的公路，包括成渝公路、浮新公路、浮九公路等（图3-4-3）。这些

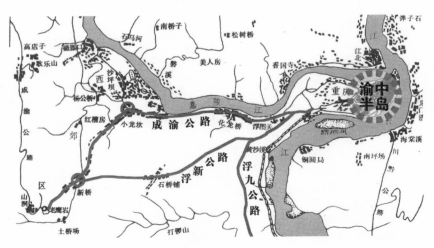

图3-4-3 战时通往郊区的公路

（资料来源：根据1941年《地理学报》第八卷附图自绘）

67

通往郊区的公路，不仅是战时重要的生命通道，而且将城区与郊区联系起来，为战时市区向西郊拓展打下基础。

2. 体现抗战特色的新街名

街道的命名是城市的符号，是城市性质、社会变迁以及重大历史事件的真实反映。中国古代的街道命名，除了以特殊的地形和地势，以及历代官府、人物和姓氏命名的街道外，古代城市的街名多以商业作坊、官署、寺庙为主。重庆古城的街道的命名，也符合这样的规律。表3-4-1是对清末民初重庆府城街道的大略统计。

清末民初重庆府城街道名统计表　　　　表3-4-1

序号	街巷命名分类	数目（条）	比例（%）	街名
1	以官署命名	36	12	上都邮街、中营街、二府衙、县庙街、守备街等
2	以寺庙命名	40	13	关庙街、华光楼街、天主堂街、罗汉寺街等
3	以山城的地势、地形、位置等命名	62	21	大梁子街、丁字口街、水巷子、十八梯等
4	以各种设置包括各种事物以及开辟时间等命名	69	23	上石板街、打锣巷、金鱼塘街、响水桥、白象街、状元桥街、天灯街等
5	以历代官府、人物和姓氏命名	28	9	柴家巷、肖家凉亭、吴师爷街、瞿家沟等
6	以手工业、商业以及作坊、商号命名	67	22	油市街、草药街、棉花街、打铜街、盐井坡等
	总计	302	100	

资料来源：彭伯通.古城重庆[M].重庆：重庆出版社，1981：23-30。

虽然20世纪二三十年代，重庆建市，开辟新市区，打破了旧市区的界限。但直到1936年，旧市区的街巷名称却仍然保留着原来的样子，几乎没有变化[1]。随着抗战爆发，国民政府迁来，战争对市区造成严重破坏，在对道路整合改造后，对于街道的合并和改名才开始进行，而新道路的命名也具有抗战色彩和国民政府执政的烙印。

与广州、南京等国民政府执政的城市一样，抗战期间，遭受轰炸后的陪都重庆在道路改造后新街道的命名时，也体现了国民党的政治理念和抗战精神。1939年11月时任工务局长吴华甫建议："本市街道名称自拆除火巷后多已失实，应进行整理"。市政府在经过商议后决定街名调整的原则

---

[1] 彭伯通.古城重庆[M].重庆：重庆出版社，1981：23.

是："凡新开火巷之宽度为15公尺者，称为路；凡称路之命名，以新颖及含有抗战建国之意义为准[1]"。因此，产生出的新街名，有带有战时大轰炸烙印的五四路、新生路；有预祝抗战胜利的凯旋路；有体现国民政府对新生活运动宣传的大同路、建国路、中兴路等；有反映三民主义信仰的民族路、民权路、民生路；也有表现对领袖崇拜的中山路、林森路、中正路、岳军路等。表3-4-2为旧街合并新街一览表。

战时重庆旧街合并新街一览表　　　　　　　　　　表3-4-2

序号	老街名	合并新街名
1	状元桥街、簧学街、县庙街、下新丰街、上新丰街、老鼓楼、鱼市口、一牌坊、二牌坊、三牌坊、四牌坊、段牌坊、镇守使街、绣壁街、审判厅街、麦子市	林森路
2	过街楼、三层土地、字水街、新街口、打铁街、半边街、下大梁子街、上大梁子街	中正路
3	龙王庙街、木牌坊街、小梁子街、会仙桥	民族路
4	下都邮街、上都邮街、关庙街、鱼市街	民权路
5	杂粮市街、武库街、售珠市街、劝工局街	民生路
6	山王庙街、苍坪街、天官街、柴家巷、夫子池	新生路
7	香水桥街、书院街、炮台街、觐阳巷	建国路
8	杨柳街、三教堂街、桂花街、油市街、临江横街	中华路
9	中营街、米花街、大阳沟街、雷祖庙街、白龙池街	保安路
10	自杨柳街东北侧向东北与至诚巷平行穿房屋为街，过苍坪街横穿房屋接小较场，再穿房屋接机房街	民国路
11	走马街、金鱼塘街、五福街、培德堂街开辟隧道出中山一路	和平路
12	自较场口向西转西南，在十八梯与走马之间，先后穿螃蟹井、回水沟、柑子堡、韩府街、坎井、马蹄街、天灯街房屋成街直达南纪门出林森路与南区马路间	中兴路
13	自夫子池经牛皮凼横穿民生路、冉家巷房屋接新民街	大同路
14	骡马店街、存心堂街、铜鼓台街、会府街	新民街
15	蹇家桥街、鸡街、华光楼街	五四路
16	天主堂街向东穿中华路、新生路房屋成街出五四路	青年路
17	自林森路储奇门十字沿玉带街而北，绕联升街、扁担巷、刁家巷、东华观，盘旋上三圣殿出中正路西南端	凯旋路

资料来源：重庆市档案馆。

---

[1] 重庆市警察局分局管辖地名表（1939—1941年）．重庆市档案馆：全宗号0061，目录号15，卷号3635.

3．战时房屋重建原则

在战时开辟火巷，重新划定救火通道，拓宽马路的同时，如何减少敌机对房屋投弹的命中率，如何降低建筑密度，房屋以多少距离间隔方可避免中弹起火后引起的火灾大面积蔓延，这也是重庆灾后重建时急需解决的问题。而我国近代城市的房屋布局，除有少量的散立式和半毗连式外，大部分房屋是毗连式，多者百家相连，少者也有数十家。空地少，建筑简陋，房屋重叠累置，建筑密度过大，卫生条件恶劣等居住状况，对于抵御空袭轰炸也是十分不利的。

在了解日机投弹规律和装备情况后，国民政府规定以"五十公斤炸弹量，不伤及两间以上之房屋为度[1]"，计算出房屋间的安全防火距离，并按照此间距拆除一定数量的房屋留作空地以便及时疏散。随着房屋受灾情况的变化，灾后新建房屋的安全间距，也会通过行政命令及时调整。

战时在废墟中重新建成的房屋，因面临战争的再次破坏，大都是临时性的简易建筑。尽管如此，房屋在重新布局时，按照现代城市空间尺度要求，并充分考虑战时城市防空的疏散距离，房与房之间严格按照防火间距并预留空地。这样既减少和延缓火灾发生时火势向周边房屋蔓延，也改变了过去房屋稠密、毗连集中、空地少，卫生条件恶劣的状况，还初步形成了新的现代城市街道空间肌理关系。

二、营造战时城市公共空间

1．战时城市意象

作为战时中国的象征，以及世界反法西斯的中心城市，重庆在遭受如此巨大的战争灾难时，呈现在全世界面前的不只是饱受战争摧残的城市形象，而更多展示出快速的灾后重建速度，"昨天还是一堆瓦砾，今天就建成一所商店"。每当硝烟散去，城市中可以迅速看到修葺一新的街道，平静而有序的城市生活场景。在灰色为主的城市主色调中，街道上还不时有红、黄、蓝等色彩的建筑点缀其中，而色彩鲜艳的巨幅标语更成为城市中的一道道风景线。据当时西方主流媒体之一的《基督教科学箴言报》[2]报道："伟大的中国人民知道如何在废墟上重建，这就是中国的力量。毫无疑问，中国还在经历着各种各样的麻烦和倒退，但可以想象得到，在重庆经历了这么惨烈的轰炸之后，能够很快有效地重建，生活继续前进，轰

---

[1] 重庆市工务局工作报告"开辟太平巷".重庆市档案馆：全宗号0067，目录号1，卷号948.

[2] 据张瑾等研究，该报虽然报名和出版商带有浓重的宗教色彩，但报纸并不以宗教为内容，而是关注政治、经济和科技等方面的严肃新闻，且"特别关注事件背后的故事"。对大轰炸事件下重庆的关注，不仅仅是战事状况和停留在血腥的灾难现场，而是超越轰炸事件本身，把注意力引向战争背后的更多样性的重庆故事。

炸不能赢得对中国的战争。"因此，由国民政府主导下的灾后重建，不仅旨在恢复城市正常的生活秩序，而且清晰地向全世界传递出中华民族坚守堡垒、顽强抗敌的民族精神。

2. 旧市区城市公共空间的形成

中国传统城市的现代化大致经历三种方式的转变，首先是城市的功能改造，其次是城市空间格局的改造，最后是城市空间意义的改造，即新的意识形态对作为公共领域的城市空间的渗透和占领[1]。以知识精英为代表的陪都城市管理者意识到，在战时物质生活极其贫乏，生命处处受到威胁，频繁轰炸、躲空袭、跑防空洞以及向郊区疏散的生活状态下，市民的精神面貌是能否坚持长期抗战的重要保证。因此，除了不断鼓舞市民的抗战士气，渲染积极向上的抗战精神外，在建设保护市民生命安全的市政设施基础上，国民政府也在城市物质形态空间的改造过程中，营造出宣扬抗战精神的城市公共活动空间。

在城市的改造过程中，城市的管理者对于城市空间的变化起着主导的作用。从1939—1941年，是日机对重庆轰炸最严重的三年，吴国桢[2]担任这一时期的陪都市长，作为技术型的高级官员，他不仅熟悉西方现代城市科学和市政管理，而且精通中国传统文化。战前他曾担任过汉口特别市市长，汉口的城市建设效果，表现出他出色的城市管理能力。因此对于困难重重、危机四伏的陪都重庆，他一方面将保护市民安全作为城市改造最迫切的任务，主持开凿了市民公共防空洞，组建防护团以及制定一系列防空措施，维持了这座战时首都在最艰苦时期的基本运作；另一方面在城市中通过建设市民广场和竖立标志性构筑物，在相对集中的空间内，向市民广泛地宣扬国民政府所倡导的抗战精神，加强民族凝聚力。

随着战争的加剧，旧市区成为敌机主要的轰炸目标，遭到严重的毁坏。在开辟火巷整理道路的过程中，国民政府选择了旧城区内两个位置重要的道路交叉口，即较场口和都邮街十字路口，进行拓宽改造，第一次在重庆形成两个现代意义的城市集散广场。

在鸦片战争后，近代中国开始了被动和主动的现代化转型。广场、城市公园、公共绿地等城市公共空间要素先后出现在现代化程度较高的城市中，改变了传统单一线性街道的空间形态。其中，城市广场是具有一定面积，能满足多种功能的公共空间区域，包括市政广场、公共活动广场等类型。和战前国民政府建设首都南京时，追求雄伟庄严、体现统治权利的

---

[1] 赖德霖.中国近代建筑史研究[M].北京：清华大学出版社，2007：363.

[2] 吴国桢（1903—1984），湖北省建始县人。1921年清华大学毕业后留学美国爱荷华州梅林尼尔学院获经济学士学位，1926年在新泽西州普林斯顿大学继续深造，以论文《中国古代政治理论》获哲学博士学位。1927年回国后进入政界，曾先后担任汉口市、陪都重庆以及战后上海市市长等要职。

"T"形市政广场不同，战时首都的广场首先以疏散交通为主，但由于两个广场的具体环境不同，在营造时也各有侧重。其中，较场口，位于上半城的边缘，向西可通往新市区和西郊各地，向南连下半城，同时上半城多条街道呈放射线性在此汇集，是天生的交通枢纽。由于其地势平坦宽敞，在古代曾是重庆城内检阅军队、训练士兵的地方。据彭伯通先生考证，最迟可能在明初戴鼎筑城时就有此较场。抗战期间，国民政府在此建演讲台，将其成为市民公共集会的广场。都邮街十字路口，位于上半城的中心位置，交通虽没有较场口四通八达，但因联系上下半城的主要道路，从而形成以此路口为中心的环形道路骨架（图3-4-4）。

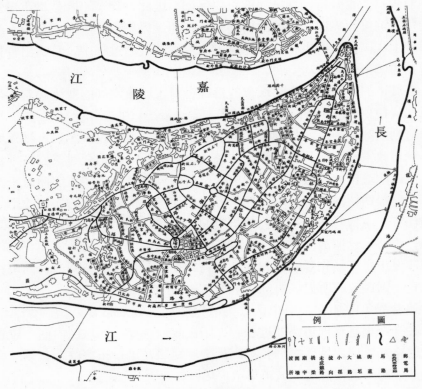

图3-4-4 重庆旧城区战时形成的广场和道路网

（资料来源：唐幼峯.新旧街名对照最新重庆街道图.重庆指南编辑社，重庆旅行指南社印制，1941）

在抗战最艰难的1940年，吴国桢提出要在敌机炸得最厉害的地带，建筑一个能够体现长期抗战形象的构筑物，以此来增强市民的抗战热情和民族凝聚力。都邮街十字路口由于位置居中，又在1939年的"五三"、"五四"大轰炸后，形成了一个巨大的"大弹坑"废墟，因此，成为代表抗战精神地标建筑的理想建设地点。

众所周知，下半城是重庆城市的发祥地。在古代，官署区、商业区、会馆等城市中重要建筑均聚集在下半城朝天门至东水门、陕西街一带，沿长江呈带状线型水平分布，而上半城只是普通的商业和居住区域。最初，都邮街广场的兴建，交通枢纽带动了人流量的增加，人气在此聚集，促进了广场四周商业活动的发展，使其迅速成为旧市区的商业中心。而国民政府在内迁重庆后，出于安全考虑，重要的军政机构和政府办公楼分散在新旧市区和郊区，没有设立行政中心区。为了塑造战时首都的形象，国民政府重视都邮街广场的建设，当广场中心抗战标志性"精神堡垒"竖立后，都邮街广场遂从单纯的交通、商业广场发展成为战时国民政府传递抗战信息、宣传教化之地。随着都邮街广场政治地位的提升，以其为中心的上半城迅速发展起来，使得旧市区中心也逐渐从下半城向上半城转移。

战后国民政府在《陪都十年建设计划草案》中，对于城市重要公共空间的营建，计划将较场口、都邮街、朝天公园等打造成城市中较为重要的节点空间。和战时不同，政府将建设的重点定在较场口广场，欲将其塑造成规模宏大的市政广场，计划在其四周集中建设市政府、市参议会、市立剧院、市中心图书馆、市博物馆等公共建筑。由于都邮街广场四周商铺林立，则继续作为城市商业中心。政府还计划打通较场口和都邮街两广场间的道路，引进了林荫道的设计理念，规划了宽33米的林荫大道。

此外，还计划建设一批颇具战争色彩的地标式建筑和构筑物。包括在都邮街广场修建"抗日战争胜利纪功碑"，在较场口广场中央竖立"抗战纪念柱"，在较场口与都邮街广场相连的民权路入口处修建"凯旋门"等建筑。但由于时局动荡、经济睿困，最终除"抗日战争胜利纪功碑"以市民募捐方式筹集经费建成外，其余都无付诸实施。

3. 战时的"精神堡垒"

在广州、武汉沦陷后，抗战局势更加严峻，国民政府为了团结全国人民和各抗日党派共同抗战，1939年2月12日，在重庆国民政府军委会礼堂召开了第一届国民参政会第三次会议，这次大会重申了"抗战到底，争取最后胜利"的国策，还着重强调了精神的作用。随后在3月11日，国民政府在国防最高委员会之下设立精神总动员会，由蒋介石任会长，并颁布了《国民精神总动员纲领》以及《国民精神总动员实施办法》，提出三个口号："国家至上、民族至上""军事第一、胜利第一""意志集中、力量集中"等一系列的精神改造原则和要求。在此背景下，为了增强市民的抗战热情和凝聚力，将"精神总动员"运动深入人心，在城市中市民集会的公共场所，营建一座"精神堡垒"成为战时国民政府迫切而必需的任务。经过国民精神总动员会、新生活运动总会和慰劳总会等多方商议，最后，象征抗战到底，弘扬抗战精神的建筑物"精神堡垒"，决定竖立在都邮街广场中心。

在战时物质匮乏、经济衰退的情况下，"精神堡垒"在1940年底破

土修建，用了整整一年时间建成。最
初是木质结构，外涂水泥的方椎体建
筑。堡垒通高7丈7尺，取"七七"抗
战之意。为防止被日机空袭轰炸，堡
垒通身以黑灰色上底。主体呈四面立
柱状，柱体以面向北偏东的民族路为
主立面，题有"精神堡垒"四字，其
余三面则分别书写"国家至上、民族
至上""军事第一、胜利第一""意
志集中、力量集中"。柱顶为五角
形，最上一层在朝向民族路一面的中
部，饰有新生活运动蓝底红边的会徽
图案，绘为盾形标记，其中心安有指
南针，其余四方则分别写有"礼、
义、廉、耻"四个字。堡垒顶端的周
边呈城垛样式，在城垛中央还放了一
个深蓝色的大瓷缸，里面可放置棉
花、酒精。当有重大集会活动时，可
点燃火炬，烘托气氛（图3-4-5）。

图3-4-5　精神堡垒

（资料来源：龙俊才.岁月尘封的记
忆·重庆抗战遗址[M].重庆：西南师范大
学出版社，2005）

　　被栏杆和花草包围簇立的"精神堡垒"的政治象征意义远远大于建筑
本身，并带有当时国民政府政治宣传的烙印，表现在将"礼义廉耻""国
家至上""民族至上"等鼓动性较强的口号和标语以及"新生活运动"的
徽标镌刻在建筑上。这种政治意义深厚的构筑物，形式简陋，构造材料朴
素，完全没有设计的痕迹，但却有意识地利用中国传统象征主义的手法，
通过数字、形象、颜色、装饰等最明显具体的图案传达出最直白的意象来
强化抗战精神，体现了战时陪都重庆在城市公共空间营建的特点。

74

第四章 战时城市区域空间拓展与
郊区城市化进程

从1938年开始，日军以空袭轰炸的形式攻击重庆，随后的六年时间，日机频繁轰炸，战时首都遭受到毁灭性破坏。抗战初期，当大量内迁而来的外乡人和国家机构涌入重庆市区，旧市区已无法承载如此巨大的居住压力，而战前开辟的新市区的状况也不容乐观。因此，国民政府从战时市民安全出发，将过分集聚在市区的人员及物资，内迁而来的国家中枢、政府机构、学校、工厂等向乡村疏散。几年下来，这基于政治军事防御和城市安全目的的战时城市"自救"过程，不仅促进了重庆城区空间范围的拓展，改变了城市的格局，初步形成了"大分散、小集中、梅花点状"的重庆城市布局雏形，还给广大的乡村带来建设发展的机遇。在重庆近郊两江沿岸，内迁工厂和学校，不仅促进多个分散式的工业区和"沙磁文化区"的形成，也推动了两江沿岸重庆近郊乡村的城市化发展。

第一节 空袭轰炸下的城市疏散与拓展

一、战时疏散是乡村建设的特殊机遇

在战争威胁下，中国人从"九一八"事变后就面临四处逃亡的处境。自抗战全面爆发后，随着国民政府以四川等大西南地区作为抗战大后方基地，沦陷地区的国民也确定了逃亡的目标——去大后方，从此开始了中国历史上又一次大规模的人口迁徙。随着源源不断的人群向西部的重庆、成都、昆明、贵阳等相对安全的城市集聚，一时间这些城市人口暴增，尤其是战时首都重庆，"像麦加朝圣一样，各种各样的人物都投身到这个舌形的半岛上来，类如实业巨子、皇家名厨、电影商人、卡车大王，迎接熊猫的生物学者，找寻题材的美国作家[1]"。重庆成为战时人们精神向往，蜂拥而至的地方。

由于敌我作战实力的悬殊，大后方这些城市又没有完善的御敌防空体系，因此，在敌人开始施行空袭轰炸时，这些城市都先后遭受到巨大的人员伤亡和物资损失。1939年9月至12月，据全国空袭统计结果显示："敌

---

[1] 司马评.重庆客[M].重庆：重庆出版社，1983：136.

机与炸弹有4/5是针对都市轰炸，在乡村方面，仅占1/5[1]"。和城市相比，地域范围广大的乡村在战时是相对安全的。为保存实力坚持长期抗战，减少不必要的人员伤亡，国民政府施行了操作性较强的战时消极防空策略，将集中在各城市中的人口及物资向其附近乡村疏散，在最初实行疏散政策后，城市中伤亡的情况有明显改观。表4-1-1以重庆和成都为例，对比疏散前后损害情况。

战时成渝两地疏散前后损害情况对比表（注：不完全统计）　　　表4-1-1

地点	时间	敌机数目（架）	投弹数目（枚）	死亡人员（人）	建筑物损毁（间）	附注
重庆	1939年5月3、4日	63	282	3991	4871	平均每百枚炸死1415人，损毁房屋1727间
	1940年5月20日至7月底止	1569架，分67批	5330	1570	7685	平均每批敌机29架，每百枚炸死29人，损毁房屋144间
成都	1939年6月11日	26	101	226	890	
	1940年7月24日	36	138	82	638	平均每百枚炸死59人，损毁房屋462间

资料来源：黄镇球.防空疏散之理论与设施[M].航空委员会防空监消极防空处编印，中华民国二十九年六月初版。

20世纪初，西方的城市如伦敦、纽约等，在工业革命后，人口由农村向城市集聚，城市在快速发展的同时也变得拥挤不堪，市民的生活环境日益恶化，甚至出现贫民窟等现象。针对因工业发展而带来的居住、卫生等一系列城市问题，西方国家的城市规划师和社会学家遵照为普通大众服务的宗旨，尝试通过诸多现代城市规划理论来解决现实问题，如柯布西耶的集中机械理性主义的城市规划思想；也有试图以"分散"来缓解大城市问题，包括霍华德的田园城市理论，赖特的广亩城市，以及沙里宁的有机疏散理论等。其中，赖特的广亩城市理论是一种低密度、极度分散的城市模式，是赖特有机建筑理论在城市中的体现，强调将城市融入自然环境之中，后来成为欧美中产阶级郊区化运动的根源。对于有效疏解因工业化带来的城市人口过于集中的问题，以沙里宁的有机疏散理论较为实用，尤其是"二战"后，该理论对通过卫星城建设来疏散和重组特大城市的空间和

[1] 黄镇球.防空疏散之理论与设施[M].航空委员会防空监消极防空处编印，中华民国二十九年六月初版.

结构，起到重要的作用。

沙里宁的有机疏散理论兴起之时，正是20世纪初至第二次世界大战爆发之前。在中国的抗日战争期间，这些西方城市的"减负"理论，随即影响并指导中国战时基于城市安全需要，由城市向乡村的疏散行动。和西方国家因工业发展，将城市过于膨胀的人口向乡村疏散不同，战时中国的疏散政策，起初完全是从战争安全角度出发。在疏散的过程中，当人潮不断涌向相对落后、闭塞的乡村时，国民政府逐渐意识到这将是一次发展乡村的特殊机遇，除了避免敌机轰炸保存人员和物资实力的目的外，疏散与建设并进，依靠疏散为主的外来动力，在抗敌生产的同时，促进了乡村的发展，"将附近的乡村建设起来，朝着田园都市的路上去[1]"，尽量缩短乡镇与市区的差距，成为疏散过程中更有意义的任务。

几年下来，这基于政治军事防御和城市安全目的的战时城市"自救"行动，促使战时大后方的许多城市得到不同程度的发展。如战时首都重庆，疏散促进了重庆城区空间范围向两江沿岸拓展；同时，疏散促进了郊区乡村的城市化发展，城市近郊现代卫星城镇的出现，如重庆北碚，贵阳的花溪就是其典型案例。此外，因战时物资运输和人口疏散形成的新交通枢纽也得到了发展的机遇，如云南昆明，因处在滇缅、叙昆、滇越铁路以及滇缅、滇越等重要公路的交汇处而日渐繁荣起来。

二、疏散作用下的重庆城区拓展

1. 战时首都重庆的疏散行动

如何将市区的大量人群向郊外疏散，是战时国民政府亟待解决的社会问题。早在1938年初，重庆防空司令部就明令人民向四乡疏散，但效果甚微。"而市民自动迁乡避难者，每日数十百起[2]"。1939年2月，国民政府就责令重庆市政府紧急成立了疏建委员会，下设总务组、警卫组、交通组、工程组、经济组、调查组等六组，负责应对战时非常时期的人口疏散和城市安全建设，并批准了《重庆市紧急疏散人口办法》。3月，国民政府成立迁建委员会，在重庆城郊划出迁建区域，组织国民党、国民政府机关团体向歌乐山、北碚等沿线疏散。随后，市府划定江北、巴县、合川、璧山、綦江等地为疏散区，负责统一安排和动员全市机关、学校、商店等限期向四郊疏散，并令当时最大的四大银行（中、中、交、农）沿成渝、川黔路两侧修建平民住宅。

随着敌机在重庆城市上空肆无忌惮的横行，尤其是1939年"五三"、"五四"大轰炸，几乎摧毁了整个重庆古城。在大轰炸后的第一天，蒋

［1］吴济生.重庆见闻录[M].台北：新文丰出版公司，1980：162.
［2］重庆《国民公报》，1938年2月10日.

介石在市区毁损严重，市民死伤惨重的情形下，当即颁发了急赈手令，"令本市各公私汽车、轮船、木船等交通工具，于五、六两日，概行免费输送难民"，并训令有关部门尽快制定疏散、安置难民的办法，由军委会参谋总长何应钦全权负责指挥。9日，行政院召开会议，遵照蒋的指示，批准了重庆市疏建委员会呈报的《重庆市紧急时期居留证、出入证发给办法》，明文规定："本市水陆出入要道，卫戍司令部设置检查哨。凡因事必须入境者，或过境必须暂时停留者，由检查哨发给出入证"。据不完全统计，在1939年3月以前，政府历次疏散的市民多达16万余人[1]；"五三"、"五四"大轰炸后，政府当局更视疏散市民为首要，在短短的三天之内就疏散了25万余人[2]。随后敌机连续不断的"疲劳轰炸"，更使得市民拖家带口，向潮水一样涌在旧城通往郊外的道路上。三年下来，疏散最明显的效果反映在市区人口急速下降，并一直徘徊在40万左右[3]（图4-1-1）。

（a）   （b）

（c）

图4-1-1　战时重庆市民向乡村疏散

（资料来源：良友，1939年第143期）

[1] 重庆《中央日报》1939年3月16日.

[2] 周开庆.民国川事记要[M]下册.台湾：四川文献研究社，1972：74.

[3] 数据来源：陪都十年建设草案，10.

　　对于疏散地的选择，国民政府通过在重庆近郊设立迁建区来安置内迁的国家中枢、政府机构、学校和工厂等，而普通市民的疏散地点则距离市区更远，疏散区域更为广泛。但无论疏散距离的远近，疏散地点的选择都优先考虑水运和公路交通便利的地方。

　　在"大轰炸"发生后，由重庆市疏建委员会紧急制定了《重庆疏建委员会疏建方案》[1]。该方案计划在1939年5月31日前，以重庆现有50余万人口之总数，以20%向重庆近郊三十里以内地区，以30%～35%向扬子江、嘉陵江两岸，以25%～30%向成渝川黔两公路两侧，分别陆续实行疏散。具体的主要疏散地点分别是：

　　① 重庆近郊（三十里以内）：长江以南的大佛寺、盘龙山、鸡冠石、清水溪、大兴场、新铺子、鸡顶颈、迎龙场、土地垭、长生桥、云家桥、金沙垭、马家店、青龙岗等地。嘉陵江以北的头塘、回龙场、万峰寺、仁和场、鸳鸯场、观音桥、九龙场等处。重庆市以西的浮图关、红岩嘴、土沱、小龙坎、歇台子、草店子、石桥铺、上桥等处。

　　② 水道：长江两岸的蔺市、石家沱、长寿、洛碛木洞、唐家沱、鱼洞溪、江津、白沙等处。嘉陵江两岸的磁器口、悦来场、土沱、黄桷树、北碚、草街子、合川等地。

　　③ 公路：川黔路有鹿角场、界石、龙岗场、綦江、桥坝河等处。成渝路有接龙场、璧山、来凤驿、永川，以及大庙场、虎峰场、铜梁等地[2]"（图4-1-2）。

　　此外，除上述指定的主要疏散地点外，还在已划作疏散区域的江北、巴县、合川、璧山、铜梁、永川、江津、綦江、长寿等县境内，再选择交通便利的较大乡镇作为次要疏散地点。与此同时，重庆市政府制定了通往疏散区的交通路线。表4-1-2为使疏散工作有序、迅速地进行，重庆市疏建委员会还统制了交通工具，包括轮船、木船、汽车、人力车和乘轿等。

重庆市疏建委员会制定的疏散交通路线表　　　　表4-1-2

路　线		交通工具	每日疏散人数	起始及途经地点
水路	渝合线	轮船、木船	船运每日疏散5000人	重庆、磁器口、悦来场、土沱、黄桷树、北碚、温泉、夏溪口、草街子、合川
	渝津线	轮船、木船		重庆、大渡口、鱼洞溪、铜罐驿江口、江津
	渝涪线	轮船、木船		重庆、唐家沱、木洞、长寿、蔺市、涪陵

［1］ 重庆市档案馆：全宗号0067，目录号1，卷号336.
［2］ 重庆疏建委员会疏建方案，来源重庆市档案馆：全宗号0067，目录号1，卷号336.

路 线		交通工具	每日疏散人数	起始及途经地点
公路	远郊路线	汽车	汽车每日疏散1200人	西南公路局：重庆至綦江及温泉
	远郊路线	汽车		四川公路局：重庆至璧山、北碚、青木关、山洞
	西郊路线	人力车、小轿、板车		七星岗至小龙坎
				两路口至小龙坎
				上清寺至小龙坎

资料来源：吴济生.重庆见闻录[M].台北：新文丰出版公司，1980：165.

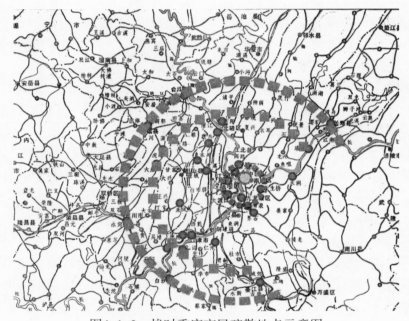

图4-1-2 战时重庆市民疏散地点示意图

在疏散过程中，针对不同的疏散对象，疏散地点也有所不同。市政府规定：凡年在45岁以上的老弱，15岁以下的幼童以及无职业，或无须住城市的壮年和妇女，应自行择地疏散；对于机关团体、部队、邮政、电报、电话等局，除因职务或特殊原因必须留住城市中外，其余人士应尽量向距城较近或交通便利的地点疏散；对于中等以上学校，也是自行择地疏散，但以接近重庆近郊及县城附近为原则；对于工厂，无论大小，须利用电力者，应自行选择有电厂的县城附近（如江津、合川、綦江等县）以及重庆近郊疏散；对于金融实业界，如银行、钱庄、仓库、堆栈以及其他各种商店，除有关日常生活的可留一部分在城内，或在城市中设办事处或分销店外，其余应尽量在主要疏散地点择地疏散；对于军事用品如械弹油料，以及易燃易爆的物品，或有关交通通信需要的材料，也应尽量向重庆近郊或比较隐蔽地点疏散；对于文化图书、古物仪器，也应向主要疏散地点选择疏散。

总的来说，为使疏散易于生效，使被疏散的机关、工厂、学校等，不致因疏散而影响到工作学习，政府采取一种"可散可合"的疏散方式。以重庆为轴心，以南岸、江北等近郊处为主要疏散地点，水上交通便利、易集易散，最适合疏散机关职员来往两间。而綦江、合川、江津、长寿等处，虽路途稍远，但水陆交通兼可到达，生活方便，适合不必居留城市的老弱妇孺以及公务员家属等疏散。

1940年9月，针对战时防空的需要，国民政府制定了适应战时城市规划和营建的《都市营建计划纲要》，该纲要针对城市疏散到乡村，其疏散地点的选择，疏散地的规划和基本建设都做了相关规定。该法规颁布之时，战时首都重庆早已进行了大规模的疏散行动，但该《纲要》对于疏散后重庆郊外的市场营建，也具有一定的指导作用。

2. 城区范围的扩大

随着疏散区的初步成型，城市的范围也在逐渐扩大。战后《陪都十年建设计划草案》中将重庆城市的发展划分为6个阶段[1]："①陪都核心，由两汉迄今，均在两江汇流处，最初时期，城市中心偏居今日陕西街、林森路一带，以其接近江边，有航运及取水之便利。②嗣后城内外开辟公路，自来水厂建立。人口重心，乃向城中移动。③民国15年，修筑通远门公路，选定市区。17年（1928年）划定新市区范围……面积达8平方千米。④民国18年（1929年）市政府正式成立，二十二重划市区，以巴县城郊、江北附郭及南岸五塘，划归市政府管辖……合计水陆面积为93.5平方千米。⑤二十六年（1937年）国府西迁，复于民二十九年（1940年）将市区扩大，计面积约300平方千米，此为发展之第五期。⑥而迁建区则北达北碚，南至南温泉，东起广阳坝，西抵白市驿，此大陪都之面积约1940平方千米。可预期为发展之第六期"（图4-1-3）。

从重庆城区拓展的几个阶段看，1940年城区的扩大，完全是由战时疏散所致。在重庆近郊的主要疏散区域里，过去较为发达的场镇，疏散沿途主要的交通集结点，以及战时工厂、学校、政府机构等因疏散形成的新聚集点，如西郊的小龙坎、沙坪坝、磁器口、新桥、山洞、歌乐山、高滩岩等，嘉陵江北的观音桥、猫儿石、杨坝滩、香国寺、溉澜溪、寸滩等，长江南岸的海棠溪、黄桷垭、龙门浩、弹子石、大佛寺等都相继发展起来（图4-1-4）。

---

[1] 陪都十年计划草案[M].贰 人口分布，1946：10.

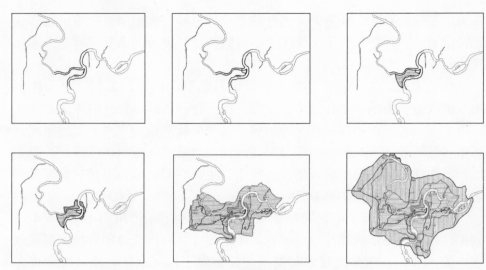

图4-1-3　重庆城区拓展示意图（1940年）

（资料来源：根据《陪都十年建设计划草案》底图自绘）

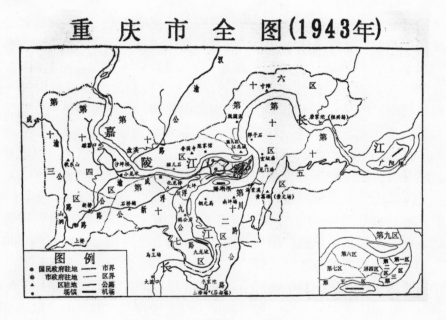

图4-1-4　重庆市全图（1943年）

（资料来源：重庆市档案馆）

　　战时重庆向近郊和远郊的散开，使得日机的轰炸效果远没有达到其设想的目的。1940年8月，日军远藤三郎被任命为第三飞行团团长，他在回忆录中这样写道："我曾连续多次地乘坐轰炸机空袭重庆，从重庆上空看到两江怀抱的重庆市州被破坏得面目皆非，但被大江隔开的两岸地区，特别是右岸地区广阔的范围内渐现发展趋势，真不知如何轰炸才能给他们以沉重的打击[1]"。"判断重庆已成为一片废墟是个错误,据本人所见,重庆正在向周边地区发展……重庆市的扩大是从抗战时期开始的[2]"。

三、市民疏散与重庆郊外市场营建

1. 郊外市场营建委员会的成立及任务

在整个疏散过程中,大批的机关、学校、迁川军工和民营厂矿等是较有秩序向郊外乡村迁建,在进行有限建设和生产的同时,对当地也产生较大的积极影响和作用。而针对普通市民的安全疏散,政府采取将市民赶到荒郊野外的强制性办法,这种较为简单而急促的疏散,执行起来有一定的难度,且进行的不够彻底。就连当时的重庆市长吴国桢也感叹道:"我们发现,竭尽其力地大量疏散人口,是不可能的[3]"。由于乡村生活条件更加艰苦,住房和市区同样奇缺,因此随季节变化,每年11月,当浓雾萦绕山城,为"逃炸"而疏散到乡村的人群又陆续放心地回到市区,过着正常时期的生活。至到翌年的4月,随着晴天渐多,人与"货"又须筹备疏散,一年内的兴隆,至此遂同"尾声"[4],重又回到充满危险和恐惧的战时状态。

为了改善疏散到郊外乡村的市民生活和居住环境,1939年7月,重庆市成立了郊外市场营建委员会。该会隶属于市政府,并受重庆卫成总司令部监督指导,由市长兼任主任委员,并在当地政府机构官员、法团领袖以及地方绅耆中各选定三名常务委员,辅助主任委员处理日常会务,其他委员由各行各业的专家担任,代表建筑业的专家有基泰的关颂声和馥记的陶桂林。该会设总务、工务、财务等三处。工务处长由市工务局长吴华甫兼任,由胡光焘[5]担任总工程师。

重庆郊外市场营建委员会成立后的主要任务是在重庆郊外选址规划、查勘设计,修筑建造市场、商场、平民住宅、工厂、学校、诊疗所、公园、体育设施等,并制定了《重庆郊外市场营建计划大纲》。然而这种在远、近郊建设市场和相应生活设施的计划,限于战时经济条件,建设量少,不可能全面展开,因此对城市的影响也较为短暂。和负责疏散的疏建委员会一样,郊外市场营建委员会从1939年成立至1941年底奉令撤销,也仅仅存在了三年时间,但这却是日机轰炸重庆最为频繁和最为严重的三

---

[1] [日]前田哲男著.从重庆通往伦敦 东京 广岛的道路 二战时期的战略大轰炸[M].王希亮译.北京:中华书局,2007:256.

[2] [日]前田哲男.从重庆通往伦敦 东京 广岛的道路 二战时期的战略大轰炸[M].王希亮译.北京:中华书局,2007:269.

[3] 张弓.国民政府重庆陪都史[M].重庆:西南师范大学出版社,1993:163.

[4] 矛盾."雾重庆"拾零[A] // 陈雪春编.山城晓雾[M].天津:百花文艺出版社,2003:34.

[5] 胡光焘:美国麻省理工学院学士,前江西省政府技术室主任,前西北工学院总务处长。主要负责战时首都郊外市场的建设。

年，在城市面对持续不断的空袭危险状态时，该委员会在郊外的乡村建设，最大限度地改善了市民的居住生活环境，并在一定程度上促进了郊外乡村的城市化发展。

2. 郊外市场的选址与建设

迫于战时的非正常状况，郊外市场的营建计划并不是在疏散区内广泛展开，而是选择一些示范区来辐射影响周边地带。由于战时重庆不可能全面完善市政基础设施，也无法统一规划道路交通网络和运用新型交通工具，因此，郊外市场的建设地点只能首选已经具备交通优势，水运陆路便利的地方进行。在国民政府行政院1939年11月核准施行的《重庆郊外市场营建计划大纲》中，对市场的建设地点做了明确的规定："以能扼水陆要衢，且地势适合于建筑房屋暨防空设备者为最适宜，凡合上列条件者，拟提前兴修之；其次水陆交通尚称便利及风景较佳者则于第二期完成。"其中被选定为第一期的建设地点有四处，包括：①九龙铺附近（及对岸李家沱）；②西郊的小龙坎与山洞之间；③南岸黄桷垭附近；④江北唐家沱附近。而选为第二期的地点，离市区就更远些，有：①南岸的清水溪；②南温泉及其沿途；③江北寸滩附近；④巴县鱼洞溪附近；⑤六店子附近；⑥江北鸿恩寺附近；⑦江北石马河附近；⑧其他适当地点（图4-1-5）。

选定市场建设地点后，由当时四大银行借款300万元，首先开始了勘测工作。由于时间仓促，勘测仪器和技术人员不足，在1939年9月至1940年2月份，郊外市场营建委员会仅测完李家沱附近、小龙坎与山洞间的高滩岩、唐家沱附近、黄桷垭附近之马家店等四处地点。踏勘而未测量的有寸滩附近一处市场，具体勘测情况见表4-1-3。

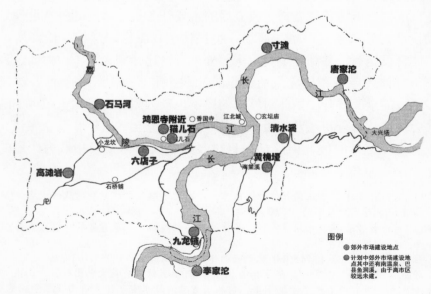

图4-1-5 重庆郊外市场建设地点示意图

在勘测完成后，营建委员会将合乎条件的基址进一步勘定建设范围，并呈请市政府依照土地法征用。对收用面积在0.1平方千米以上的市场，政府要求划分出工厂、仓库、商店、住宅等各建设区域，绘制成详细的图样，交由营建委员会勘酌租赁或售卖，以市内被疏散之人民商户优先租买为原则。

郊外市场的营建，是战时重庆郊区乡村建设的一个初步的开始，虽然建造的多是用材简陋、临时性的"抗建房"，但其市场划分区域、房屋布局却是运用当时先进的现代主义设计的原则和方法。

拟建设市场基地勘测情况表　　　　　　表4-1-3

序号	建设地点	面积	交通状况	用地及建设条件
1	李家沱附近市场	约0.533平方千米	南濒长江，北有至上桥镇之小溪，水上交通有直驶重庆的小轮，上水两小时可达。陆上交通，距川黔公路约2千米	地势平坦，风景宜人，地质南部及西南约有一两公尺之土层，北部为砾石。该处原有恒顺砖瓦厂，建筑材料除木材取给于长江上游外，砖瓦石灰附近皆有，是理想的市场用地。可惜因为土地纠纷，未能建设实践
2	高滩岩附近市场	约0.033平方千米	西依成渝公路，陆上交通较为便利	地势尚称平坦，但地面狭小，给水困难
3	唐家沱附近市场	约0.267平方千米	南濒长江，距重庆市约15千米，由重庆市下交通极便。水上交通有民生公司小轮往返于重庆和唐家沱之间。陆上交通颇为困难，但该处距汉渝公路约7～8千米，他日亦可设法沿江筑一支线衔接汉渝公路	地南部较为平坦，越巨鳌而北，地势即渐崎岖。地质南部土层较深，并有一部分水田，西北部山石突出地面甚多。以地形、地质论可建乙种市场
4	黄桷垭附近市场	约0.267平方千米	所选市场距黄桷垭镇约2千米，海广公路旁，公路运输较为迅捷，无河流水运	地势平坦，给水除凿井外，别无他法。地形愈东变化愈大，地上有果树多株，他日市场成立时或可借作园林。该处附近产煤，建筑材料如砖瓦、石灰较他处低廉。以面积论该处可建乙种市场
5	九龙铺附近市场	不详	所选市场距重庆约15千米，距成渝铁路九龙铺车站约3千米，距长江江岸约2千米。现在陆上交通有重庆至九龙铺公路	地势较高，给水有一定困难，该处可作丙种市场

序号	建设地点	面积	交通状况	用地及建设条件
6	寸滩附近市场	不详	所选市场距江边太远，运输非常困难	地势较为平坦。能否适合市场条件，尚须考虑

资料来源：重庆市档案馆。

（1）道路系统规划

由于郊外市场的选点多是荒地或山地，因此首先需构建道路网骨架。根据地势变化，市场干路设计为依坡盘旋式，支路为放射式，并形成蛛网式道路。如李家沱市场的道路系统，由棋盘式或蛛网式构成，其道路分为甲、乙、丙及石板小道四种规格，其中甲种路宽7米，人行道每边各3米；乙种路宽5米，人行道2米，丙种和石板路均为3米宽。而唐家沱市场的道路用干线联络，规划道路宽度与李家沱相仿，后因经费原因，施工时将7米宽的甲种路改为5米路，3米支路仍旧为石板路。而黄桷垭市场的道路干线首先解决与海广公路的连接问题，因为海广公路与市场的距离虽只有500~600米，但却被一山沟隔开，因此市场内道路大致根据地势设计干路（即乙种路）为依坡盘旋式，支路（即丙种路）为放射式，支路形成蛛网式。其中通市外的公路及市内的干路宽7米，每边人行道宽2米；支路宽5米，每边人行道2米；便道宽3米，无人行道。而高滩岩市场由于成渝公路连贯其旁，南部地面较成渝公路路面平均约高3米，北部平均约高1米，东北部坡度重重上升，故道路系统分为两大干线，一为由北至南，另为由东至西互交于一点，中间小道设计成棋盘式或蛛网式。

（2）功能区域划分与布局

在规划道路的同时，除高滩岩等面积较小的市场，按规定不做区域划分，直接按照建筑每段之长不得过60米，每房基之大小，约在850平方米左右建造外，对较大面积的市场都按功能制定了较为详细的区域划分。通常市场分为住宅、商业、公共建筑等三个区域，并在用地中央设广场和公园。例如黄桷垭市场，面积较小，在市场规划时仅分住宅、商业、公共建筑等三区，将公共建筑如学校、诊疗所、警署、地方行政机关、公厕等置于地势较高、交通最便利之处，一是可给予市民日常生活各种便利，二是方便地方管辖；而商业区包括各种商店、菜市场等，建筑采用半毗连式；住宅区则分散布于公共建筑及商业区四周。而李家沱市场由于地形较为复杂，面积亦较大，共分三区，西部与恒顺工厂接壤处划为工业区，在沿江、沿河住宅区中心部分，划为商业区。房屋间距，商业区以内宽60米，住宅区域以内宽80米，工业区以内宽约100米。此外，规划多处草地，作为儿童及居民憩息之所。

营建委员会规定各市场内的建筑除公园、运动场等公共场所外，分为住宅、商店、工厂、仓库四种。其中工厂和仓库因需要各异，其所占面积拟再行规定外，其余住宅和商店所占土地面积定为333～1333平方米为止，每户只准占一号，其平面设计应以公园、运动场等公共场所为市场中心，住宅环绕公共场所，散立式布局。而商店则集中在住宅附近，其布局形式有毗连式和半毗连式，工厂、仓库分布在最外围，并以接近水陆交通码头为设计原则（表4-1-4、表4-1-5）。

郊外市场内商店及公建标准图　　　　　　　　　　　表4-1-4

类型		样式	内容
商店	甲	二层楼房式	建方45～60平方公尺，进深不超过12公尺
	乙	二层楼房式	建方45～60平方公尺，进深不超过6公尺
	丙	二层楼房式	建方30～40平方公尺，进深不超过6公尺
医院			建方850平方公尺
学校			建方580平方公尺
警察所			建方300平方公尺
菜场			建方300平方公尺

资料来源：重庆市档案馆。

唐家沱和黄桷垭两个市场公建和商店配置情况表　　　表4-1-5

市场	菜场	警所	学校	医院	丙种商店
唐家沱	1	1	1	1	24座
黄桷垭					10座

资料来源：重庆市档案馆。

此外，由于是战时非常时期，防空建筑是必不可少的，在黄桷垭市场中以建地下隧道来解决防空需要。设计规定防空洞每洞长度不得超过200米，其分布根据人口密度而定。而对于公共设施如给水工程、下水道、电灯等，受环境所限，规划考虑都较为粗略。

（3）营建的组织与实施

在郊外市场的建设中，公园、运动场、学校、医院、公路车站、公共厕所、公共防空设备等公共建筑是由营建委员会或其他政府机关负责营建。而与日常生活相关的菜场、市场、消费合作社等则由私人经营或由营建委员会举办。营建委员会建造的公共建筑不是一步到位建成的，而是视市场发展情形及经费数额，采取分期建造。负责郊外市场营建施工的有新蜀营造厂、基华营造厂、立信工程公司、大华营造厂、新生蜀华实业公司等多家营造厂。1941年底，随着太平洋战争爆发后，日军战略重点的转移，日机对重庆的轰炸开始逐渐减弱，这种应急型的郊外市场建设模式才停止下来。

第二节　国民政府中枢疏散与迁建区建设

　　1937年底，国民政府移驻重庆，首先选择在新市区落脚。国民政府及其所属中央各部门都集中迁入新市区的上清寺、曾家岩、大溪沟、罗家湾等约两平方公里的地域里。由于匆忙中进驻，所有内迁的单位机构大都是利用重庆各地原有的公私房舍，稍加改造与修整。然而战时的新市区同样危机四伏，政治中枢面临疏散。在日机空袭轰炸阴影下，将政治中枢隐藏在险要的自然山体之中，选择重庆近郊风景区黄山和歌乐山作为国民政府最高中枢的疏散地，是重庆山城防御优势的再次体现（图4-2-1）。

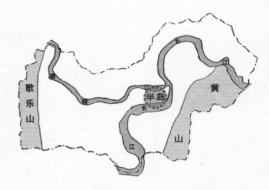

图4-2-1　黄山和歌乐山的区位示意图

一、最高中枢的疏散地南岸黄山风景区

　　在1938年初，先期抵渝的国民政府已经着手为即将到来的政治中枢寻觅安全的办公处所。"为避免日机轰炸，侍从室选中了黄山这块地方，从富商黄云陔手中购来为蒋介石修建官邸[1]"。黄山位于市区长江南岸，海拔高约540米，为南泉山脉东段峻岭。作为山城重庆著名的风景区，黄山、南山具有自然山体的掩蔽，是作为国民政府首脑最理想的疏散之地（图4-2-2）。

　　此外，在黄山和汪山临近的黄桷垭，由于自然环境也适合躲避空袭，随即成为当时的苏、美、英、法、比、荷、印、德等国驻华使节、侨民，工商金融界巨头、社会名流及文艺界人士等聚居之处。一时黄山、汪山一带，别墅林立、冠盖云集，成为陪都著名的政治、外交活动中心之一。"名人"效应，带动了越来越多的市区市民也将此作为疏散地。因此，以黄桷树而出名的黄桷垭集镇，在战时也开始不断扩大。除黄山外，在长江南岸的南温泉以自然景色和隐蔽性强，也成为战时政要名人和国民党部分

[1]　胡静夫，等.黄山掠影 // 载南岸区政协文史资料研究委员会.南岸区文史资料（一）[M].内部印行，1985：23.

军政机关的迁建地。但由于距离市区更远，这里更多是政要们避暑和休假之地。

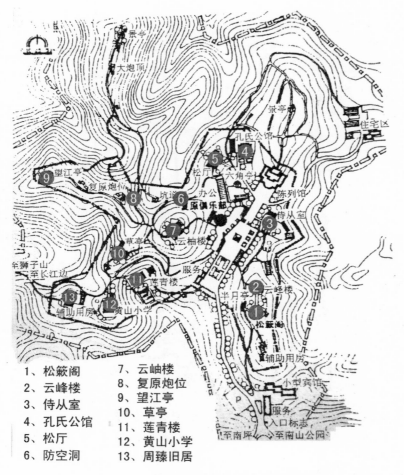

1、松籁阁　　7、云岫楼
2、云峰楼　　8、复原炮位
3、侍从室　　9、望江亭
4、孔氏公馆　10、草亭
5、松厅　　　11、莲青楼
6、防空洞　　12、黄山小学
　　　　　　13、周臻旧居

图4-2-2　黄山国民政府中枢建筑布局图

二、疏散与开发并存的战时歌乐山建设

位于重庆西郊的歌乐山区，总面积约14平方千米，东接沙磁地区，是古城重庆西部之屏障。歌乐山为华莹山脉的余脉，主峰云顶寺海拔678米。1923年国民政府将歌乐山收为国有。在1939年日本对重庆实施战略性大轰炸后，歌乐山区以天然风景区和山体可作为最佳的防空掩蔽，被选为国民政府中枢主要的疏散区域，其山洞、老鹰岩、新桥、高滩岩一带，被划为军政机关的"迁建区"。除了防空优势外，歌乐山区因成渝公路穿过此间，新桥成为浮新和成渝两条公路的交汇点，交通较江北和南岸方便，从而吸引了国民政府的三院六部、四大银行、医院、学校和众多的社会机构迁入歌乐山区办公和居住。一时间，歌乐山区不仅成为战时政府要员、

社会名流等又一处理想的疏散驻地[1]，还作为保证国民政府军政机关、学校、医院等机构能够正常运行的政府最高中枢要地，以及反法西斯远东战场的指挥中心所在地（图4-2-3）。

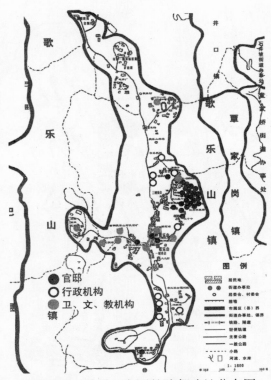

图4-2-3　歌乐山主要的陪都遗址分布图

（资料来源：根据廖庆渝.重庆歌乐山陪都遗址[M].成都：四川大学出版社，底图自绘）

1. 山洞疏散区

在战时国民政府机关等迁建过程中，歌乐山区得到了初步的开发，并逐渐形成了几个相对规模的疏散集中区。其中，山洞是最先迅速发展起来的居住点。

歌乐山山洞的二郎关，是古时重庆除浮图关外的第二险关。随着1930年成渝公路通车后，山洞成为重庆市区通往白市驿、成都的交通咽喉之地。由于山洞一带四面青山拱卫，峰峦叠翠，曲径通幽，绿树葱葱，环境优越而安全，因此国民政府选择在此处的双河桥、万家大田坝、石岗子等

---

[1] 当年建有多少军政要员的公馆别墅，详细住址现已无法逐一考查，据沙坪坝区房管局的档案资料，1950年对歌乐山的公馆别墅统计（已拆除的不算）；重庆市沙坪坝区地方志办公室编.抗战时期的陪都沙磁文化区[M].重庆：科学技术文献出版社重庆分社，1989：193等查证，在歌乐山的公馆别墅占全地区房屋总面积的14.8%；而山洞的公馆房屋，占20.6%，两地合计达177栋之多。

地点修建蒋介石官邸。与此同时，军政高官以及社会名流也纷纷选择在首脑官邸附近的游龙山、平正村等处聚集修建公馆，山洞因此成为战时特殊的疏散居住点。和歌乐山其他几个聚集点不同，山洞建筑群在首脑官邸的影响下，多以公馆建筑为主。除山洞以外，歌乐山区还有以山顶云顶寺为中心，及其附近的静石湾、龙洞湾、桂花湾、虾蟆石等几处，形成的小型聚集点（图4-2-4）。

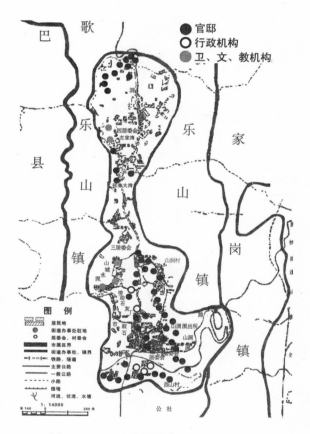

图4-2-4　山洞主要陪都遗址分布图

（资料来源：根据廖庆渝.重庆歌乐山陪都遗址[M].成都：四川大学出版社，底图自绘）

2. 战时医疗卫生中心的形成与高滩岩乡镇的发展

除了国民政府机关、政府要员和社会名流的住宅外，医疗机构和医学院是歌乐山区疏散聚集点的主要建筑类型之一。

重庆最早建立医疗卫生机构是在清道光二十四年（1844年），由巴县士绅宋国符在城区天灯街创办体心堂[1]，后各界人士相继开办了存心堂、普善堂等10余个慈善团体，以个体开业的中医形式诊治疾病。1891年

［1］李君仁.重庆市卫生志（1840—1985）[M].内部发行1994：4.

重庆开埠，外国教会势力在掠夺物质资源的同时，也进行文化和精神上的侵略，在宗教先行的过程中，教会学校及医院成为城市中新的景象，改变了古老重庆的面貌。其中，教会医院包括1892年由美以美会派来的传教士锐朴、医生马嘉利在临江门购地建的宽仁医院，设病床180张，是四川最早创办的西医教会医院[1]；此外还有1896年由英国布道会设立的仁济医院，以及1900年由巴黎布道会在通远门领事巷兴办的仁爱堂医院等。这些算是重庆最早出现的西式医院，大都分布在旧市区。

1937年抗战全面爆发后，国民政府卫生署西迁来渝，为加强城市卫生建设，1938年成立了重庆市卫生局，局长由梅贻琳担任。1938年，随着战时国民政府的核心机构纷纷迁入歌乐山迁建区，国民政府最高卫生行政机构中央卫生署迁往交通方便的新桥。由于医疗机构对防御空袭的要求高于其他部门，因此全国各地随政府西迁来渝的医院也纷纷迁往相对安全的歌乐山区域，其中包括中国红十字总会、中央卫生署及其附属中央制药厂、中央医院、中央卫生实验院、上海医学院及其附属医院、江苏医学院、贵阳医学院、湘雅医学院，以及国立药学专科学校、中央高级助产职业学校等医疗教学单位等。此时西郊的沙坪坝歌乐山，由于位置较为偏僻，战前并没有正规的医疗机构，随着代表全国最高水平的医疗机构和一流的医学精英等的纷纷到来，以沙坪坝歌乐山为核心，推动了重庆的医疗卫生水平的快速提高，重庆迅速成为中国战时的医疗卫生中心。

战时歌乐山荟集了当时中国的医学精英，迁建和新建的医疗卫生机构共达49个之多[2]。迁来歌乐山的这些医院属于战时医院，医院的条件虽然较为艰苦，设施简陋，但在战时发挥了较大的作用。这些医院分散在歌乐山山上，以及沿成渝公路的山洞、新桥、高滩岩等地，形成几个以医院为中心的居民聚集点，其中以高滩岩较具规模。

在20世纪30年代初，随着成渝公路的修建，高滩岩已从昔日的荒滩野岭逐步发展起来，出现了一条简陋的小市街。1941年5月，作为卫生署直属的中央医院先将一部分迁入歌乐山龙洞湾，成立中央医院重庆一分院，随后在1942年改称重庆中央医院。1944年2月，又从山上迁往山下的高滩岩与中国红十字会合办的重庆医院合并，成为当时重庆设备最完善、力量最雄厚的医院。随后中央制药厂也迁入此地，高滩岩因此成为医疗卫生机构聚集的地方。而在医院的外围，沿公路也快速形成了一条500多米店铺林立的市街，再加上政府推进的郊外市场建设，从此，以医疗卫生为契机，高滩岩开始了乡村城市化的发展之路。在战后的陪都十年计划中，高滩岩被定为市郊的卫星镇之一。从陪都十年计划草案中看到，当时已建和

[1]《重庆卫生志资料汇编·大事记》第4页.

[2] 重庆市沙坪坝区地方志编纂委员会.重庆市沙坪坝区志[M].成都：四川人民出版社，1995：787.

计划待建医院分布，以市区和西郊沙坪坝歌乐山一带较为密集，而这一现象的出现与战时疏散有必然联系（图4-2-5）。至到今天，歌乐山下的高滩岩、新桥已成为重庆重要的现代医疗卫生基地[1]。

图4-2-5　战时医院主要分布区域示意图

（资料来源：根据《陪都十年建设计划草案》第55图底图自绘）

3．战时歌乐山区的初步开发与风景区建设意向

1939年的大轰炸后，由于政要及社会名流的"示范"作用，歌乐山从过去人烟稀少的山林，成为市民心中理想的疏散之地，一时间歌乐山的人口得以迅速增长。据记载："1940年4月，歌乐山地区的歌乐山镇、高店子镇和山洞镇三镇就已有人口2万多人，到1943年上升到5万人。"[2]1941年2月，重庆市第13区区署成立，作为重庆市的甲种区，管辖范围包括高店子、歌乐山、山洞、新桥、上桥等五个镇。同年3月，重庆市工务局拟订了《重庆市新歌区暂行管理营造办法》，按照防空疏建原则，对这一区域的房屋营建作了相应的规定。

为了更好地推动歌乐山区的建设，民国三十年（1941年）8月6日，重庆市第102次市政会议通过《修正重庆市政府各郊区办公处简章》，决定

---

[1] 解放后，第三军医大学在原中央医院和新桥医院的旧址组建了附属的西南医院和新桥医院。

[2] 重庆市沙坪坝区地方志办公室.抗战时期的陪都沙磁文化区[M].重庆：科学技术文献出版社重庆分社，1989：171.

成立重庆市政府歌乐山郊区办公处[1]。随后为杜绝各方在歌乐山建设无统一开发计划的现象，陪都市政府在1942年9月成立了歌乐山郊区市政设计委员会，居住在歌乐山区的著名建筑师杨廷宝也被该委员会聘任，参与此次规划工作。据记载，杨先生曾先后完成了"歌乐山水利工程图"、"歌乐山森林公园平面图"、"歌乐山风景区规划图"等图纸[2]。至次年1月，委员会完成了对歌乐山开发的工作报告，包括交通、饮水、卫生、治安、电力、风景区、财政等七项内容，这是从专业角度较全面制定的歌乐山初步发展计划。该报告还提到："国府西迁以还，士大夫咸集于此，辟地为居，为时三五年，蔚然以名胜区闻。山河犹是，不转瞬而吐纳，群伦气势，亦自不凡。重庆市政府有鉴于此，遂本抗建并进之国策，毅然决定以歌乐山为风景区域，同时并组织设计委员会以策进行[3]"。因此战时在疏建区建设基础上，歌乐山区开始了初步的风景区规划。

依据重庆市政府1941年拟定的《陪都分区计划建议》，将"西郊的歌乐山和东面的黄山、汪山、涂山、放牛坪一带，定义为将来逐步开拓，适宜市民随意游览的风景区计划。"随后根据歌乐山郊区市政设计委员会拟定的开发歌乐山的总体设计，国民政府开始了歌乐山风景区的筹建。在建设风景区的计划中，首先是划定风景区的范围。此外，为了控制在景区乱砍乱建现象，保护森林资源，营造市民远足休憩的森林公园，风景区确定了建设原则：①在风景区内，不能随便建筑，应由市政府下令禁止人民在风景区内任意造房，以免阻碍风景计划；②风景区内，宜置花木，可商量由农林部下令在歌乐山已有之中央林业实验所布置花木，以壮观瞻；③锻炼体育，为国民应有之基本运动，应由市政府建筑公共运动场；④歌乐山现有公私树木，尚称茂盛，亟需加以整理，一为增加美观，二为预防火患。

在划定风景区范围后，歌乐山开始了公园建设。当时计划筹设两处公园，一个计划开辟面积约3000平方米，称为"第一公园"或"小公园"；另一处计划开辟面积约20000平方米，称为"第二公园"或"大公园"。由于是在战时，森林公园建设不可能大兴土木，设计以节约为本，用其固有之景致，施以简单的人工造园。两个公园的基本建设包括修整公园道路、拓宽路面，平整改造休息场地，在公园里分散布置休息长座椅，安装凭眺栏杆，种植树木花卉等。对铨叙部以南大公园的设计则相对讲究，在原有松林的基础上，配置了落叶阔叶树、花坛、草坪、绿篱、灌木等多种树木，避免了视觉景观上的单调。公园东部坡度较大处被划为果园，栽种

---

[1] 直到1946年抗战结束后，国民政府还都南京后，歌乐山郊区办公处才奉令撤消。

[2] 沙坪坝区地方志办公室.沙坪坝区志资料汇编第五辑[M].内部发行，1992: 301.

[3] 歌乐山郊区市政设计委员会工作报告[A].重庆市档案馆，重庆市沙坪坝区地方志办公室.民国歌乐山档案文献选[M].2004: 590.

果木树,如柑桔、梨、葡萄等。

三、作为迁建区建设典范的北碚

重庆嘉陵江三峡地区,位于重庆至合川之间,是川东平行山地的一部分。嘉陵江源于陕西凤县嘉陵谷,嘉陵江三峡是指嘉陵江在合川进入北碚江段中,被华蓥山三个平行支脉横切形成的三个峡谷。三个峡谷自北向南,依次是"沥鼻峡""温塘峡""观音峡",因有长江三峡,故称嘉陵江三峡为"小三峡"。小三峡全长32千米,以北碚为中心,由三个峡谷和两个宽谷组成,峡谷地带有9千米[1]。小三峡地区辖39个乡镇,面积约100平方千米。北碚位于嘉陵江右岸,温塘峡与观音峡之间,高出冬季江面20米。其北有马鞍山,高出江面70m以上。马鞍山自西向东延至江边后,为江流所切,成为岩石阶地而伸入江心,称为"白鱼石"。川语:"凡石梁之伸入江心者曰碚",北碚之名由此而来。北碚原称义和场,明末被毁迁至杜家街,后再迁马鞍山。清乾隆二十三年(1757年)巴县在此设镇,取名白碚,因处在巴渝之北,后改称北碚(图4-2-6)。

95

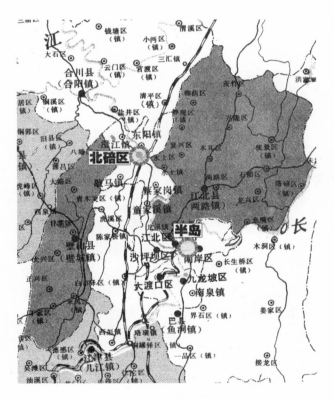

图4-2-6 北碚区位示意图

(资料来源:根据重庆市地图底图自绘)

---

[1] 刘重来.卢作孚与民国乡村建设研究[M].北京:人民出版社,2007:72.

北碚自然环境优越，素有"川东小峨眉"之称的缙云山雄峙在北碚的西面。缙云山历史悠久，早在南北朝时，缙云山和山麓的北温泉就开山建寺。随后受到历代帝王的重视，先后有多位皇帝为缙云寺和温泉寺题额或加封赐。而抗战开始后，随着北碚被划为迁建区，早已闻名的缙云山和北温泉吸引了各界人士涌向北碚。

同样是战时迁建区，远郊北碚的建设是其他迁建区甚至重庆市区都无法比拟的。这是因为在20世纪二三十年代北碚已在卢作孚[1]先生的带领下开始了乡村建设运动，战前北碚场镇已取得了较为瞩目的城市化发展。

1. 战前北碚的乡村现代化试验

在20世纪20年代，北碚由于处于江北、巴县、璧山、合川四县的交接处，属于"四不管"之地。同时又处在重庆和合川两个不同的防区[2]之间，再加上地势险峻、交通闭塞、贫困落后，使得这里盗匪猖獗，民不聊生。在此背景下，1927年2月15日，刘湘任命卢作孚为江、巴、璧、合四县特组峡防团务局局长，负责清剿土匪，维护该地区治安。峡防局所在地选择在北碚乡。

卢作孚到达北碚后，以从严打击和化匪为民的两种剿匪办法，很快匪患得以肃清，社会治安逐渐稳定下来。随后卢作孚把更多的人力、物力等投入到峡区的建设中，在当时全国乡村建设运动的影响下，卢作孚也在北碚推行乡村建设运动。不同与晏阳初、梁漱溟等乡建运动创始人侧重于教育和政治上的改革，有过办教育受挫经历的卢作孚则是把峡区的经济建设作为乡建运动的重点，以峡区乡村现代化的建设为目标，打算把北碚建设成一个经济、文化、旅游并重的城市。他设想"以嘉陵江三峡为范围，以巴县的北碚乡为中心。始则造起一个理想，是想要将嘉陵江三峡布置成功一个生产的区域，文化的区域，游览的区域[3]"。他还计划："我们的理想是建设成功一个美满的三峡，是从经济上，从文化上，从风景上，从治安上建设成功一个美满的三峡[4]"。在推行经济建设为主的计划中，经营民生公司的卢作孚了解到峡区的煤矿资源丰富，由于运输不便，作为峡区主要经济支柱产业的煤矿工业产量一直较低。因此，他到峡区后办的第一件大事，就是发展交通，修建北川铁路。1934年北川铁路全线开通，峡区的煤产量大幅度增加，在随后抗日战争期间，峡区成为陪都重庆主要的燃料供应基地。在发展交通的同时，峡区也开始了工业和文化教育的建

[1] 卢作孚（1893-1952）四川合川人，1926年在重庆创立民生实业公司，担任总经理，1927年出任峡防团务局局长，负责实施嘉陵江三峡的乡村建设。

[2] 注：重庆是国民革命军21军刘湘的防区，而合川是28军邓锡侯部陈书农的防区。

[3] 卢作孚.建设中国的困难及其必循的道路[A].卢作孚文集[M].北京：北京大学出版社，1999：335.

[4] 卢作孚.我们的要求和训练[A].卢作孚文集[M].北京：北京大学出版社，1999：259.

设，卢作孚亲率士兵利用嘉陵江三峡的温塘峡温泉修建北温泉，并修建平民公园和民众体育场，兴办三峡织布厂、兼善中学，更排除阻力创办了中国西部科学院。此外，卢作孚还大力推动改造旧有城市环境。在他来北碚之前，北碚只有两条破烂不堪的主街和几条狭窄阴暗的巷道。从1927年起，卢作孚率领峡防局的官兵开始整修市街，改街心阳沟为阴沟，拆除所有挡道的土地庙和随街摆放的尿缸，锯断出挑深远的屋檐，加宽街道路面等，兴建码头，使北碚市街的面貌大为改观，并以此为中心，辐射影响周围嘉陵江三峡地区的各乡镇。

1936年，峡防局改制为嘉陵江三峡乡村建设实验区。实验区所辖范围只有北碚及附近澄江、二岩、文星、黄桷和白庙子五个乡镇，远不及以前峡防局的四分之一，但建设量却不无分减[1]，为此峡区组建了实验区乡村建设设计委员会以及市场整理委员会。卢作孚作为设计委员会副主席，主持拟定了《嘉陵江三峡乡村建设划分市区计划纲要》。在实验区成立一

图4-2-7　战时北碚迁建机关分布区域图
（资料来源：北碚聚落志）

年后，抗日战争爆发，随着国民政府迁都重庆，将北碚划为政府机关和文化团体等的迁建区，迁来的单位沿嘉陵江两岸分散安置（图4-2-7）。随着战时人口不断增多，北碚的规模也在逐渐扩大。

2. 战时防空与北碚场的改造

当中国各地轰轰烈烈的乡村建设运动大都因战争不得不中断时，而北碚，却继续其乡村现代化的进程。在抗日战争期间，北碚和重庆市区一样，不可避免也受到敌机频繁轰炸，原有街区破坏严重。同样基于防空要求下的市区重建，北碚和重庆市区执行的效果却完全不同。重庆市区在战时广开火巷的基础上，仅完成市区主要道路网架的构建，"一切公用事业之设备，多系临时因应，倥偬急就，事前之准备，既未许充分；事后之改

[1] 嘉陵江三峡乡村建设实验区概况[J].北碚月刊.1938：82.

进，自难于周妥[1]"。由于北碚市区以北碚场为主，范围不大，战时对其改造和重建较重庆市区彻底和有序，是按照现代城市规划的理念，重新布局的典范。

北碚场，东西约200余米，南北约250余米，面积为50000平方米左右。位于北碚市区内仅有的平地上，一面背靠马鞍山，另三面被战前修建的运动场、平民公园和临江的沙滩绿地环绕。和四川旧有的其他临江场镇一样，战前的北碚场也是拥挤不堪、环境恶劣的传统场镇。据《北碚聚落志》描述："北碚市街原极狭窄，房屋亦甚低矮，且两旁有长簷伸出，街心又有遮蔽天日之过街亭。阴湿湫隘，如置身地下室中，地面崎岖不平，更无论矣，此为四川场市之标准形态，固不仅北碚一地为然"。在峡防局的时候，由于建设经费有限，对北碚场主要进行了场区环境卫生的整治以及局部的增建，街道总体格局和形式没有较大的改动（图4-2-8~图4-2-11）。

抗战爆发后，北碚也屡遭受轰炸，北碚场被毁部分约达1／4。随着为防御空袭而进行的全市范围内的火巷建设，北碚场拆除了危旧房屋，开辟火巷，新建房屋形成分散式的布局，拓宽街道，从1940年至1943年，旧有市场空间布局发生了较大的改变（图4-2-12）。

98

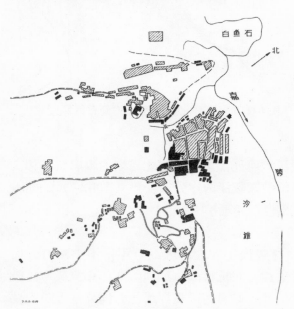

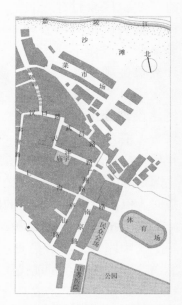

图4-2-8　1937年实验区的区治图　　图4-2-9　改建前的北碚场局部街市

（资料来源：北碚聚落志）　　　　　（资料来源：根据北碚月刊1941年

注：图中灰色部分为1927年时的街市，黑色　　　第三卷第八期底图自绘）

部分为1927-1937年的新增添的房屋。

[1] 张笃伦. 陪都十年建设计划序 ∥ 陪都十年建设计划草案，1946.

图4-2-10 20年代的北碚市街

（资料来源：北碚老照片，北碚文史资料第12辑，2002）

图4-2-11 30年代的北碚街景

（资料来源：北碚老照片，北碚文史资料第12辑，2002）

图4-2-12 1943年北碚管理局局治图

（资料来源：北碚聚落志）

为彻底整顿与扩展市场，战时的实验区开始对北碚场进行全面的改造，旨在将旧有的北碚场，建成峡区的商业中心区。在废墟中重建的新市区中，首先为防御战争空袭，新建的房屋间距需按照防空安全距离重新划分。在《建设股三十年度工作计划》中有关北碚商业区街道整理计划中将过去房屋间距过长，进深过深的街巷空间拟调整为：间距长者150米，短者50米；进深深者100m，浅者30米[1]。其次，对商业区重新布局，适应天然的地势，从北碚市区实际出发。由于旧街道极不整齐，整个布局难拘于一格，不得不迁就原形，截弯取直，采用方格式布局。另以嘉陵江岸水运码头为起点，以放射形式，筑汉口路、武昌路、北平路和温泉路。

在这四条路中，武昌路和北平路是商业区内的主要道路，是北碚场内最早沿江和顺沟的两条街道。汉口路和温泉路作为商业区两条主要的外环路，其中汉口路连南京路接通往新村的中山路，以车站为终点；而温泉路连接北温公路，并经新村到达车站，即将来商业区与新村间的联络，以及车站与码头间的衔接，都以此为联系。因此改造后的商业区，街巷整齐，多成直角相交，临街铺面较过去

图4-2-13　改造中的北碚新街市

（资料来源：根据北碚月刊1941年第三卷第八期，底图自绘）

增多，而更适于商业经营。此外，对新街道命名时，为了使人民不要忘记已遭日寇沦陷的祖国大好河山，特将路名定为北京路、天津路、上海路、南京路、武昌路、庐山路等（图4-2-13）。在形成的新商业中心区中，上海路以百货、绸布及饮食店为主，南京路以成衣为主，武昌路以饮食、菜馆等为主。

而街道宽度的确定，根据北碚的实际情况，暂定为13米，其中车行道8米，两边各有2.5米宽人行道和行道树。还计划如果将来车辆日趋繁重之后，街道交通拥挤时，可将尚未完全开辟的温泉路，加宽至18米或20米，

---

[1] 建设股三十年度工作计划[J].北碚月刊，1941年第三卷第八期.

使其能容三四辆车通过。"而其余各路即已成事实，自不便于一再拆除更改。都市计划故不限定于全部区域之通盘标准化，而于其新设施或有改造之机会时，逐步加以改进[1]"。

从改建中的北碚新街市图中可看到放射式与方格式的道路结合形成街区道路骨架，自然整齐美观，道路交通顺畅，而在主要的道路交叉路口，还设有各种形式的广场，方便车辆转环之用，以达便利交通的目的。此外，广场内还布置了花园，成为风景的点缀。这样的布局在战时可有效地防御日机轰炸，方便疏散，在遭遇火灾时也能快速扑救，是完全适应战时防空要求的城市布局，也是遵循现代城市规划思想出现的新的城市空间形态。商业中心区的街道短小而整洁，街道面铺以三合土，街道两旁种植了法国梧桐树，而同一形式的两层黄色楼房，底层商店，楼上居住，掩映于梧桐中，朴实雅静，小巧玲珑，整个市容颇为美观（图4-2-14）。可以说，战时北碚对旧街市的改造和重建，是按照现代城市规划思想以及遵循战时城市防空原则完成的。

（a）

（b）

（c）

图4-2-14 抗战时期的北碚街景

［资料来源：（a）、（b）北碚老照片，北碚文史资料第12辑，2002；（c）赵晓铃.卢作孚的梦想与实践.成都：四川人民出版社，2002］

[1] 建设股三十年度工作计划[J].北碚月刊，1941年第三卷第八期.

基于卢作孚先生的个人魅力和管理才能，在战前已有的建设基础上，战时的北碚继续推进市区建设，使得北碚成为战时重庆地区城镇发展的典范。1944年，美国Asia and America's杂志中刊登了一篇《卢作孚与他的长江船队》的文章，认为北碚是"平地涌现出来的现代化市镇，北碚是迄今为止中国城市规划最杰出的例子[1]"。

第三节　战时重庆近郊分散式工业区建设

一、国民政府内迁工厂计划与实施

1. 兵工厂的内迁

鸦片战争后，以李鸿章为代表的洋务派提出"师夷之长技以制夷"的思想，大量引进西方先进的军事工业技术设备，在上海、南京、天津等地创办了在当时堪称规模宏大的兵工厂。短短几十年，到了辛亥革命时，全国先后兴建了规模大小不等的兵工厂42家，从业人员28500人，占当时全国产业工人总数的10.5%[2]。到了20世纪20年代，几乎每个省会都建立了兵工厂，由各地的军阀所控制，其中以沈阳、太原、巩县的兵工厂最为著名。1927年南京国民政府成立，据统计，当时除东北的兵工厂外，全国共有16个兵工厂和一个专门生产兵工用钢的上海炼钢厂（图4-3-1）。随后军政部成立了兵工署，负责全国兵器工业的生产、设计、科研和建设事宜。通过对原有各厂的整顿和合并，到1931年"九一八"事变，沈阳兵工厂被日军侵占后，由兵工署直辖的有汉阳、上海、济南、金陵、巩县等5个大型兵工厂。随后淞沪抗战爆发，上海兵工厂被迫关闭，到1937年全面抗战前夕，由兵工署直辖的仅剩下汉阳、济南、金陵、巩县等4个大型兵工厂[3]，而太原兵工厂以及后建的广东兵工厂依然是由地方军阀政府控制。

战争威胁迫在眉睫，随着西南抗战大后方和国防中心区的最终确定，各大兵工厂也最后确定内迁的地点。1935年6月15日，蒋介石给当时兵工署长俞大维下达手令："各兵工厂尚未装成之机器应暂停止，尽量设法运于川黔两省，并须秘密陆续运输，不露形迹，望速派员来川黔筹备整理[4]"。当全面抗战爆发后，国民政府将军力主要集中在华东，在淞沪地区与日军激战三个月。前线士兵用顽强的拼死抵抗，打破了日军妄想三

[1] T. H. SunLuTso - fu and His Yangtze Fleet. Asia and America's. June1944: 248.
[2] 中国近代兵器工业档案史料编委会编.中国近代兵器工业档案史料（一）[M].北京: 兵器工业出版社，1993.
[3] 戚厚杰.抗战时期兵器工业的内迁及在西南地区的发展[J].民国档案.2003年第1期: 102.
[4] 王国强.抗战中的兵工生产.抗战胜利40周年论文集[M].台北: 黎明文化事业公司，1986.

个月灭亡中国的图谋，以空间换时间，为工业，尤其是军工企业赢来宝贵的内迁时间，这就是近代中国工业界悲壮的"敦刻尔克大撤退"。

各大兵工厂的内迁路线主要有三条，北面的济南、太原经由陕西入川；中原的巩县、汉阳则由平汉、粤汉铁路南下，先迁建在湘西山区，后转迁重庆；而金陵和广东两厂以及"钢铁厂迁建委员会"则是直接迁往重庆，避免了一迁再迁的波折。总之，抗战爆发后，全国各地的兵工厂都先后迁往西南各地，除迁往云南有5家，贵州有4家，宝鸡和桂林各有1家外，迁往重庆以及附近有17家兵工厂，除在泸县、万县、长寿、綦江、铜罐驿各1家外，迁往重庆近郊有12家兵工厂，占总数的71%（图4-3-2，图4-3-3）。

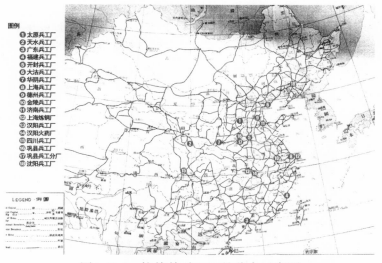

图4-3-1　抗战前兵工厂的分布示意图

（资料来源：根据王国强.中国兵工制造业发展史[M].台北：黎明文化事业公司，底图自绘）

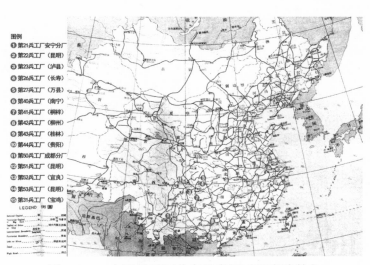

图4-3-2　内迁兵工厂分布示意图（重庆除外）

（资料来源：根据王国强.中国兵工制造业发展史[M].台北：黎明文化事业公司，底图自绘）

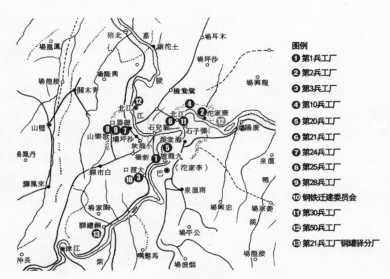

图4-3-3 内迁重庆的兵工厂分布示意图

（资料来源：根据王国强.中国兵工制造业发展史[M].台北：黎明文化事业公司，底图自绘）

可以说，重庆多山且隐蔽，两江环绕不仅提供便利的运输，还有较大的水利资源，陆路交通方面，与四川各地以及黔、滇、贵、陕等均有公路相连。此外，嘉陵江流域蕴藏了大量的煤和其他工业原料等内部条件以及军事战略地位都决定了战时国民政府选择重庆作为兵工业基地。同样的缘由，三十年后新中国的"三线建设"仍将军工业建设的核心放在重庆。

2．民营厂的内迁

战前，我国民营工业的分布是极不均衡的。据统计，战前全国20个省市共有工厂3935家，资本37，335.9万，工人456.973名；其中广大的西南西北地区"只占有厂数的6%，工人数的7%和资本数的4%。反之苏浙冀鲁四省却占了厂数、工人和资本的77%左右。尤其是江苏一省占了厂数的42%，工人的53%和资本的56%"。而四川仅有工厂115家，占总数的2.93%，资本2145千元，占总数的0.58%，工人13.019人，占总数的2.85%。以四川所有工厂"十之七八是设立于重庆或其附近的"来计算，那么重庆有工厂92家，占总数的2.33%，资本1716千元，占总数的0.45%，工人10.415人，占总数的2.27%[1]。可以说战前重庆"虽是西南诸省中一个最优越的都市，可是它几乎无工业可言的，它那时所有的工业，只少量的农产加工工业和利用外来原料的手工织布工场而已[2]"。在1937年抗日战争全面爆发后，我国东南沿海工业发达的城市大多迅速落入敌手，受到战争直接的破坏。

---

[1] 李紫翔.抗战以来四川之工业[J].四川经济季刊，1943年第1卷第1期.

[2] 李紫翔.胜利前后的重庆工业[J].四川经济季刊，1946年第3卷第4期.

兵工厂内迁关系国家安危，重要性不言而喻。而在对待民营工厂的内迁时，国民政府的安排却是力不从心。在战局不明的情况下，民营工厂在内迁之初是以武汉为目的地。工矿调查委员会还制定了在武汉筹建新工业区的各种计划，但实际上却只是纸上谈兵，并没得到湖北省政府的支持，连最起码的征地问题都无法解决。随着南京失守，武汉危在旦夕，在国民政府准备逃亡西南之时，蒋介石才下令筹备。据工矿调查委员会的文件记载："自工矿调查委员会迁汉以后，时局复有改变，奉军事委员会委员长蒋电令筹划战时工业，以川、黔、湘西为主等因，当经遵将各厂继续内迁，以策后方生产之安全[1]"。因此，工矿调查委员会在较短时间内确定了几个可供民营工厂选择，同时也有利于后方工业均衡布局的内迁地点。湖南和四川是最先考虑的地点，但由于湖南对工矿企业增收所谓的产销税，严重影响了工业的发展，在与湖南省政府交涉未果的情况下，工矿调查委员会将内迁之重点改往四川。

与其他地方不同，四川省政府对工厂迁川是欢迎的，认为这是帮助开发四川，发展四川的一次较好机会。而此时四川省主席刘湘正在武汉养病，得此消息后，表现出对工厂迁川的极大的热情，即命令下属向各内迁工厂游说，动员他们迁川，并承诺在运输、厂地、电力、劳工、原料、市场、金融等方面给予大力协助。

一个新的工业区所选择的建设地点需要考虑原料的供给、交通运输、电力供应等多方面的因素。对于迁往四川何处建厂，工矿调查委员会在1938年1月底前往四川考察，最后拟定在北碚和自流井两处地点建设新工业区。由于许多内迁的工厂不了解北碚的情况，担心政府不可能有能力在短期内在偏僻山村建成像样的工业区，因而不肯前往。正当工矿调查委员会犯难之时，复旦大学打算迁往北碚，于是工矿调查委员会随即放弃了筹建北碚工业区的设想，打算等将来重庆附近的工业区容纳不下时，再计划向北碚发展。

由于重庆是战时中国的政治中心，水陆交通便利，资源丰富，以及作为龙头的兵工厂已先行聚集等诸多优势，使得迁川民营工厂中大部分工厂也转向在战时首都重庆附近集聚。据隗瀛涛先生推算，迁渝工厂中民营厂矿为233家，军政部所属兵工厂10家，故内迁工厂总数为243家，占迁川工厂总数（260）的93.46%，占内迁工厂总数（450）的54%。到1944年2月，重庆工业已有企业451家。到1945年抗战胜利，位于重庆的兵工厂已有员工94.493人，在当时全国兵工总数中所占比例接近八成，在大后方的27家兵工厂中，5000人以上的大厂全部集中在重庆。

105

---

[1] "档案"：经济部工矿调整处分期工作计划.转引自：孙果达.民族工业大迁徙——抗日战争时期民营工厂的内迁[M].北京：中国文史出版社，1991：161.

众所周知，古代的重庆是著名的物资集散地。近代开埠后，随着外国商品的大量涌入，在商业快速发展的同时，近代工业以新兴的城市工场、手工业作坊的物质形态出现在重庆，涉及火柴业、棉纺织业、猪鬃加工业、煤矿等行业。而以机器大工业为主的钢铁、电力等大工业也开始起步。抗战前，虽然重庆工业水平在四川名列前茅，但在全国范围内却居于后列，"在生产领域里，重庆有机器工厂六七十家，只占全国工厂总数的1.7%[1]"。重庆城市经济发展的动力更多来源于商业贸易的繁荣，整个城市的基础工业薄弱，工业水平较低，明显滞后于城市商业贸易的发展。尽管重庆有着工业建设所需要的生产物质、人力资源和运输条件等多方面优势，但由于对工业投资不足，工业一直处于低度缓慢发展的状态。和许多国内城市近代化的开启模式一样，重庆城市近代化不是从工业化开始，而主要是以对外商业贸易的变化来启动。为数不多的工厂零散分布在城市中，对其所处的局部环境以及城市格局的影响微乎其微。经过八年多的抗战，到1945年底为止，根据国民政府经济部统计，以资本总额计算，重庆工业占全国的32.1%，占川、滇、黔、康西南四省的45.5%，占全川的57.6%[2]。尽管战时重庆工业建设具有一定的单一性、临时性、仓促性，但不可否认，这是城市的一笔宝贵物质财富和城市发展的基础，重庆也因此从战前一个现代化工业处于萌芽状态的城市，一跃而成全国的现代化工业大城市之一。

二、战时重庆工业区的选址与布局

工业是现代城市中主要的物质要素，对城市经济发展起着重要的作用，它在城市中的布局影响着城市的性质、规模和总体发展规划的确定。从城市发展的历史看，在前工业社会，农业在社会经济中占据重要地位，即使城市的商业和手工业发达，也改变不了城市以农业为主的性质。而工业革命后，城市的性质发生改变，城市功能和结构变得复杂和多样，其中新兴的工业城市和城市中工业区的出现，是近代城市转型的重要标志。

近代中国的工业在城市的布局通常有两种形式，一种是随着资源（煤矿）的开发，在原来的小乡村基础上形成新的工业市镇，如河北唐山、山西大同、江西萍乡安源、辽宁抚顺等；另一种是在旧城内部或在城市外围建工厂。其中，在旧城内部多为小型及轻工业的工厂，占地小，货运要求不高，对城市的布局和结构影响较小。而布置在城市外围的工厂，多是用地大，货运多，与铁路和水路交通有直接联系的大型厂矿，形成既有工厂生产区，又有工人生活居住区和相应配置公共服务设施等的工业区，这些

---

[1] 陪都十年建设计划草案: 45.

[2] 彭伯通.重庆地名趣谈[M].重庆：重庆出版社，2001:24.

工业区的形成使城市的空间布局发生较大的改变，如上海的杨树浦、青岛的四方工业区，以及当时国内最大最完整的沈阳铁西工业区等，而抗战时期重庆工业区的形成和布局却较为特殊。

1. 兵工厂集聚近郊江岸

1937年，抗日战争全面爆发后，随着以重庆为中心的抗战大后方和国防中心区的形成，以兵工厂为龙头的大部分内迁工厂纷纷向战时首都重庆附近集聚，开始了快速改变城市的进程。对于近代立体战争条件下的工厂建设，除必须考虑用地、用水、交通运输、电力供应、能源供给等常规问题外，还应当把工厂的安全问题放在首位。作为敌机空袭的主要目标，工厂建设遵循战时城市防空疏开原则，不集中布置，而选择在远离半岛外的空旷且有防空掩护的地方分散建厂。但从工业发展的规律看，工厂也不宜过于分散布局。因此，"宜选定若干中心地点，充实其动力与运输设备，使各种工业依其性质，得有适当萃聚之所，是曰散者聚之"的"集散原则"，即在每个分散的工业点，相对集中布置多个厂区，而每个厂区从安全出发，厂址相对隐蔽，厂房布局则相对分散。由于当时重庆的电力供应仅限在半岛区域，而且战时重庆的公路交通较落后，铁路运输尚未成形，两江三地的交通方式以水运为主，因此出现内迁工厂选择在重庆近郊两江沿岸台地设厂的工业布局形式。

工业的发展一般是经过手工业到轻工业，最后是重工业的渐进过程。由于战争的因素，国民政府对于西南后方的工业建设"已不能依照一般国家由轻工业向重工业的工业发展的自然顺序"，只能从国防和军事需要出发，首先从重工业搞起。因此战时重庆的工业结构是以重工业为主，兵工、钢铁、机械、冶金、采矿等行业占较大比重。在内迁工厂选址建设的过程中，兵工厂作为支持持久抗战的重要产业，可优先选择建设基地，建厂经费能够保障，对土地的征用也享有特权。因此，迁渝兵工厂以半岛为中心，群聚在其周边二三十公里近郊范围内，沿长江、嘉陵江两江沿岸依山近洞，分散布置。当时的兵工署长俞大维曾觉得这样的布局不利战时防空，于1938年6月从汉口电令兵工署重庆办事处，告知"在渝各厂现所觅地点皆嫌密集，殊欠妥善，可由该处召集各厂长，切实商讨疏散办法[1]"。但是现实问题是，如果远离市区选址，工业所必需的电力供应就十分困难。而重庆又多山地，较平坦用地不易寻觅，如用山地，土石方工程量大，颇费时日。考虑到时局紧急，在谋求各工厂厂房建设周期短，复工快，早日增强抗战军力的原则下，只能选择在重庆近郊嘉陵江和长江两江沿岸的河谷地带上建厂的布局形式。除抗战期间第3兵工厂并入第29兵工厂，以及抗战后第28兵工厂并入第24工厂，第2兵工厂停办，第30兵

107

[1] 重庆市经济委员会.重庆工业综述[M].成都:四川大学出版社，1996:21.

工厂迁往广西外，从长江沿岸东起郭家沱西至大渡口，散布着兵工署第29兵工厂（钢铁厂迁建委员会）、第1兵工厂、第20兵工厂、第50兵工厂；嘉陵江沿岸的兵工厂，主要有第24工厂、第25兵工厂、第10兵工厂、第21兵工厂等，共计8家主要的兵工厂一直留在重庆（表4-3-1）。

抗战期间国民政府军政部兵工署在重庆近郊分布兵工厂一览表　　　　表4-3-1

序号	抗战时期厂名	原建地	迁建地址及建厂时间及现时厂名	濒临两江关系	建设情况
1	第1厂	前身为汉阳兵工厂	1939．6月迁重庆鹅公岩，现为建设集团	长江	是一座规模较大的兵工厂，占地面积2000余亩
2	第2厂	前身为湖北钢药厂	1940．10月迁入巴县唐家沱对岸鸡冠石（纳溪沟？）抗战后停办	长江	不详
3	第3厂	前身为上海炼钢厂	1938．3月迁入大渡口，1940年并入第29厂	长江	不详
4	第10厂	前身为炮兵技术研究处	1938．6月迁入重庆江北忠恕沱和大石坝，现为重庆江陵机器厂	嘉陵江	占地1600余亩，全厂建筑面积5.2万平方米，其中，职工宿舍2.1万平方米，生产厂房1.9万平方米
5	第20厂	前身为重庆铜元局	1905年创建，重庆南岸苏家坝，现为长江电工集团	长江	在铜元局时期占地200余亩，战时经过大规模扩建，厂区总面积达到2300余亩
6	第21厂	前身为南京金陵兵工厂	1937．11月西迁重庆江北，总厂在陈家馆，1分厂设鹅公岩，现为长安集团	嘉陵江。是当时最大兵工厂	全厂建筑面积19.5万平方米，其中，职工宿舍7.25万平方米，仅陈家馆部分占地面积达1250亩，建筑面积15万平方米
7	第24厂	前身为重庆电力炼钢厂	1938．改隶兵工署后组建，在沙坪坝磁器口，现为特钢集团	嘉陵江	开始建厂时占地为百余亩，经历年扩充，达2750亩
8	第25厂	前身为江南制造局龙华分局枪子厂	1938．4月迁入沙坪坝双碑詹家溪，现为嘉陵集团	嘉陵江	生产枪弹，先后三次征地，共计2700余亩
9	第28厂	前身为合金工厂筹备处	1941年创建于磁器口，1946年并入第24厂	嘉陵江	不详

序号	抗战时期厂名	原建地	迁建地址及建厂时间及现时厂名	濒临两江关系	建设情况
10	第29厂	前身为钢铁厂迁建委员会	1938年创建于重庆大渡口，现为重庆钢铁集团	长江	征地3336亩
11	第30厂	前身为山东机器局	1938.4月迁建至南岸王家沱，抗战后迁往广西	长江	生产各种子弹、手榴弹、枪榴弹。在此三处共征地2554余亩，房屋建筑面积4.716万平方米
12	第50厂	前身为广东第二兵器制造厂	1938.4月迁入重庆江北县郭家沱大兴场建厂，现为望江集团	长江	生产37战防炮、60迫击炮、57无后座力炮。建成房屋10.6万平方米，占地面积5707亩

　　资料来源：此表数据参照《重庆建筑志》，《中国近代兵器工业——清末至民国的兵器工业》，《中国兵工制造业发展史》等相关资料整理完成。

2.民营厂矿自立开荒平地

　　内迁的民营工厂，也多半选择在重庆近郊建设新的工厂（图4-3-4）。但民营厂的规模和用地不及兵工厂，除电力供应外，建设用地的征用等比兵工企业要困难许多。因此工矿调整委员会根据重庆地区的特点和各种自然条件，在重庆近郊破费心思地选择了十多处荒地作为民营厂的建设用地，并计划将内迁的民营工厂按性质加以分配用地，这样有利于

图4-3-4　迁渝工厂建设新基地

（资料来源：秦风老照片馆.抗战中国国际通讯照片[M].桂林：广西师范大学出版社，2008：125）

各工厂间的相互联系。在解决民营工厂征地问题时，四川省政府还成立了迁川工厂用地评价委员会，由重庆市市长、市公安局局长、市商会会长、建设厅驻渝代表，重庆郊区的江北县县长、巴县县长及工矿调整委员会的林继庸、胡光庶，建筑专家代表关颂声，工业专家代表胡庶华等组成，决定征地的办法。四川省政府为表示对民营工厂更大的扶持，还制定减免迁

川工厂厂地捐税等优待措施。市民对迁渝工厂的征地也积极配合和尽力支持，如四川复旦中学的校长把嘉陵江边猫儿石祖传的6万多平方米土地以公价出让给上海内迁的龙章造纸厂、天原电化厂及天利化工厂等。

在民营工厂解决征地后，筹集重建厂房所需建设经费也是十分棘手的事情。负责内迁工厂的工矿调整委员会制定了较为苛刻的贷款条件，规定："凡经行政院、厂矿迁移监督委员会与有关机关会议通过个案，以及工矿调整委员会特别指定迁移之厂矿，得以申请建筑货款"。这无疑是限制了申请贷款的民营工厂范围，但够资格申请贷款的工厂寥寥无几，且所贷之款，对于战时民营工厂建设也是杯水车薪。此外，工矿调整委员会对于请求建筑借款的厂矿，还规定须拟具申请书，连同厂房图样、建筑说明书、建筑费用估计表、厂房所在地地形图等附件，送交工矿调整委员会审核。待批准后，再签订借款合同，并规定所有厂房建筑设计均应以经济、切实、合用为目的。总之，迁渝民营厂矿在重庆的建厂过程，比兵工厂更为艰难。

和兵工厂一样，民营工厂也多选择在两江沿岸分散布局，聚集形成几处新兴工业区。如嘉陵江南岸从化龙桥到土湾的沿江带型工厂区，主要有中南橡胶厂、豫丰纱厂等工厂。而嘉陵江北岸江北猫儿石一带，分布了天原化工厂、造纸厂等企业。长江南岸从弹子石到海棠溪等沿江地带，有裕华纱厂等厂矿。而离市区最远的李家沱工业区有重庆水轮机器厂、重庆毛纺织染厂等较大的民营工厂。

总的来说，在战争背景下，内迁来渝的大多数工厂一般经过一两年时间完成了厂区建设。但由于时间仓促，建设空间和场地又受到战争威胁，战时重庆的工业布点缺乏统一和科学的计划，是一种非正常状态下应急式的工业区发展模式。在重庆尚未自主形成工业区的情况下，以快速、粗糙、简易植入的建厂形式，开发了两江沿岸的农田、荒地和码头，形成了沿长江东起郭家沱、西到大渡口，沿嘉陵江北到磁器口、童家桥的既分散又相对集中的线型带状工业地带（图4-3-5）。由于数量众多的工厂，尤其是占地面积和规模较大的兵工厂，它们的选址和布局一经确定就不会轻易更改，给当时的重庆城市布局和空间结构带来较大的变化。因此，在1941年制定的《陪都分区计划》以及战后1946年编制的《陪都十年建设计划草案》中对工业区的发展规划，都是以战时形成的沿江分散式工业区为基础。

战前的各大兵工厂分散在全国各地，一般都建在各大城市的外围，或者是较为偏远的地区，兵工厂建设只是局部改变了城市空间，对城市的格局和结构影响不大。极少有像抗战时期的重庆这样，在半岛中心的两江沿岸，聚集全国近50%的兵工厂。这种由战时特定的环境造成的城市现象，随后影响了重庆城市长达近70年两江沿岸的城市景观[1]。

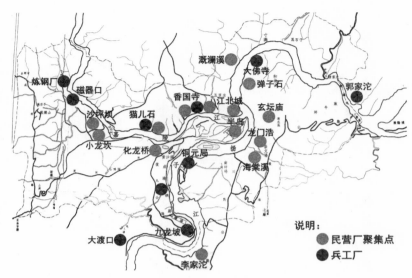

图4-3-5　陪都工厂分布示意图

（资料来源：根据《陪都十年建设计划草案》第5图底图自绘）

111

三、战时工厂建设与乡村城市化

由于建设工厂，尤其是兵工厂，需要大量的集中劳动力、大片的生产和生活用地，因此在以大型工厂为主的乡村就逐渐形成新的居民聚集区，并且为了生产和生活的需要，这些工厂区周边的居住区也相应建设了一些城市基础设施和生活设施，形成以工厂为中心的街市，改变了过去单一的乡村面貌，开始了乡村城市化过程。

乡村城市化是指农村剩余劳动力和人口在乡村完成其职业的非农业转化，而不需要进入城市，即在乡村完成的城市化过程。其发展动力包括乡村农民的内部动力，还有作用于乡村和农民的外部动力，当外部力量远远大于乡村内部动力时，乡村的物质空间环境（生产设施、生活设施、基础设施等）将在短时间内发生较大的变化，村民的价值观念也将得以转变。

经过战时短短几年的仓促建设，重庆近郊的这些乡村在各个大型工业企业的带动下，开始了独特的城市化过程。所谓"城市化"本义是指人类城市发展到一定阶段，开始摆脱乡村的束缚或对乡村的依赖，开始独立于乡村，并相互形成一个城市体系，产生可持续发展的机制，进入持续发展状态，最终取代乡村成为人类活动的主要场所和人类社会发展的中心这

---

[1] 20世纪末和本世纪初，随着产业结构的调整和对环境的治理，抗战时期迁渝的兵工厂纷纷迁走，重庆两江沿岸工厂林立的城市景象才发生根本的改变。

一过程[1]。简单来说，城市化就是指农村变城市，农民变市民的过程，包括物质环境的改变和人的素质的提高。而城市化的动力是由城市中的经济因素决定。在战时重庆工业区集中的乡村，城市化的动力是来自以兵工厂为龙头的工厂建设。工厂的出现，促进周围物质环境的改变。工厂附近逐渐形成新的居民聚集区，并且为了生产和生活的需要，相应增添的城市基础设施和生活设施，这些都改变了工厂所在地原有乡村的性质。此外，城市受外来工厂的影响，也表现在新街区的命名还带有原来城市的痕迹。如第21兵工厂在修建职工家属住宅区时，为怀念家乡雨花台，故住宅区以"雨花村"命名。而乡村城市化还包括人口的城市化，非农业人口的增多。在抗战时期，重庆工人由以手工业为主快速发展形成了一支拥有20多万兵工、机械、冶炼、煤炭、纺织、化工、航运、邮电等产业工人的大军。如"大后方"最大的钢铁联合企业，到1946年末，在经过抗战胜利后大量的人员遣返，员工总数仍有11553人，其中工人达10375人[2]。

而在这些工厂区中，有以军工厂为主的聚点，如大渡口和郭家沱等；也有纯民营工厂聚集的工业区，如化龙桥、土湾一带。其中，战时最著名的民营工厂聚集点是李家沱工业区。而数量最多是军工和民营工厂混合形成的聚集点，如香国寺、猫儿石、观音桥、溉澜溪、九龙坡、磁器口、双碑、大石坝，铜元局、大佛寺等。

图4-3-6 大渡口"钢迁会"区位示意图

（资料来源：根据重庆市地图底图自绘）

1. 大渡口工业区的形成

大渡口区位于重庆市中区西南14.25千米长江西北岸的弧形地带内，是今天重庆近郊最小的一个区（图4-3-6）。在1965年建区时，全区面积有4.9平方千米，其中，重庆钢铁公司（以下简称重钢）占最初大渡口区总面积94.7%[3]。由此可见，大渡口区的形成是与重钢有着密切的关联，大渡口因此也有"十里钢城"之称。

大渡口在清道光（1821—1850）年间，是长江北岸的一个偏远渡口。据一些老人回忆，清末长江以南为南大渡口，长江以北为北大渡口，此处

---

[1] 王瑞成.近世转型时期的城市化——中国城市史学基本问题初探[J].史学理论研究.

[2] 重钢志编辑室编.重钢志（1938-1985）[M].内部发行，1987：12.

[3] 重庆市大渡口区地方志编纂委员会编.重庆市大渡口区志[M].成都：四川科学技术出版社，1995：39.

江面宽阔水流较缓，行船平稳安全，且有大路经杨家坪至重庆府。长江南岸方圆数十里农民在此渡江，将农副产品运往市区出售，逐渐在此形成交通枢纽，每天南来北往的流动人口大约有100多人，人烟集聚，饮食、旅栈等服务行业也随即应运而生，于是北大渡口成为乡民渡江休憩和食宿之地，为沿江数十里渡口之首，大渡口由此而得名。随着渡口的日益发展，渐渐地有人在此落户为家，形成村落，名为"大渡村"。

重庆钢铁公司的前身是1890年由湖广总督张之洞创办的汉阳铁厂。1938年3月，在抗战的烽火硝烟中，为了保存我国仅有的民族工业，国民政府军政部兵工署与经济部资源委员会共同组建钢铁厂迁建委员会（以下简称"钢迁会"），将汉阳钢铁厂、大冶铁厂、上海炼钢厂、六河沟铁厂等厂的主要设备拆迁、抢运到抗战大后方。

1938年3月26日，"钢迁会"委员严恩槱及建筑股股长黄显淇先期到达重庆，为选择合适的建厂地址，开始了对重庆两江四岸的调查。不同于普通的厂矿，钢铁厂的建厂有其基本原则，如为运输方便及建厂迅速，须在江岸台地上选址；为必要时能借用重庆的电力，厂区离市区不宜太远；厂区用地较大，至少需66万平方米平地；为解决供水问题，距离供水位也不宜过远等。在对重庆近郊附近的九龙坡、大渡口、茄子溪、冬笋坝和南岸黑石坪等五处进行调查后，发现大渡口地块极具优势：位于长江上游约20千米的长江沿岸，兼有长江航运之利，笨重机件可自宜昌直接运到；各种烟煤，可自嘉陵江、綦江及长江上游各处运来；距离半岛市区不远，各种工程材料供给，出品远销，颇为便利；成渝铁路路线近在厂外，接轨方便，将来出品可由铁路运输至西南各省；最低地势高出供水位约10米，没有淹没的顾虑；此外，"钢迁会"的主管机关在旧市区，监督指导近在咫尺。但作为钢铁厂址，此处也有一二缺点，如凭籍綦江河及其支流运输铁矿及一部分用煤极其困难，须由导淮委员会设法改良航道，且厂址内丘溪纷列，地势不甚平坦，故建筑费支出势必增多。1938年3月1日，在多方权衡下，国民政府的钢铁厂迁建委员会在大渡口征地333100平方米，5月开始建工厂区，与此同时，"钢迁会"也开始在厂区附近建简易职工住宅区，还在大渡口地区开办第一所新式小学、中学，建立邮局，同年8月动工修建厂区公路和铁路。从1938年到1949年底，厂区内共修建6000米长的铁路、1座桥、1座隧道。在当时条件下，厂区内铺设的铁路虽然存在质量较差，不规范，车辆运行安全性较差等缺点，但却解决了战时厂内原材、燃料、生铁、钢坯等的运输问题。

受地形起伏影响以及避免空袭，整个厂区布置较为分散，没有按工艺流程顺序布置，这使得建国后工厂建设不得不进行多次的改扩建。除河漫滩外，整个钢厂布局沿长江河谷形成四级阶地，其中，第一、二级阶地布置高炉、焦炉等生产厂区，往上的第三、四级阶地分布了住宅区和工厂生

113

活服务设施。

伴随着抗日战争这一重大事件的发生，外来的城市驱动力会作用在城市的某一局部，通过改变这一局部的物质空间形态来影响整个城市。国民政府钢铁厂迁建委员会选定在大渡口建厂，1940年先后建成投产，从此改变了这片土地，大渡口村开始苏醒闹腾起来。可以说抗日战争时期"钢迁会"的建厂，奠立了这片土地发祥的根基。1949年3月，"钢迁会"更名为兵工署第29兵工厂。随着钢铁厂的不断发展，以29兵工厂为主的大渡口遂成为战时国民政府的钢铁工业重镇，大渡口村也在其的带动下，开始了城市化的进程。

2. 民营厂聚集的李家沱工业区的建立

由国民政府重点打造的李家沱工业区，是散布在两江沿岸迁渝民营厂区中最具规模的（图4-3-7）。1940年春，工矿调整处在李家沱附近临江的一片蛮荒的草地处洽购地皮20万平方米，拟将民营工厂集中在此，建设一个具有示范性的战时民营工厂区。工矿调整处首先解决交通问题，勘定与市区联系的码头，以及在区内修建马路，并专设了电力厂和给水公司。随后有沙市纱厂、中国毛纺织厂、庆华颜料厂、中国化学工业社分厂、恒顺机器厂、上川实业公司等十几家较大型企业先后进驻，开始兴工建厂。虽然战时的厂区规划简单，甚至出现生产区与生活区犬齿交错的不合理布

图4-3-7　李家沱工业区区位示意图

（资料来源：根据重庆市地图底图自绘）

局，但在短短两年的时间里，李家沱工业区便初具规模，成为战时大后方著名的工业区。

为促使工业区更好地发展，经济部还在此设立了一个公共事业管理委员会，办理各厂对上对下以及彼此间的事务。随着工厂人数的增多，工业区还建有公立医院、邮政、电话、银行、小学等公共配套设施，满足工人的基本生活需要[1]。当时国民政府对建设李家沱工业区是引以自豪的，经常组织国内外各界人士前往参观。从当时的记载可了解工业区的一些情况："走出工业区的大门，就是随着它长成的一条马王坪街。据说这街相当热闹，当夕阳西下的时候，来往的人，也不亚于沙坪坝街上，所异者仅职务身份之不同耳。这街上大概是适合需要的关系，而以服装店为最

[1] 中央银行经济研究处.参观重庆附近各工厂报告[J].经济情报业刊.第14辑，1943.

多，馆子次之……虽然远处重庆郊外，可是进城很方便，汽笛一鸣，只要四五十分钟就到了繁华的重庆[1]"。

3．军工与民营厂矿包围的江北观音桥中心区的出现

江北从最初的北府城发展到明清的江北厅，江北城作为传统的粮食、食盐、木材以及农副土特产品的主要商品集散地，一直是区域中心。1921年，刘湘设商埠督办于重庆，杨森为督办。杨森曾计划发展江北为新区，"欲先开辟北岸，拟自江北县城外之打鱼湾，下至唐家沱一带，沿江筑堤三十里，以为轮船泊步，原有旧城商店、堆栈悉令他徙以整齐之[2]"。杨森还曾设想将江北一带建成重庆的汉口[3]，但后因其战败而计划中断。随后刘湘完全控制重庆，城区发展重心转为由旧城向西部拓展，开辟新市区。至抗战前夕，江北沿江的香国寺、刘家台、简家台、廖家台以及下游的青草坝一带有局部的发展，成为市属第5区。抗战爆发后，江北因濒临长江和嘉陵江，江岸线长的优势，成为诸多内迁工厂的首选之地，区境内以冶金、机械、纺织、化工、食品、造纸、制革、搪瓷等工业生产为主，改变了江北的经济结构，为江北成为工业重镇奠定了基础。内迁工厂聚集在此，也改变了江北的城市空间格局，促进了乡村的城市化发展。内迁工厂沿江岸分散布局，从西往东，在工厂汇集地段逐渐形成三个集中的工业区街市。上段是在大石坝、石门一带，以第10兵工厂为主，在大石坝形成街市中心；中段包括猫儿石、观音桥、华新街、雨花村、刘家台，一直延展到江北城一带，其中以第21兵工厂占地较大，并在猫儿石汇集通用

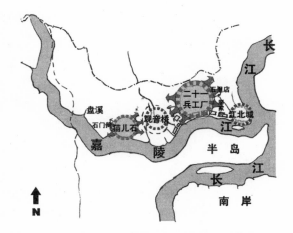

厂、天原厂、造纸厂等民营工厂和一些中小型厂矿，逐渐形成以观音桥为中心的街市；下段是溉澜溪、头塘、寸滩、黑石子、朝阳河至唐家沱，带状分布了三北造船厂、东风船厂等多家工厂，在偏僻的江边小镇头塘、溉澜溪等出现小型的工厂街市。在三个地段中，以中段观音桥一带最具规模，并以此影响了江北区中心从江北城向观音桥的区域转移（图4-3-8）。

图4-3-8　各工厂影响下观音桥中心雏形的出现

[1] 凤.李家沱工业区[J].友讯，1946年第13期.
[2] 中国地方志集成.四川府县志辑⑥.民国巴县志[M].卷18.市政.成都：巴蜀书社，1992.
[3] 隗瀛涛.近代重庆城市史[M].成都:四川大学出版社，1991:462.

总之，抗战内迁来渝工厂建设在中国近代工业史上占有较为重要地位，正是依靠这些从沿海一带迁来工厂的技术、设备和专业人才，以及重庆城市本身便利的交通网络和丰富的工业原料资源，经过八年艰苦的抗战历练，重庆迅速成为当时全国最大的工业中心，重工业和军事工业基地，为反抗侵略者发挥出巨大的作用。而战时分散式工业区建设，促使重庆的工业区（带）得以逐渐形成，使得近代重庆不仅完成从传统商业为主的消费性城市转变为以工业尤其重工业生产为主的生产性城市；还推动了战时重庆近郊乡村的城市化进程。

第四节　战时重庆教育文化区建设

一、学府西迁与战时全国教育文化中心的形成

1. 战前重庆的教育状况

开埠前，重庆的传统教育形式有学宫、书院、私塾等。开埠后，随着重庆门户的打开，和其他开埠的城市一样，来渝的传教士也纷纷在重庆兴办学堂，如美国基督教美以美教会在重庆创办了私立求精学堂、私立启明小学堂，英国基督教公谊会创办广益中学堂。而在西方列强文化的影响下，随着近代洋务运动的兴起，以及在维新运动的推动下，新学教育促进了与传统书院等截然不同的新式学堂的出现。1892年，四川第一所新式学校"川东洋务学堂"在重庆设立，以西式的课程内容，打破了重庆传统教育模式。新式学堂和教会学校的兴起，不仅使内陆山城接触到了西方近代的科学文化，也促进重庆传统教育体制的改革。1906年，重庆各县相继成立了教育管理机构——劝学所，劝学所制定了许多措施发展新教育，鼓励公私办学，改造私塾，鼓励青年学子出国留学。到1911年，重庆地区已有中学堂14所，职业学堂26所，师范学堂1所[1]。这一时期的教育建筑形式多样，其中以"中西合璧"的教会学校校舍较有特色。

1911年辛亥革命爆发后，中华民国南京临时政府成立。教育部颁布《普通教育暂行办法》和《普通教育暂行课程标准》，在改革教育制度的同时，学堂也改称学校。此时的重庆处于军阀混战时期，战争连年不断，使得重庆的本土教育艰难地缓慢前进。1926年，随着刘湘进驻重庆，重庆开始了长达10年多的军阀执政年代。刘湘在治理和改造城市的同时，也意识到教育对稳定社会环境以及培养社会专业人才的重要性，特别是1929年重庆建市，按照国民政府组织法成立市政府，下设教育局，统一管理重

---

[1] 王小全，张丁.老重庆影像志.老档案[M].重庆：重庆出版社，2007：52.

庆各类学校，重庆的教育进入
了一个新的发展时期。在发展
中等教育的基础上，刘湘欲发
展高等教育。在筹办重庆大学
的会议上，刘湘指出："就四
川情况而言，交通不便，导致
文化闭塞，因此，尤应多设大
学，教育青年"。他还认为：
"重庆为西南重镇，川东首要
地区，没有大学一级的高等教
育机构，实为重庆地区之耻
辱"。1929年10月12日，重庆

图4-4-1　重庆大学校门
（资料来源：孙雁老师提供）

大学创立（图4-4-1）。随后在1933年，在磁器口地藏寺附近创办了四川省
立乡村建设学院（后改名为四川省教育学院）。

　　重庆大学的创立标志着重庆近代教育体系的初步形成，而且高等教育
的兴办不仅提高了城市的文化素质，也推动了重庆城市近代化的发展。从
建市到抗战爆发前，这是重庆近代教育快速提升的时期，但和当时中国教
育发达的东部沿海城市相比，差距是明显的。

　　2．战时的教育政策

　　1938年1月，国民政府任命陈立夫为教育部长。3月，陈在重庆就职后
随即发表了《告全国学生书》，表明其对战时教育问题的主张："……抗
战是长期过程，不容许将人才孤注一掷，而必须持续培养人才。国防的内
涵不限于狭义之军事教育，各级学校之课程不是必须培养的基本知识，就
是造就专门技能，均各有其充实国力之意义"。随后的4月，国民党临时
全国代表大会制定并颁布了《中国国民党抗战建国纲领》，规定了教育的
任务，包括："① 改订教育制度及教材，推行战时教程，注重于国民道
德之修养，提高科学之研究与扩充其设备。② 训练各种专门技术人员，
予以适当之分配，以应抗战需要"。为了实施抗战建国教育的总纲领，这
次大会还通过了《战时各级教育实施方案纲要》，制定了抗战期间发展教
育的方针和发展教育的具体政策。以此为依据，教育部随即制定出适合各
级各类教育的具体实施办法。1939年3月，教育部在重庆召开了第三次全
国教育会议。作为抗战期间教育界的一次盛会，这次会议聚集了全国教育
界的著名学者、专家，主要讨论抗战建国时期的教育实施方案。蒋介石出
席了此次会议，并在大会训词中阐发了"平时要当战时看，战时要当平时
看"的教育方针，并指出："现代国家的生命力是由教育、经济、武力三
个要素所构成"。蒋还说，"我们教育的着眼点，不仅在战时，还应当看
到战后……我们要建设我们的国家，成为一个现代国家。我们在各部门中

需要若干千万专门的学者，几十万乃至几百万的技工和技师，更需要几百万的教师和民众训练的干部。这些都要由我们教育界来供给，这些问题都要由我们教育界来解决[1]"。客观地讲，国民政府是重视战时教育的。因此，在"战时要当平时看"的教育思想指导下，战时以重庆为中心的大后方，各级各类教育都得以继续发展，并没有因战争而中断。

3. 学府西迁与战时重庆教育的发展

随着全面抗战爆发后，中国尤其是东部沿海地区的教育蒙受了惨重损失。据有关资料统计，到1938年8月底，高等院校由战前的108所减为83所；中等学校战前计3184所，战争爆发后处于沦陷区及战区者计1926所，减少了40%以上。学生人数仅以大中学而论，受战事影响者就达50%以上，其他如图书资料、仪器设备的损失，更是不可估量。在这种情况下，国民政府不得不采取措施，帮助一批高校和中学迁往大后方。于是和工业大迁徙一样，以上海、南京为主体，包括北平、天津、广州、浙江等沿海地区的国立、省立以及私立大中学校和研究所陆续开始了由东向西，大规模地向以重庆为中心的西南大后方迁移。其中，迁往重庆的有中央大学、复旦大学等，迁往昆明有国立西南联合大学[2]，迁往成都华西坝有南京金陵大学，以及辗转多处地方，最后迁往四川南溪李庄的同济大学，迁往贵州遵义和湄潭的浙江大学等。

战争爆发后，重庆成为战时中国的政治、军事、经济、医疗卫生中心，随着全国各地的学府西迁，重庆成为战时中国大后方的教育中心，重庆教育出现了空前繁荣的景象。

战前，中国由教育部直属有108所高校，主要分布在沪、平、津、宁等沿江沿海大城市。其中，上海有25所，北平有15所。重庆本土虽已有2所高等学府，但和当时这些发达城市相比，却显得较为落后。可以说，战前的重庆高校发展处于初步阶段。随着战争的爆发，为保存实力，和内迁工厂一样，高校内迁大后方。据考证："抗战期间，战前由教育部属下的108所高校中，迁渝高校为14所，占内迁58所高校的21.14%。此外，不管高校正规与否，不管是本部还是分校，不管是高校迁渝还是迁渝人士创办高校，迁渝高校至少有61所[3]"，其中既有综合大学，也有理、工、农、医等各类专门学院和专科学校。一时间，重庆成为战时全国高等教育和科研中心。

除了高等学校外，随国民政府内迁的人群中，有近10万名的学前和学

---

[1] 张弓.国民政府重庆陪都史[M].重庆:西南师范大学出版社，1993: 73.

[2] 注：1937年抗战全面爆发后，平、津相继沦陷，国民政府教育部决定将国立北京大学、国立清华大学、私立南开大学等三校联合办学，先在长沙，后迁昆明。

[3] 张成明，张国镛.抗战时期迁渝高等院校的考证[J].抗日战争研究，2005年第1期.

龄儿童，靠战前重庆仅有的8所幼稚园和79所小学[1]是远远不够容纳。因此，抗战期间，重庆幼稚园不断增加，由少变多，从1938年至1945年，重庆市新增幼稚园35所，是战前的4倍多[2]。小学的数量也从1936年时平均每区有小学4.5所，每镇有1.1所，逐年递增，尤其是1940年推行国民教育后，在1941至1943年之间更呈大幅度上升现象，据统计，此时的战时首都平均每区有小学17.3所，每镇有4.5所[3]，可谓是，小学基础教育的学校已遍及市区乡镇，重庆的初级教育在战时得到飞跃式的发展。

中等教育包含普通中学、中等师范学校以及中等职业技术学校等教育。重庆的中等教育和初等教育一样，在抗战期间也取得较快的发展。据1936年统计，重庆中等教育学校共计41所[4]，其中市立中学1所，私立中学17所。战争爆发后，随着战区各类西迁而来的中等学校，以及从沦陷区迁来的学龄青年等都促使重庆中等学校的数量和规模不断增加和扩大。到1945年抗战胜利，重庆中等教育学校增至96所[5]，其中普通中学46所，比战前增加了30所。

总之，战时的重庆，无论是在初级还是高等教育，都得到快速的提高。这不仅体现在各类学校数量和规模的上升和扩大，还表现在教师素质和教学质量上，尤其是高等教育。由于教师队伍多是从教育发达的区域迁来，"衣冠西渡"的多是全国著名学者和各学界精英，一时间高水平的教授云集战时首都各大学府，推进了内迁而来的高校和本土学府的学术科研水平和教学质量的不断提高。

二、战时文化教育促进重庆城市发展

1．战时教育促进城市的人才培养

教育是一种培养人的有计划的、有系统的、复杂的社会活动。通过对受教育者知识和技能的传授，使其获得不同程度的文化知识和生产技能，完成从一个自然人向社会人的转化。通过各级、多层次的教育体系，为社会培养所需的各类人才，这是教育的目的。而教育促进城市人口素质的整体提高，则是城市近代化发展的保证。

纵观重庆的近代化过程中，近代新式教育的出现，"既是重庆城市从中世纪向近代过渡的一个标志，也是重庆城市近代化的一个主要动力[6]"。而抗战时期，随着全国各地大批的学校迁到重庆，依靠这一外

[1] 重庆抗战丛书编委员会.抗战时期重庆的教育[M].重庆:重庆出版社，1993: 37另在教育志列出"85所".

[2] 重庆抗战丛书编委员会.抗战时期重庆的教育[M].重庆:重庆出版社，1993: 37.

[3] 重庆抗战丛书编委员会.抗战时期重庆的教育[M].重庆:重庆出版社，1993: 35、40.

[4] 注：到1938年，因各种原因停办5所，尚存36所。

[5] 重庆抗战丛书编委员会.抗战时期重庆的教育[M].重庆：重庆出版社，1993: 64-68.

[6] 隗瀛涛.近代重庆城市史[M].成都:四川大学出版社，1991: 718.

力的推动，重庆成为中国抗战大后方的教育中心，不仅推动重庆的教育规模和水平得到飞跃式的提高，而且也为城市建设培养了一批又一批的人才，推动重庆城市近代化的发展。

2．战时教育推动城市经济的发展

一个国家和城市的文化教育是与城市经济的发展息息相关的，城市的经济基础决定教育的发展水平和普及程度。而随着经济的发展，对科学技术的要求提高，也越来越需要通过普及和提高教育来掌握科学技术，从而更好地促进生产。在战时工厂云集的陪都，培养掌握熟练技术的劳动者是十分迫切的任务，在文化区内新增的各类中等职业学校中，就有兵工署和经济部兴办的技工学校。通过教育，提高了劳动生产率和生产效能，而另一方面，科学技术也需要在生产实践中检验。文化区内不单只有教育机构，还有工厂等生产单位，政府促进了区内教育机构，尤其是高等学府与厂矿的合作。如区内重庆大学矿冶系与第24兵工厂合作，对该厂生产的各种钢料以及组织成分进行深入研究，而内迁来渝的上海炼钢厂厂长余明钰也常到重庆大学给矿冶系讲授"钢铁冶金学"等课程，并带学生到工厂实习。这样，工厂提高了技术水平，改进了生产工艺，而学生学到理论知识，又在实践中锻炼了动手能力。

3．战时城市文化的繁荣

随着全国各地各类学校和文化机构的迁入，大批高层次的文化名人、学者聚集在此，在发展战时教育，培养高素质人才的同时，重庆城市文化得到空前的繁荣，重庆也因此成为战时中国大后方的文化中心。在战时物质生活贫瘠的环境下，学府集中的沙坪坝重庆大学、中央大学、南开中学的校园，成为各类文化活动的聚点。各类定期的学术讲座，文艺创作演出，不同观点的各派人士如周恩来、冯玉祥、马寅初、孔祥熙、何应钦、陈立夫、孙科、翁文灏、王芸生、王云五、胡政之、老舍、曹禺以及访华的美国副总统华莱士等的精彩演讲，无疑丰富了战时校园的精神生活，同时也促进了整个陪都城市文化的提升。

抗战期间，中国文化界一批知名的老作家、名导演、名演员等云集战时首都，重庆遂成为战时大后方戏剧文化中心。当时在日机无法轰炸的冬季，看话剧成为广大学子和市民文化生活的主要内容之一。在重庆的国泰大戏院、战时新建的抗建堂等上演由郭沫若、曹禺、夏衍等名家编写的《雾重庆》、《棠棣之花》、《虎符》、《北京人》、《雷雨》、《芳草天涯》等剧目，推动了陪都话剧演出的空前高潮。在物质生活贫乏的战时，话剧演出不仅带给市民精神享受，也增强了抗战意志。

三、战时"沙磁文化区"与乡村城市化

战时教育不仅对城市的经济、文化等方面产生积极的影响和作用，也

推动了乡村的城市化进程。其中，最为特色的是"沙磁文化区"的形成。

1. 战前沙坪坝的发展

沙坪坝位于重庆市的西郊，据考证，古时沙坪坝坝子这一带系因嘉陵江侵蚀阶地沉积的沙坪。后又因在清康熙年间，曾在中渡口设立沙坪场，因此得名沙坪坝[1]。长期以来，沙坪坝是巴县的一部分，其范围东边延伸到嘉陵江边，西边背靠歌乐山，东西约宽3500～4000米，地形南宽北窄，从小龙坎起止磁器口，长约5000米。境内有着广阔的低山台地、河谷平坝。除了农田和森林，在嘉陵江畔的古镇磁器口是其最大的水陆码头和商业中心。可以说，直到20世纪30年代初，沙坪坝都依然是一片安静的乡村。

随着1932年成渝公路的通车，公路从七星岗出发经化龙桥、小龙坎、新桥、山洞、歌乐山、金刚坡等。因在公路的沿线，西郊的沙坪坝开始慢慢活跃起来，与市区的联系也日渐加强。在刘湘统治时期，在磁器口附近建炼钢厂，先后修建了从小龙坎到磁器口的沙磁公路，以及由小龙坎经童家桥至炼钢厂的炼钢公路，两条公路与成渝公路连成一体，构成了沙坪坝的主要道路网络。而小龙坎作为三条公路的结点，很快成为沙坪坝的中心地带。除工厂建设外，重庆大学、四川乡村建设学院等重庆最早的高等教育学府在20世纪30年代都相继在沙磁公路的沿线选址建校园。在城市内部自发力量的作用下，乡村逐渐开始变化，在抗战前，沙坪坝已从一个僻静的乡村开始了初步的城市化过程。

2. 结合疏散的内迁学校分布

抗战爆发后，迁渝的各类学校分散在市郊各地，其中，以西郊的沙坪坝至歌乐山一带，以及远郊的北碚为主要聚集点。选择这两处的主要原因有三点：首先，从战时安全考虑，沙坪坝至歌乐山一带，以及青木关至北碚沿线在战时被划为国民政府的迁建区范围，是战时相对安全、环境优美的乡村，内迁而来的各类大中小学校、军事院校、科研机构、医疗机构以及附属学校可以在此疏散区域选择落脚点。其二，战前重庆大学、四川乡村教育学院已在沙坪坝建设校园，而北碚也在卢作孚领导的"乡建"运动中，兴办了中小学校，创立中国西部科学院等科研机构，两处已有的学术研究氛围和文化教育基础，是吸引各类学校迁入的主要动力。其三，在抗战初期，当时中国的最高学府国立中央大学，中等教育的典范私立天津南开中学，都率先迁入沙坪坝，而著名的私立复旦大学则选择在风景优美的北碚下坝落脚，名校的示范作用，促使其他学校纷纷跟随效仿。而在抗战期间，沙坪坝由于地理位置比北碚更有优势，因此，内迁到沙坪坝的各类学校是最多的。和战前相比，战时沙坪坝的高等学校增加到28所（图

121

[1] 沙坪坝区地方志办公室.沙坪坝区志资料汇编[M].第一辑.内部发行，1987：7.

4-4-2），普通中学有25所，中等职业学校15所，小学（含保育院）有86所[1]。

3. 文化区的形成与作用

1936年12月，重庆大学胡庶华校长在《重大校刊》第四期发表了《理想中的重庆市文化区》一文，在文中首次提出："为国家培养人才，在沙坪坝建立重庆新文化区"的设想，并在文中勾画出文化区最初的蓝图以及发展前景。文章发表后，被《四川月报》、《国民公报》等转载，在当时重庆产生了较大的反响。1937年2月，四川省立重庆女子职业学校迁入沙坪坝，这是在胡校长倡导下第一个在文化区办校的中等学校，随即抗战爆发。幸运的是，胡校长提出建设文化区的愿望，并没有因战事而中断，而是在诸多内迁学校的推动下得以现实。

图4-4-2　迁入沙磁、歌乐山一带的高等学校
（资料来源：根据重庆抗战教育博物馆照片自绘）

可以说，战时"沙磁文化区"能够形成和发展，除了本身的区域优势和已有的教育基础外，还有多方面力量的支持。表现在：

① 战时的沙坪坝不仅汇集教育机构和高等学府，还有多种实业的支持。除本地传统的货物集散商业码头外，战前发展起来的丝厂、炼钢厂等现代化的产业，以及在磁器口开展的乡村建设，都不同程度地促进了区内工业和农业经济的发展，且能营造出生产与教学相结合的良好环境。

② 众所周知，战时普通的乡村疏散区，通常是空袭结束后人又返回市区，疏散效果并不理想和彻底。和普通市民的强制疏散不同，工厂、学校以及政府机构等，不可能随季节变更疏散地点，而是在基于防空要求下，沿市郊分散择地安置。沙坪坝以及歌乐山一带，是战时主要的疏散区域，迁来的工厂、学校、医院以及政府机构等都不同程度地带动了区域的城市化发展，改变了乡村的面貌。

③ 从城市发展的过程看，教育是改变城市的重要因素之一。在沙坪

---

[1] 数据来源：重庆抗战教育博物馆。

坝已有的两所本地高等学府的基础上，战争初期天津南开中学和中央大学率先迁入，名校的示范效应促使随后诸多学校汇聚在沙坪坝，成为战时文化区形成的中坚力量，而重大和南渝中学的校园建筑，更成为城市文化的代表和物质载体。

1937年10月，中央大学迁来沙坪坝。1938年3月，由中央大学、重庆大学、南渝中学、中央短波广播电台、重庆钢厂、巴县汽车公司、川康平民商业银行、金城银行等12家单位发起成立了"重庆沙坪坝文化区自治委员会"，沙坪坝文化区由此而得名。一年后，该委员会改组，更名为"巴县沙坪坝文化区社会事业促进会"，改组后的文化区区域范围加大，成员也增加到24家。在战时背景下，战前胡校长提议的文化区设想，在罗家伦、张伯苓等教育家和社会名流的共同努力下，得以实现。这是将文教事业和救亡图存连为一体，是在精神层面上建设理想的文化区。因此，"沙磁文化区"的形成具有特殊的意义。

而在物质建设层面上，近代城市分区规划中明确提出设立城市文化区，这是城市现代化发展的标志。在1941年重庆制定战时城市分区规划中，将陪都文化区选择在沙坪坝。这是源自战前重庆大学、重庆乡村建设学院建于此，抗战初期天津南开中学、中央大学等全国著名的学府纷纷迁来于此，已有发展文化区的物质基础和人气。在1942年版《重庆指南》中列出的陪都新八景中，沙磁文化区以"沙坪学灯"成为陪都一景。其描绘为："磁器口下，嘉陵江岸之沙坪坝，誉为陪都文化区……学府林立，幢幢校舍相望，晚课教室通明，是为学灯。"在战后的《陪都十年建设计划草案》中更是明确城市文化区"仍在小龙坎到磁器口一带，以沙坪坝为中心"的发展规划（图4-4-3）。

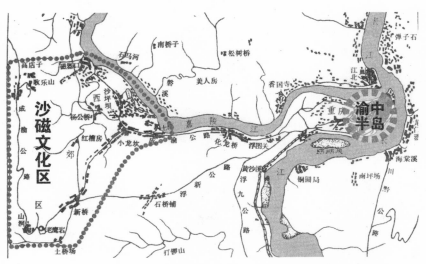

图4-4-3　重庆"沙磁"文化区地理位置示意图

（资料来源：根据1941年《地理学报》第八卷附图自绘）

战时"沙磁文化区"的形成，还进一步推动了乡村的城市化进程。在战前以及随后的防空疏散中，小龙坎一带因是三条进出沙坪坝的公路交通结点，从而聚集大量的人群。而抗战初期，天津南开中学的进入，轰炸后外来的学校和机构等的不断涌入，促使文化区物质空间环境发生了更大的变化，形成以小龙坎为起点，顺着沙磁公路，在中段以南开中学和重庆大学为中间节点，最后以磁器口为终点的以点带面的线型城市空间形态，尤其是在南开中学和重庆大学之间已逐渐连成片（图4-4-4）。"善投机的人，早知道从南渝到重大中间的一段路是块风水地，于是拼命的建房，开铺子……以吃食店最多，书店其次。除此之外，还新添了专卖日常用品的商店，以及流动的铺子……沙坪坝变得摩登多了[1]"。

图4-4-4　沙磁文化区城市化示意图

内迁学校进入乡村，在带来先进的文化知识和人才外，也逐渐以文化教育来促进该区域的乡村城市化，这就是沙坪坝文化区的形成的外来动力。这是战时重庆继兵工厂集聚在城市两江沿岸创造工业景象外，因文化教育的推动而出现的又一个城市奇迹（图4-4-5）。

[1] 邵洵.新重庆的文化区[J].见闻，1938年第1卷第5期.

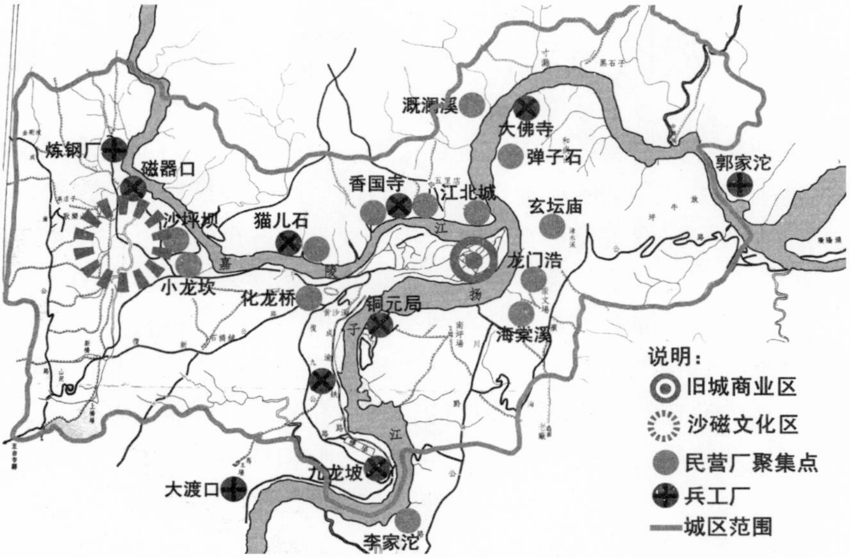

图4-4-5 "沙磁"文化区和工业区与城区拓展关系示意图

第五章　战时重庆的建筑活动思潮与建筑教育

抗日战争全面爆发后，中国近代沿海、沿江经济最为发达的城市和地区迅速落入敌手。和别的行业一样，随着国民政府内迁重庆，东部沿海一流的建筑营造厂、建筑设计与教学机构、建筑师等也纷纷迁往以重庆为中心的抗战大后方。战争打破了中国经济正常的发展轨迹，巨大的战争赤字造成的可怕的通货膨胀一直贯穿在整个抗战期间，在经济极度不景气，物质条件匮乏，建筑类型较为单一的战时环境下，虽然建设量极为有限，但和城市发展的轨迹一样，战时重庆的建筑业在外来的建筑营造工厂、建筑设计机构、建筑师尤其是著名建筑师等的影响和作用下，本土的建筑营造企业得以壮大，建筑师的队伍得以充实，整体素质得到提高。

在战时背景下，建筑的理论研究带有强烈的时代烙印和特别的现实意义，关注防空条件下的城市和建筑，成为建筑理论研究的主要热点；以《新建筑》杂志社为阵地继续现代主义思想的推介；反思中国"古典样式"的建筑，促进了陪都现代主义建筑设计的实践。而战时重庆的建筑设计更表现出时代性、地域性、经济性、临时性等特点。战时兴建的工业厂房和教育建筑见证了近代重庆城市重要而特殊的发展阶段，成为城市中不可抹掉的宝贵记忆和文化遗产。

而在国民政府"战时要当平时看"的教育思想指导下，战时首都重庆的建筑教育没有因战争中断，反而得以继续发展，中央大学建筑系迎来了"兴旺繁荣的沙坪坝时代"。而战争灾难后，城市重建以及迁建区乡村建设，急需建筑专业人才，促使重庆大学建筑系在战时得以成立。在中央大学建筑系的"示范"引导下，战时首都的高等建筑教育得以逐步地发展。

第一节　战时重庆的设计与营建机构

一、战时发展壮大的营造企业

众所周知，中国古代的建筑设计和施工，几乎全部掌握在传统工匠手中。但鸦片战争后，随着中国的国门被迫打开，从西方引入的建筑业，促使中国传统的建筑业发生根本性的转变，表现在设计方面，由西方建筑师或由接受西方建筑系统教育的第一代中国建筑师代替传统的工匠；在建造领域，由掌握西方新式结构体系、建筑技术和材料的传统工匠向新式营造厂转型。营造厂代替中国传统的私人手工作坊，以承包和投标承包的方式承建各类近代建筑，这是中国现代建筑施工行业的开始。早期营造厂的经营者和主要的技术人员基本是由外国人垄断。随着中国本土营造厂的发展壮大，逐渐形成与外国营造公司抗衡的局面。20世纪的二三十年代，在南京、上海、武汉等经济发达城市中，集中了中国较大型的本土营造厂，如战前首都南京经市工务局核准的营造厂就有437家，其中，甲等有217家，乙等有52家，丙等和丁等各有84家[1]。其中，在甲等的营造厂中，有20世纪初成功承建金陵教会大学建筑的陈明记营造厂，也有后来居上承建中山陵的陶馥记。

而内陆山城重庆在近代从开埠到军人执政时期，传统建筑业也开始从工匠负责营建转为新式营造公司承建。民国前期，重庆市也成立了一些建筑企业，如1913年由重庆富商温友松等合资在后祠坡、白象街创办了大同建筑公司和崇实建筑公司，该公司曾兴建了聚兴诚银行、市总商会等工程[2]。1930年，重庆市政府为市区建设需要，重新考核营造公司，经登记领照开业的有15家公司和营造厂。1932年，由刘湘牵线成立了具有官方背景且财力雄厚的蜀华实业股份有限公司。该公司于1934年开始承包工程，1936年迁至成都。1937年以前，在成渝两地完成的重要工程包括：磁器口兵工厂工程、重庆大学校舍、成都新声剧场、四川大学校舍，成渝铁路永川段和成昆铁路宜宾段部分桥梁、路基工程、成都城市建设工程等。在蜀华公司成立的同年，由胡氏兄弟（胡崇实、胡光标）组建华西实业公司，专营建筑设计和营造业务。由于管理和经营有方，该公司很快便成为西南地区经营管理和技术力量最雄厚的大型企业，成功地承建了重庆电力厂、重庆自来水厂、四川水泥厂、中国银行重庆分行、重庆盐务局办公大楼、成都四川大学、中央银行成都分行仓库等大型工程，以及大量权贵和社会名流的私人住宅。抗战前夕，南开中学最初的部分校舍也是由该公司承建的。战前由华西公司承担的重要市政设施中，重庆电力厂的兴建，为重庆城市经济的日益发展，尤其是抗战时期的工业迅速崛起提供了良好的动力资源。但总的来看，战前重庆的营建企业无论从规模，还是技术水平都明显与东部沿海城市的营造厂有较大的差距。

随着抗日战争的全面爆发，集中在上海、南京等城市的营造厂也纷纷迁到抗战大后方，主要分布在重庆、贵阳、昆明等城市。1939年，在重庆市登记的营造厂已达到250家，其中甲等64家，乙等16家，丙等30家，丁等140家。到1940年底，登记的营造厂已升至275家，其中甲等66家，乙等40家，丙等30家，丁等139家，可见营造厂的规模和数量呈现出快速增长的趋势。随着外来的营造厂逐渐增多，重庆市政府开始了对战时营造厂的

---

［1］重庆市档案馆藏.南京市营造同业通讯名册.

［2］重庆市城乡建设管理委员会、重庆市建筑管理局编.重庆市建筑志[M].重庆:重庆大学出版社，1997：24.

规范性管理。市工务局制定了《管理营造业规则》，将在渝的营造厂划分为四等。其中，甲等可承办一切大小工程；乙等可承办20万元以下工程；丙等可承办5万元以下工程；丁等可承办3000元以下的工程（表5-1-1）。1943年，国民政府行政院公布了《修改管理建筑业规则》，对营造业的管理更加趋向严格，不仅提高了各等营造厂的资本总额，还杜绝一些泥木作坊升格为营造厂。此外，还规定申请甲、乙等营造厂，要有技师和历年承包的资历证明。因此，这年在渝登记的营造厂降为216家，但在总数量下降的情况下，甲等营造厂却升至105家，除乙等和丙等略降低到30家和23家外，丁等营造厂的数量明显减少，减到58家。甲等营造厂的增多，反映出营造厂承办工程实力的增强，以及战时首都重建工程量的逐渐增多。1945年抗战胜利后，随着时局的变化，战争初期从南京、上海、武汉等外地迁来的营造厂开始陆续回迁，留在重庆的营造厂也逐年减少，至1949年4月，在渝登记开业的甲等营造厂只剩下86家[1]，其中较著名的有馥记营造厂重庆分厂、建业营造厂、六合工程公司、开源工程公司、洪发利营造厂、大夏工程建设公司、东方土木公司、润记营造公司等内迁留下的公司，也有本土的华西兴业公司、新蜀营造厂等。总之，抗战时期重庆营造厂增减与时局变迁有必然的内在联系，其营造厂的规模和实力从战前本土的17家，经过战时兴盛发展后，即使在战后有大的回落，但至解放前仍有集本土和外来的86家营造厂。不可否认，因抗战的特殊机遇，重庆近代的建筑施工企业得以发展壮大（图5-1-1、图5-1-2）。

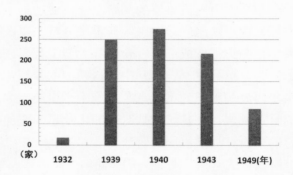

图5-1-1　战前、战时、战后重庆营造厂数量统计图

（资料来源：重庆市档案馆）

1939年各等营造厂等级申请升级条件　　　　表5-1-1

申请等级	需要条件		
	营造厂资本	曾承办工程	升级条件
甲等	5万元（100万元）以上	20万元	乙等执照累计50万元以上者

[1] 重庆市城乡建设管理委员会，重庆市建筑管理局.重庆市建筑志[M].重庆:重庆大学出版社，1997: 26.

申请等级	需要条件		
	营造厂资本	曾承办工程	升级条件
乙等	2万元（50万元）以上	10万元	丙等执照累计10万元以上者
丙等	5千元（20万元）以上	1万元	丁等执照累计1万元以上者
丁等	5百元（10万元）以上		

注：营造厂资本括号内为1943年通货膨胀后的价格。

资料来源：重庆市档案馆。

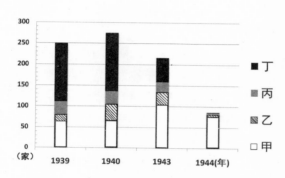

图5-1-2　战时重庆各等营造厂数变化图

（资料来源：重庆市档案馆）

二、馥记与陪都建设

馥记营造厂是近代中国规模最大的营造厂之一，始创于1922年11月，由陶桂林先生在上海创办。陶桂林（1893—1992），字逢馥，江苏省南通县吕四镇人。从小家境贫寒，靠自学成才，历经多方磨练后，自主创业成立了馥记营造厂。在办厂初期，以质量精良、服务优质先后承建了南京中山陵第三期和广州中山纪念堂而闻名业界。随后1932年承建上海国际饭店，1934年完成上海大新百货公司等工程后，奠定了馥记营造厂在近代中国建筑企业界的地位，也使得馥记的事业进入全盛时期。在管理企业的同时，陶桂林还在自己家乡创办了中国第一所私立的建筑职业学校，为当时的中国培养了一批掌握建筑专业技术的施工员，并在上海成立了中国最早的建筑学术团体——上海建筑协会，该协会同时创办了《建筑月刊》，是当时中国建筑界最早且唯一的专业性学术刊物。

经过十多年的苦心经营，馥记营造厂在战前的业务范围已经拓展到"南自闽粤川赣，北至陕鲁黔豫，若苏之京沪，更无论已[1]"。抗战爆发后，在国民政府迁都重庆，沿海各工厂相继西迁之际，馥记营造厂也

129

---

[1] 馥记营造厂重庆分厂成立三周年纪念册，1941年.

迁至西南大后方。此时陶先生敏锐地意识到抗日战争的持久性，判断在大后方的四川、贵州、云南等地，战时建筑业是有用武之地的[1]。于是在1937成立了馥记的贵阳分厂，随后馥记积聚在全国各地的技术力量，于1938年春成立了重庆分厂，厂址设于重庆四川美丰银行内，这是战前馥记在重庆承建的唯一工程。在战时环境下，凭借过去的信誉和实力，馥记在大后方承建的多是与战争军事和政治相关的各类工程，如抢修重庆至河内公路广西段的两座公路大桥，完成导淮委员会綦江船闸工程，兵工署第25厂、第24厂，航空委员会第二飞机制造厂，以及中央党部、行营大礼堂、国民大会堂等多个项目。其中以导淮委员会綦江船闸及滚水坝工程较为巨大，进程也颇为艰难。在基地河道落差大、滩险激流的恶劣环境下，以及钢材、水泥等建筑材料奇缺的情况下，陶馥记能够就地取材，克服各种困难完成该工程，最终解决了战时重庆各大钢厂原材料（铁矿、焦煤矿）的运输难题，为抗战生产自救做出较大的贡献。此外，陶馥记还承建了交通、中国、农民等银行的地库和地下室等工程（表5-1-2）。

馥记营造厂重庆分厂成立三年来（1938-1941年）承造及代办工程一览表　　表5-1-2

	工程名称	地址	设计者	业主	造价
1	四川省银行地下室	重庆	基泰工程司	四川省银行	一万余元
2	康公馆地下室	重庆	馥记	康公馆	一万余元
3	中央党部大礼堂	重庆	兴业建筑师	中央党部	二万余元
4	行营大礼堂	重庆	兴业建筑师	委员长行营	二万余元
5	国民政府牌楼	重庆	馥记	国民政府	九千余元
6	航空委员会第二飞机制造厂	四川	基泰工程司	航空委员会	四十余万元
7	四川美丰银行第一仓库	重庆	兴业建筑师	四川美丰银行	十万余元
8	军政部兵工署第二十五厂	四川	兴业建筑师	军政部	三十余万元
9	裕华纱厂土石方	重庆	裕华纱厂	裕华纱厂	十余万元
10	导淮委员会綦江船闸及滚水坝	綦江	导淮委员会	导淮委员会	二百五十余万元
11	交通银行地下室及宿舍	重庆	交通银行	交通银行	十余万元
12	交通银行加强防空室	重庆	交通银行	交通银行	二万余元
13	经济部川康段防空壕出口加强	重庆	基泰工程司	川康等银行	一万余元
14	交通中国农民两银行地库工程	重庆	基泰工程司	交通中国农民银行	四十余万元
15	交通银行宿舍	重庆	基泰工程司	交通银行	十余万元

[1] 曹仕恭.建筑大师陶桂林[M].北京：中国文联出版公司，1992：155.

续表

	工程名称	地址	设计者	业主	造价
16	中国农民银行宿舍	重庆	基泰工程司	中国农民银行	六余万元
17	中国农民银行加强防空洞	北碚	基泰工程司	中国农民银行	三万余元
18	军政部兵工署第二十四工厂	重庆	兴业建筑师及该厂	军政部	约二百万元
19	军政部兵工署第五十工厂	重庆	第五十工厂	军政部	一百余万元
20	国民大会堂	重庆	文华建筑师	国民大会筹备委员会	一百余万元
21	嘉陵新村四行储蓄会	重庆	基泰工程司	四行储蓄会	一万余元
22	嘉陵新村时事新报馆	重庆	基泰工程司	时事新报馆	四万余元
23	嘉陵新村园庐	重庆	基泰工程司	孙公馆	六万余元
24	嘉陵新村上海银行宿舍	重庆	馥记	上海银行	三万余元
25	嘉陵新村嘉陵宾馆	重庆	基泰工程司	嘉陵宾馆	十余万元
26	嘉陵新村刘庄	重庆	兴业建筑师	刘公馆	一万余元
27	嘉陵新村觉园	重庆	兴业建筑师	陶公馆	十余万元
28	嘉陵新村嘉陵别墅	重庆	兴业建筑师	何公馆	十万元
29	嘉陵新村吴公馆	重庆	兴业建筑师	吴公馆	十万元
30	嘉陵新村陈公馆	重庆	兴业建筑师	陈公馆	十余万元

资料来源：馥记营造厂重庆分厂成立三周年纪念册，1941年。

131

战时的工程建设面临许多在正常时期无法想象的困难和危险。馥记不仅受到物价飞涨对工程的影响，每一工程往往估价时所定的单价，至开工之后又有增无减，有时的价格竟涨至数倍或十数倍不等，而且在正当施工之际，敌机又空袭频繁，造成较大的损失与亏耗，还无处投诉。陶馥记尚且如此，其他营造厂的情况就可想而知了。

三、战时在渝的设计机构与建筑师

战前，重庆本土具有正式资格的土木建筑工程师为数不多，有民国年间从日本留学归来的袁觐光[1]和黎治平[2]，20年代留学德国的税西恒[3]，留学比利时的罗竟忠等。此外还有少量的外国建筑师，如曾设计

---

[1] 袁觐光（1879-1951），四川江津人，1906年赴日本留学土木工科，1909年毕业回渝后，主要从事道路桥梁等工程。

[2] 据重庆建筑志记载："1915年，日本留学归来的黎治平工程师仿照日本三井银行的样式设计聚兴诚银行"。

[3] 税西恒（1889-1980），四川泸州人，1912年考取公费留学德国柏林工业大学，学习机械、水利、建筑等专业。1926年任重庆商埠办公署技正，主持重庆大溪沟自来水厂的建设。1935年任重庆大学工学院院长。

宽仁医院和重大工学院的英国建筑师莫利生，以及设计四川省商业银行的加拿大建筑师倍克等。由于是内陆山城，闭塞且交通不便，重庆的设计机构和建筑师数量与沿海发达城市相比有较大的差距，在全国建筑界的影响力也相对有限。

抗战内迁大后方的不仅有全国各地的营造厂，还包括各个设计机构和专业技术人员。中国近代的建筑师多是在综合设计公司或单一建筑事务所从业。在内迁战时大后方的设计机构有著名的基泰工程司、华盖建筑事务所等，他们的业务范围以重庆为中心，覆盖到西南三省。其中，基泰工程司是合伙人最多，各工种人员较齐全的大型设计公司，分所遍及国内天津、北平、南京、上海、重庆、成都、昆明等大城市，还在香港设有分所。在抗战初期，基泰公司将总部迁往重庆，在道门口广场自建办公楼。凭借与国民政府要人的关系，政府的业务源源不断，图房也因此出现了应接不暇之势[1]。在渝期间，基泰设计了国民政府办公楼的改建、农民银行、重庆青年会电影院、嘉陵新村中的国际联欢社、抗战跳伞塔以及林森墓园等较重要的公共建筑。此外，还设计了军政名流的官邸公馆，歌乐山迁建区大量的迁建用房，以及重要建筑的防空设施，如中央银行在老鹰岩的球形地库等项目。

由徐敬直和李惠伯[2]主持的兴业事务所，也是当时较为著名的建筑事务所。中国第二代建筑师中的戴念慈、汪坦教授等，都曾在此工作。该事务所总部设在南京，与国民党国防部有来往[3]，承担不少军事工程。在抗战期间，兴业承担了军政部第24、25厂，以及中央党部大礼堂、行营大礼堂等的设计。此外还与馥记营造厂合作，设计了嘉陵新村觉园等多处名人公馆，并完成中央大学在重大松林坡的校园规划。

而由近代著名建筑师赵深、陈植、童寯等三人主持的华盖建筑事务所（1933—1952年），是纯粹以建筑师为主开办的专业事务所。1931年陈植离开东北大学，到上海和赵深合组赵深陈植建筑师事务所。"九一八"事变后，童寯应邀加入，1933年更名为华盖建筑师事务所，总部设在上海，工程以上海、南京等地为主。抗战爆发后，华盖积极开拓大后方的业务。1938年，由赵深赴昆明设华盖分所，1939年底童寯在贵阳设华盖分所。因此，战时的华盖在昆明和贵阳的项目较多，如昆明南屏大戏院（1939年）、昆明大逸乐大戏院（1940年）、贵阳贵州艺术馆（1942年）、贵阳儿童图书馆（1943年）等。相对而言，在战时重庆的项目却不多见，目前

[1] 张镈.我的建筑创作道路[M].北京：中国建筑工业出版社，1994：26.

[2] 据张镈在《我的建筑创作道路》介绍："徐创办了事务所，其本人内行但不画图，事务所由李负责设计，李才华出众，功底深厚，善于交际，解放后去香港，可惜中年早丧。"

[3] 张镈.我的建筑创作道路[M].北京：中国建筑工业出版社，1994：61.

查阅到只有"资源委员会重庆炼铜厂规划方案（1938年）[1]"一项。

在战时背景下，建筑公司或事务所要取得较大业务，或多或少都需要与当地政府或权贵有一定的关系。赵深通过他人与云南王龙云相熟[2]，使得华盖能在昆明获得较多项目。而基泰、兴业和馥记也得益于与国民政府政要的交往，几乎包揽了陪都重庆的重要项目。

此外，抗战爆发后，随着营造厂和设计机构的内迁大后方，也迫使全国绝大多数的建筑设计人才从不同地方向战时首都重庆集聚，在渝建筑师的数量逐年增加。据统计，1938年经重庆市工务局核准发出开业证书的建筑师有51人，其中技师37人，技副14人。随后从1939年5月至1940年，市工务局核发的开业建筑师增至124人，并分为甲等94人，乙等20人，测绘员10人。而到1943年11月，工务局发出了开业技师证共计有256张，开业技副证42张[3]。短短的五年间，技师数量增加了近7倍，而在这些建筑师中，可谓是荟集了当时中国建筑设计界的各大名家。其中有基泰工程司的杨廷宝、关颂声、杨宽麟、朱彬、张镈等，中国银行建筑科的陆谦受，大中建筑公司的黄家骅，华盖事务所的童寯，兴业事务所的李惠伯、徐敬直，六合工程公司的李祖贤，馥记营造厂的顾授书等。

第二节　战时重庆的建筑思潮

一、防空成为城市研究的新课题

战时空袭轰炸是后方城市面临的最大威胁，如何最大限度地减少城市人员伤亡和物质损失，是战时迫切需要探讨和解决的城市新课题。早在战前，国民政府就已经开始着力防空制度的建立。国民政府不仅成立了军事委员会防空处，制定防空军事计划，创立防空学校，开展全民防空教育，为了培养学生的防空意识，在战时高校建筑系中都新增开设《防空工程》等相关课程等；还从城市建设的角度制定了防空城市建设计划，从1936年出台的《防空建筑规划疏开办法及三年建设计划》提出战时疏散办法，到1939年颁布的《都市计划法》、《建筑法》更是以法规的形式明确防空在战时城市建设的重要意义。因此，在战时体制下，"防空"成为城市建设

[1] 华盖建筑事务所作品集锦.童寯文集（第二卷）[M].北京：中国建筑工业出版社，2001：432.

[2] 刘光华.赵深建筑师一二事[A] // 杨永生.建筑百家回忆录[M].北京：中国建筑工业出版社，2000：57.

[3] 重庆市城乡建设管理委员会，重庆市建筑管理局.重庆市建筑志[M].重庆：重庆大学出版社，1997：11.

和规划的重要内容，对防空城市规划和防空建筑的理论研究也日趋受到后方的市政专家和建筑师重视。专家们在不断吸纳西方先进的防空城市规划理论和现代城市规划思想的基础上，开始了本土化的运用与理论探索。在战时首都重庆，针对战时防空，专家们制定出具体可操作的《非常时期重庆市建筑补充规则》、《重庆防空疏散区域房屋建筑规则》等条例细则，为当时的政府部门预防空袭和减少损失提供了建设性意见和办法，并逐渐形成防空城市规划体系。

此外，面对防空条件下战时城市布局、建筑形式、材料、结构、设备等新问题，学者们的探讨也是积极而广泛的，从多方面和多角度展开研究。早在1938年的《新建筑》杂志上就刊登了大量关于城市防空，以及检讨当时中国防空状况的文章。这表明在抗战初期，学者们已经意识到立体战争将改变中国的城市和建筑的布局形式。随着战势的不断加剧，当空袭轰炸完全毁坏中国后方城市原有的肌理和空间形态时，学者们都普遍认为，城市在饱受战争灾难并付出沉重代价的同时，也得到了一次重新选择建设的机会。战时城市在重建布局时除遵循空防的原则外，可以按照现代城市规划理论进行旧城空间改造和新城拓展建设。两者不相矛盾，而是互为补充，并行不悖的。正如吴嵩庆在《抗战中对于新市政建设之要求》[1] 一文中指出："在被战争摧毁的城市中开辟火巷，拓宽马路，重新建设新市政是战时必须和必要的，但必须遵循现代都市建设的原则，尤其须符合战时防空对城市计划的要求。" 可以说，学者对防空与城市和建筑的探讨，为国民政府的战时城市防空建设提供了操作性较强的设计指引，体现了平战结合的城市建设思想。

1. 防空的城市与建筑应以疏开为原则

在战时防空的城市规划应强调疏开原则。如何疏开，学者们通过不同视角论证。黎宁在《大都市分解论》一文中提到："大都市不应以疏散市民为防空手段，而应作大都市分解[2]"。并通过社会心理、经济政策、交通工具等方面论证分解大都市的可行性和意义。而市政和防空专家卢毓骏在《都市计划法修正原则要点》中明确战时都市计划除满足交通、卫生、经济、美观外，须合于防空条件；而为配合防空需要，一切计划与建设应以疏开为基本原则，更明确指出城市应以带状都市和卫星都市的形式发展。此外，学者还将城市的防空疏散和城市功能分区计划结合起来，对于战时城市功能分区，卢毓骏在《防空城市计划之研究》[3] 中主张战时废止行政区和金融区，无市中心的规划思想，并强调战时工业区不可集于一区，应在城市外分散建筑，减少空袭的破坏。增加城市的空旷地与公

[1] 市政评论1941年第6卷第1期.
[2] 现代防空1944年第3卷第2期.
[3] 市政评论1941年第6卷第4期.

园，改良交通，城市重要的街道路口应尽量通向广场或空地，并在广场设喷水池或人工水池。可以说，在闹市中建广场和公园，在平时是供人休憩的场所，在战时却是避难的地方。这些研究事实上影响和指导了战时重庆、昆明等城市的分区计划。

而对于城市中的建筑布局，为降低敌机的炸弹命中率，减少火势蔓延，也同样应采取疏开原则，即建筑不宜拥挤，将工厂、学校、住宅等建筑分离布局，避免同时同地被炸弹袭击；而建筑与道路也须保持一定的距离，在建筑遇袭倒塌时，不至于阻碍道路交通等。卢毓骏在《建筑疏开原则之研究》[1] 中提出，建筑忌集中布局而宜疏开，而建筑散建以炸弹的破坏力来确定疏开的距离，路宽与屋高的比例，空地与建筑面积的比例等均以最大可能避免击中为依据。此外，还有不少学者通过分析不同型号炸弹的威力，推算出建筑的疏开距离，从而决定分散布局的形式。

2. 防空的建筑

在战时如何减少轰炸对于建筑物的破坏程度，也是当时学者们关注的重点。有学者通过了解国外先进武器，分析其对建筑材料的破坏力。如中央大学建筑系1934届毕业生费康收集和整理了英、法、德、日等国的有关炮台、飞机种类和型号、各种炸弹对不同建筑材料的破坏程度以及战时各种防空设施、医院、住宅的规划和设计资料，编著了《国防工程》[2]。对于防空要求下的建筑形式，有学者大胆提出几种应对轰炸的新建筑，如彭戴民在《都市防空应有的新建筑》中通过改变屋顶外形和结构形式，设想成一种防弹建筑，但由于改装经费较为昂贵，战时无力承受，只能是纸上一谈。而卢毓骏在《防空建筑学》中也总结了防空建筑的设计要点，如为了利于空袭后毒气尽快驱散，战时防空建筑宜将底层架空，建筑宜选择更能承受炸弹压力的钢筋混凝土的平屋顶代替常用的瓦屋顶，在重要的建筑上应用防火性较强的建筑材料，建筑的外立面色彩限制为黑灰色和土黄色为主，能在一定程度上起到麻痹敌机的作用；在建筑周边尽可能多设水池，不仅可以改善居住环境，而且在火灾发生时也能方便取水救火。

由于战时的新建筑多为临时建筑，因此对其的研究多侧重在建筑结构的抗轰炸承载力、通风散毒，楼层布局如何减少炸弹的命中率等方面展开探讨。此外，学者对于战时重庆出现的防空山洞式厂房的研究也颇为重视。学者从建造地的地形、地貌和地质条件来论证山洞厂房的最佳位置，以及对山洞厂房内的采光和通风等技术构造进行细致的分析。郑槎将防空山洞厂房分为通天式和隧道式两种形式，并总结其各自的设计原理。而对于山洞式厂房如何改善环境，增加舒适度，山洞的抗炸弹的能力等新生问

---

[1] 现代防空1942年第2期.

[2] 张玉泉.中大前后追忆[A] ∥ 杨永生.建筑百家回忆录[M].北京：中国建筑工业出版社，2000：45.

题，在渝的建筑专家和学者也进行了探讨，如郑槼著有《防空避难室建筑法》、《防空山洞厂房建筑之理论及实践》，徐愈编著的《防空工程与工业》，陶立中的《动力厂之防空》，永令的《工厂防空设备之设计》等。战时的论著大致统计如表5-2-1。

部分战时防空建筑学术论文一览表　　　　　　　表5-2-1

序号	篇名	作者	卷期
1	建筑疏开原则之研究	卢敏骏	现代防空1942年第2期
2	防空山峒厂房建筑之理论及实施	郑槼	现代防空1943年第2卷第2期
3	防空工程与地质	张峻	现代防空1943年第2卷第2期
4	工厂防空设备之设计	永令	现代防空1944年第3卷第1期
5	螺旋式防空顶盖之建议	虚毓骏	现代防空1942年第1期
6	防空室之防毒通风设计	张峻	现代防空1942年第1期
7	建筑结构与防空	张永令	现代防空1944年第3卷第3期
8	空袭威力与工程设计之一般对象	卢毓骏	现代防空1943年第2卷第1期
9	重庆防空洞之通风及防毒问题	郑祖槼	现代防空1943年第2卷第3期
10	重庆大隧道之改造建议	李季清	现代防空1943年第2卷第3期
11	钢铁构造框架式数字应用于防空建筑之研究	黎献勇	现代防空1944年第3卷第2期
12	木造房屋之耐震研究	卢于正	现代防空1942年第3期
13	防空房屋与防空壕洞	张峻	现代防空1942年第3期
14	现代建筑计划的防空处理	郑祖良	新建筑1938年第7期
15	「防空」棚与燃烧弹的防御	荣枝	新建筑1938年第7期
16	论近代都市与空袭纵火	黎伦杰	新建筑1938年第7期
17	『防空』棚与烧燃弹的防御(完)	荣枝	新建筑1938年第8期
18	我们要有忍受任何空袭打击的意志	编者	新建筑1938年第8期
19	防空棚论	李晓峰	新建筑1938年第8期
20	战时物质之节约与军工材料之征用		新建筑1938年第9期
21	粤省防空建筑建设的检讨	黄理白	新建筑1938年第9期
22	隧道式防空洞之入口处理	郑祖良	新建筑1941年渝版第1期
23	隧道式标准防空洞之提案(附设计略图及说明)	郑祖良	新建筑1941年渝版第1期
24	论防空洞之容积与避难人数之决定	郑槼	新建筑1941年渝版第2期
25	防空室之通风问题	彭技正	新建筑1941年渝版第2期
26	论山峒厂房与地质之关系	徐愈	新建筑1941年渝版第2期
27	论国力与国土防空		新建筑1941年渝版第2期
28	通风技术研究	刘开坤	新建筑1941年渝版第2期
29	防空都市论	黎抡杰	新建筑1941年渝版第2期
30	防空棚论	李晓峰	新建筑战时刊1941年第8期

资料来源：重庆市图书馆抗战文献中心。

3. 防空城市规划专家卢毓骏

在众多的学者中，以卢毓骏的研究成果最为突出和全面。卢毓骏（1904—1975），字于正，1904年生于福建省福州市，1916年入读福州高级工业专科学校，1920年以优异的成绩获得奖学金赴法国留学，在巴黎国立公共工程大学学习土木及建筑，1925年又继续在巴黎大学都市计划学院深造。在巴黎的学习，不仅使他掌握了扎实的城市规划知识，也使他深受诸如柯布西耶等现代主义建筑思想的影响。此外，卢毓骏初到巴黎时，正是巴黎从一战惨遭空袭轰炸后的恢复时期。这样的经历使得他意识到防空对于城市的重要性，同时，巴黎应对空袭轰炸的经验，也为他随后研究防空城市提供了真实的案例和宝贵的资料。1928年，卢毓骏回国后，先后在南京特别市市政府工务局、考试院等工作，曾设计南京考试院建筑群（1930），1931年在中央大学建筑工程系任兼职教授。1934年，卢毓骏加入当时国内最大的学术团体之一的中国工程师学会，并随后成为该学会的中坚力量。抗战全面爆发后，卢毓骏来到重庆，除继续在政府部门任职，曾参与《都市营建计划纲要》等的拟定工作，还在重庆大学任兼职教授，并致力于学术研究，发表多篇论著，成为战时后方颇具影响的防空城市规划和现代主义建筑理论专家。1949年后去台湾。

早在1935年卢毓骏就翻译了柯布西耶的《明日之城市》，推动了西方现代主义城市规划理论在中国的传播。在防空城市与建筑方面的成果也较为丰硕，如《理想的防空都市》（1935）、《防空建筑学》（1942）、《三十年来中国之建筑工程》（1944）、《防空都市计划学》（1947）等论著。在这些论著中，可以看到卢毓骏的学术思想包括对现代主义建筑思潮的推介，对战时防空城市规划思想的建构。卢毓骏在西方现代城市规划理论如分散主义理论、带形城市理论等的指导下，结合战时中国特定的环境，以将敌机轰炸损失减至最小限度为目的，提出战时城市应采用带状城市，无市中心城市均质式布局，不仅有利于防空，也符合现代生活方式的需要。而分散式功能分区，取消行政区集中制的规划思想，直接体现在战时首都重庆的防空城市布局，是集重庆山地地理环境优势与现代城市分散理论的完美结合。

二、西方现代主义建筑思想的传播

1. 战时的中国《新建筑》杂志社

在20世纪二三十年代，对于西方现代主义建筑思潮的宣传和引入，以受外来文化影响最早的广东和受西方冲击最大的上海为主要阵地。在当时的四大建筑系院校中，以广东省立勷勤大学对现代主义建筑思想的研讨最为活跃。在岭南一贯自由、包容的环境下，由广东省立勷勤大学的学生研究团体之一建筑工程学社创办中国《新建筑》杂志社，研究和传播现代主义建筑，并以"反对因袭的建筑样式，创造适合于机能性，目的性的新建筑[1]"为办刊宗旨。1936年10月，《新建筑》第1期出版，1938年10月广州沦陷，《新建筑》停刊。随后该杂志社的三位主创人员，勤大1937届毕业生黎抡杰（黎宁）、郑祖良（郑樵）、霍然（霍云鹤）前往重庆，继续了战时现代主义思想理论的传播与倡导，成为战时首都较为活跃的媒体之一。

1941年5月，中国《新建筑》社在陪都重庆以《新建筑新市政合刊》形式复刊，由黎抡杰和郑祖良担任主编，霍然负责发行（图5-2-1、图5-2-2）。虽然战时的出版和印刷条件简陋和艰难，但并没有影响他们办刊的热情和责任。在渝版第一期的代复刊词中写到："自七七卢沟桥事变以后，上海、南京相继失陷，敌人打击我文化界，致领导中国科学化运动和专门研究技术刊物相继停刊，其中以提倡新建筑运动为主旨的《新建筑》也受同样的厄运。这种显示着我国学术界脆弱的危机，是比敌人的大炮还可怕呵！要准备长期抗战，就不能使科学和技术的研究中断，集中一切人才贡献给国家，继续我们的新建筑运动，为了经济上的关系，与适应目前的抗战环境，《新建筑》改发行战时特刊"。于是，新建筑杂志便成为战时首都研究和倡导新建筑运动的重要学术阵地。在渝版第一期有黎抡杰的《五年来的中国新建筑运动》，郑樵《论新建筑与实业计划的住居工业》，霍然的《国际建筑与民族形式——论新中国新建筑底"型"的建立》等文章。此外，杂志社在1942年、1943年还出版了黎宁的《国际新建筑运动论》、《目的建筑》，郑樵的《新建筑之起源》、《战后都市计划导论》等专著。在空袭的阴影下，杂志社也关注战时现代防空城市和建

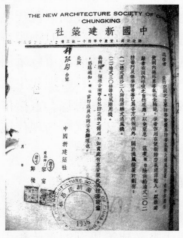

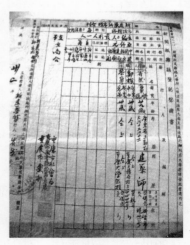

图5-2-1　新建筑杂志社在重庆市社会局的登记表一

（资料来源：重庆市档案馆）

图5-2-2　新建筑杂志社在重庆市社会局的登记表二

（资料来源：重庆市档案馆）

---

[1] 新建筑，渝版第1期.

筑，黎宁和郑樵也是研究防空城市和建筑的最活跃的学者，除发表多篇学术论文，还出版了多本防空专著。1946年，《新建筑》在广州出胜利版，由郑祖良担任主编，直到1949年终刊。

2. 战时首都的现代主义建筑实践

除了继续对现代主义建筑思想的推介外，现代主义建筑实用、经济、强调功能性的思想也影响了在渝建筑师的战时创作。因战争条件的制约，建筑风格以简洁和朴素为主。其中，以内迁来渝的南开中学的现代主义风格新校舍群最具代表，平屋顶、大面积的条形窗，没有多余的装饰（图5-2-3）。又如杨廷宝在战时重庆设计的建国银行和农民银行（图5-2-4、图5-2-5），沿街立面没有细部装饰，除了开窗外，仅以竖线条分隔墙面，也都是朴素、简洁的现代主义风格建筑，与战前他设计的具有折衷主义风格的重庆美丰银行形成强烈对比。而同样是杨廷宝设计的中国滑翔总会跳伞塔则是纯粹从功能出发，没有多余的装饰，是战时城市防空真实的见证（图5-2-6、图5-2-7）。

图5-2-3　南开中学芝琴楼

（资料来源：李群林，丁润生.张伯苓与重庆南开[M].香港:天马图书有限公司，2001）

图5-2-4　建国银行

（资料来源：重庆市规划展览馆）

图5-2-5　农民银行

（资料来源：南京工学院建筑研究所.杨廷宝建筑设计作品集[M].北京：中国建筑工业出版社，1983：124）

图5-2-6　跳伞塔现状图

（资料来源：重庆市规划展览馆）

图5-2-7　跳伞塔平面图

（资料来源：南京工学院建筑研究所.杨廷宝建筑设计作品集[M].北京：中国建筑工业出版社，1983：127）

　　重庆传统的山地建筑以依山就势的吊脚楼最为典型。而山地的自然环境，促使战时在渝建筑师因地制宜，依山就势，开始了现代山地建筑实践，其中以嘉陵新村的建筑最具特色。嘉陵新村的设计多出自基泰的杨廷宝，兴业的徐敬直、李惠伯，馥记的顾授书等当时的建筑名家之手，由于业主大都是当时国民政府政要和社会名流，建设经费相对充足，设计师对建筑布局形式的推敲以及对山地环境的分析等，比在迁建区的大量临时性建筑要细致深入。虽然战时物质匮乏，建筑材料也是以运用当地材料为主，建筑风格也相对朴素和简洁，但与山地环境的巧妙结合，成为战时重庆近现代建筑中的精品，如嘉陵新村的国际联欢社、觉园等建筑（图5-2-8、图5-2-9）。

图5-2-8　远眺嘉陵新村国际联欢社　　　图5-2-9　嘉陵新村觉园

（资料来源：1941年馥记营造厂重庆分厂成立三周年纪念册）

三、对"古典样式"建筑的反思

近代中国，随着科学技术的不断进步，传统建筑因平面布置形式，木结构、大屋顶、彩画装饰等已不适宜现代生活和工作的需要，而逐渐被以现代钢筋混凝土、新型结构体系和建筑材料等构成的现代建筑所代替。但古典建筑屋顶形式和细部装饰等依然在新建筑中被大量运用，称之为具有"古典样式"的新建筑。从开埠起，外国建筑师为得到本土的认可，在设计一系列教会建筑中选用中国古典建筑式样，到南京国民政府成立后，出于政治需要，大力推崇"固有式"建筑风格等现象中，可以发现"古典样式"具有较强的生命力。尤其是1927年南京国民政府成立后，国民政府制定的《首都计划》中极其重视城市主要公共建筑的样式和风格。不难想象，这是与国民政府当时的执政建国理念密切相关的，国民政府旨在利用民族主义思想来寻求民族的认同、进行政治动员以及加强国家的凝聚力。而中国的传统建筑样式是真实存在的物质载体，能够形象生动地向国人表达出政府的政治意图，并彰显出国民政府的权威。因此，首都南京的建筑样式明确规定选用"中国固有之形式"。由于政府的主导作用，战前十年在南京和上海等城市兴建的一批重要的公共建筑，或多或少都带有"固有式"风格的明显印记，可以说，具有"中国古典样式"的建筑风格更成为当时设计的主流方向。

而在战时环境下，经济萧条，建设量减少，城市仅有的建设多集中在与军事有关的项目，以及满足市民基本生存需要而修建的大量临时居住建筑。设计是将建筑的安全性、经济性、功能性、实用性等作为首要考虑的因素。"抗战军兴，后方虽亦时有公共建筑在修造，但几乎全为临时性质而简陋不堪。实难衡以公共建筑的标准[1]"。环境和条件的改变，促使建筑师冷静地反思和总结战前十年"黄金时代"的建筑状况，以及思考将来的发展方向。1941年，新建筑战时刊曾以专号形式，出版了《中国古典样式建筑之批判》系列文章。童寯在《我国公共建筑外观的检讨》中更尖锐地指出："将宫殿瓦顶，覆在西式墙壁门窗上，便成功为现代中国的公共建筑式样，这未免太容易吧……一个比较贫弱的国家，其公共建筑，在不铺张粉饰的原则下，只要经济耐久，合理适用，则其贡献，较任何富含国粹的雕刻装潢为更有意义[2]"。

因此，随环境的改变，对"古典样式"的反思，推进了现代主义建筑在战时大后方城市中的传播与实践。但对于一些代表国民政府形象，较特殊重要的建筑，虽然仍是延续了"固有式"建筑风格，但受战时环境的影响，也是以简洁朴素为主。如由杨廷宝负责整修设计的国民政府办公楼门楼改建（图5-2-10~图5-2-12），仅在原大楼中部入口处增设三开间歇山顶抱阁，作为建筑正面的中心。通过多层台地、歇山屋顶、斗拱以及雀替装饰等传统建筑语汇等的简略表达，达到国民政府一贯追求庄严、雄伟的建筑形象。

图5-2-10　飞虎队员镜头里的国民政府大楼

[资料来源：[美]艾伦·拉森等图／文.飞虎队员眼中的中国（1944年—1945年）[M].
上海：上海锦绣文章出版社，2010：72]

---

[1] 童寯.我国公共建筑外观的检讨[J].公共工程专刊，1946年.
[2] 童寯.我国公共建筑外观的检讨[J].公共工程专刊，1946年.

图5-2-11　国民政府办公楼

（资料来源：重庆市规划展览馆）

图5-2-12　国民政府办公楼门廊灯座

（资料来源：南京工学院建筑研究所.杨廷宝建筑设计作品集[M].北京：中国建筑工业
出版社，1983：125）

　　同样由杨廷宝设计的国民党主席林森的墓园，是按照中国传统陵墓建
筑设计手法，轴线对称总体布局，在中轴线上按顺序布置了广场、牌坊、
墓道、陵门、碑亭、祭堂、墓室等建筑。由于战时经费拮据，设计未能全

部实施，只建造了墓圹部分（图5-2-13~图5-2-17）。

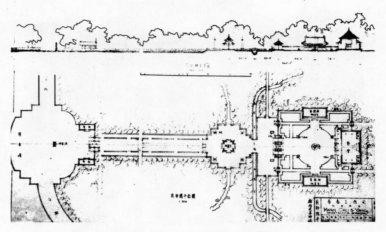

图5-2-13　林森墓总平面图

（资料来源：南京工学院建筑研究所.杨廷宝建筑设计作品集[M].北京：中国建筑工业出版社，1983：129-130）

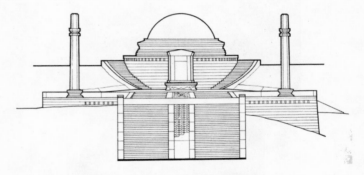

图5-2-14　林森墓立面图

（资料来源：南京工学院建筑研究所.杨廷宝建筑设计作品集[M].北京：中国建筑工业出版社，1983：129-130）

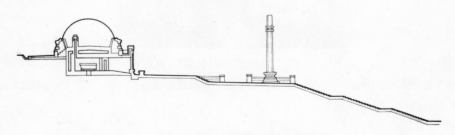

图5-2-15　林森墓剖面图

（资料来源：南京工学院建筑研究所.杨廷宝建筑设计作品集[M].北京：中国建筑工业出版社，1983：129-130）

图5-2-16　林森墓外观

图5-2-17　林森墓前台阶装饰图案

第三节　战时首都的新建筑

　　1937—1945年，在战争阴影下，中国大部分城市的建筑业处于衰退和停滞之势。在中华民族生死存亡的危急关头，抗战大后方的重庆、昆明、成都等城市，面临物资匮乏和战争威胁，在一切服从战争需要，以"军事第一，经济第一"为宗旨的状况下，营造厂和专业人员克服重重困难，在一次又一次的轰炸废墟中，抢修重建城市，建设满足战时政治军事、物质生活及安全需要的建筑。在战时首都重庆，建筑师以建设大量临时性房屋，以及改建和扩建旧有建筑空间为主。从战时经济性考虑，重庆有限的新建筑强调建筑的功能性和地域性，建筑材料充分利用本地材料，以竹木捆绑、传统穿逗式木架屋、砖柱上墙或板条墙等构筑。由于处于非正常时期，战时的新建筑除了一部分的首脑和名人官邸别墅外，以内迁的工厂和学校，以及城市平民住宅建设成为主要的类型。

一、战时教育建筑

虽然国民政府大力要求发展战时教育，但建设校舍的经费却是捉襟见肘。在抗战的特殊时期，疏散到广阔乡村的学校，校舍大都因陋就简。当时国民政府对战时首都新校舍的要求是："除改设的学校外，应尽量利用原有校舍，新设学校充分利用当地公有祠堂、庙宇及其他公共房屋或借用民房暂作校舍"。因此，战时内迁学校的校舍建设主要有三种形式，除南开中学是完全新建校舍外，大多数内迁学校是利用当地公有祠堂、庙宇及其他公共房屋或借用民房暂作校舍，出现了教育建筑与其他类型建筑发生功能上的相互转换现象。如著名教育家陶行知创办的"育才学校"，利用合川草街的古圣寺做为教学场所，是将寺庙改成学校的典型实例。迁至北碚夏坝的复旦大学最初也是把当地庙宇和农舍改做教室和宿舍使用。而国立中央大学则是依靠国民政府的重视，罗家伦校长的运筹帷幄，重庆市政府对当时最高学府的大力支持，顺利地租用重庆大学校园较偏僻的空地简单修建临时校舍，这是战时一个特殊的建校形式。

（一）内迁先驱南开中学

当大部分内迁学校在乡村利用当地原有的寺庙和民宅，或建设简陋新校舍继续战时教学时，只有天津南开中学在张伯苓校长的带领下，早在1936年，就已在重庆沙坪坝创建重庆南渝中学，以"南开速度"在较短的时间里建设规模宏大、设备充实的现代化的学校，这是当时其他内迁学校难以比拟的。

1. 建校经过

早在抗日战争全面爆发前，战争的阴影使得南开大学校长张伯苓[1]敏锐地感到："南开校址接近日本军营，倘有变，津校之必不能

---

[1] 张伯苓（1876—1951），天津人。早年毕业于天津北洋水师学堂，接受西方近代科学知识，服务海军期间，亲历帝国主义列强侵占中国领土和清朝政府的腐败无能，决定教育救国，创办新式教育，先后创办私立南开中学、南开大学、南开女子中学等。1936年在重庆成立重庆南渝中学。此外，他还先后担任多个大学的校务委员和董事，在抗战期间还担任西南联合大学的常务委员，并任国民参政会副会长，考试院长等职务。

保[1]"。1935年11月底借出席在重庆召开的全国禁烟会议，张伯苓乘民生轮船入川。在途中，船过石首，口占一绝："大江东去我西来，北地愁云何日开？盼到蜀中寻乐土，为酬素志育英才[2]"。到达重庆后，张伯苓受到当地人士和南开校友们的热烈欢迎，参观了卢作孚创建的北碚实验区的中国西部科学院、兼善中学等，考察了重庆的教育，并赴重庆沙坪坝参观了重庆大学。1936年初，张伯苓分别致函行政院长蒋介石、教育部长王世杰，鉴于当时华北形势危急，为防万一，拟在四川省设立重庆南开中学分校，"藉便实施适合现状之教育，以资培植复兴民族之人才[3]"，请政府予以补助。在随后与蒋介石见面时提出："发展四川必先从教育、实业、交通各方面着手，尤其是教育，很是重要。"蒋允捐法币5万元为建校经费。2月初，南开中学主任喻传鉴先生和建筑科员严伯符等人即赴重庆筹备建校事宜。4月底遂在重庆沙坪坝的杜家坪购荒地400余亩建校舍，兴建重庆南渝中学。8月底在第一期校舍建筑（包括课堂、礼堂、食堂、寄宿舍楼房4座，教职员住宅7所，建筑费用仅用9万余元）完成之时，开始招生考试，9月10日，重庆南渝中学举行了开学仪式，次日正式上课。

　　"七七"事变后三星期，天津港沦陷，日机以南开（大学、男中、女中）为目标，大肆轰炸，校舍全毁。8月张校长携大多数师生与家属南迁至重庆。1938年10月17日校周年纪念日，为表达对侵略者轰炸天津南开的愤慨和不屈的决心，保存南开精神，继续南开生命的愿望，遂将南渝中学更名为重庆南开中学。

　　当张伯苓刚到重庆时，卢作孚先生曾邀请他去北碚建校。估计是北碚离市区较远，交通不便，且西郊沙坪坝在战前已形成一定的教育基础，重庆大学和四川省立教育学院等近在咫尺，最终学校选址沙坪坝。从此，沙坪坝因有重庆大学、南开中学而声名远扬，并延续至今，成为重庆著名的文化区。

　　2.校园建设概况

　　在1936年10月，张伯苓对校董会报告了南渝中学的建设情况："校址选定重庆市外离城约30余里的沙坪坝，该地当巴、磁要道，距城虽远，交通尚便。校址广约四百亩，地势平坦，风景殊美，无城市之喧嚣，有山水之清幽，用建校舍实属最宜"。此外，校园已初步"建成备有22间讲室的2层楼房1座，礼堂兼风雨操场1座，宿舍楼、食堂、盥洗室、浴室、厕所各1座。有教师住宅7所，初中4班，高中2班，共220余人等[4]"。从选址

[1] 梁吉生.张伯苓图传[M].武汉：湖北人民出版社，2007：61.
[2] 宋璞.张伯苓在重庆[M].重庆：重庆出版社，2004.
[3] 梁吉生.张伯苓年谱长编（中卷）[M].北京：人民教育出版社，2009：410.
[4] 梁吉生.张伯苓年谱长编（中卷）[M].北京：人民教育出版社，2009：429.

到建校开学前后只有半年多的时间，反映了张伯苓和南开人的高效率、高速度，得到了重庆市民的普遍赞扬。在12月初，张伯苓在新成立的南渝中学董事会上，提出了学校第二期建设规划及筹建经费约20万元，社会各界名人志士纷纷解囊相助。到1938年第二期工程竣工时，南开校园已发展为占地约533360平方米，校舍面积4万多平方米的美丽的校园。建成教学楼3幢，图书馆1幢，男生宿舍3幢，女生宿舍1幢，可容纳1400人的礼堂，食堂、浴室、校医室、理发室、音乐室、美术、劳作等专用教室，以及教工宿舍及住宅区——津南村。建校之初，学校还自建1座小型电站和30米高的供水塔，自行发电抽水，保证师生们的生活用水（当时沙坪坝还没通电和自来水）。1938年，随着全国各界人士来渝，南开中学的人数已猛增到1600人，再加上南开小学的学生，共计2000余人，成为抗战时期沙坪坝校园最大、学生最多的学校（图5-3-1~图5-3-4）。

图5-3-1　抗战时期的男生宿舍

（资料来源：沈卫星.重读张伯苓[M].北京：光明日报出版社，2006）

图5-3-2　男生宿舍现状

图5-3-3　抗战时期的午晴堂

（资料来源：李群林，丁润生.张伯苓与重庆南开[M].香港:天马图书有限公司，2001）

图5-3-4　午晴堂现状

"创建于军兴之前，成长于抗战之中[1]"的重庆南开中学，是战时

[1] 梁吉生.张伯苓图传[M].武汉：湖北人民出版社，2007：64.

中国学校建设的典范。由于张伯苓先生的办学理念不主张因陋就简办教育，而是注重建筑为教学服务的基本功能。凭借张先生的个人魅力以及南开的品牌，南开中学利用社会各种资源、多方渠道筹措建校经费。因此，无论是在天津还是在重庆的南开校园里，建筑都以对南开建设做出杰出贡献者，或捐资兴学的善心人士的名字命名楼房馆堂，以资纪念。如以首创南开学校的严范孙先生命名的办公教学楼范孙楼，以纪念为南开做出巨大贡献的华午晴先生而将礼堂命名为午晴堂，以及由重庆著名银行家康宝忠、康宝恕兄弟捐资兴建的忠恕图书馆，企业家吴受彤捐助修建的受彤楼等。

　　3. 教育理念与校园规划

　　重庆南开中学的校园布局充分利用地形，分区有序，体现出南开中学一贯坚持的办学理念（图5-3-5）。

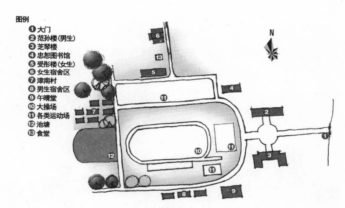

图5-3-5　南开中学校园平面示意图

（1）强调中轴线和对称布局的校园规划

　　1938年建校初期，南开中学没有建学校大门，只是列有四根方柱（图5-3-6）。正对大门的一条中轴线将校前区分为两部分，范孙楼和芝琴楼对称分布在两侧。随后是午晴堂与忠恕图书馆，男生宿舍与受彤楼（女生楼）等主要建筑也都是相互对称布局（图5-3-7）。

图5-3-6　南开中学初建时四根方柱代替大门

（资料来源：重庆抗战教育博物馆）

图5-3-7　受彤楼

（资料来源：李群林，丁润生.张伯苓与重庆南开[M].香港:天马图书有限公司，2001）

150

（2）巧妙结合地形高差的校园规划

在南开的校园中心，利用两丘之间的水田洼地修建一座8条跑道的400米环形大操场，这是当时重庆首屈一指的运动场。两丘斜坡修筑成看台，看台后面的坡上用花草组合成"允公允能，日新月异"的校训图案（图5-3-8）。

图5-3-8　南开大操场，后为受彤楼

（资料来源：沈卫星.重读张伯苓[M].北京：光明日报出版社，2006）

（3）反映时代特色的校园景观

从范孙楼通向教师宿舍津南村的笔直大路叫三友路，路两旁遍植松、竹、梅，构成"岁寒三友"的美景。在战争背景下寓意"学校建于民族危亡之际，借物言志，寄寓着吾人当效岁寒三友，独傲霜雪，自强不息[1]"。

[1] 韩子渝.重庆旧闻录1937—1945.学界拾遗[M].重庆：重庆出版社，2006：94.

（4）以体育锻炼为重的校园规划

张伯苓的教育理念概括为体、智、美、群等四个方面。以"体育"位列各育之首，这与他的个人经历以及当时中国的社会背景有关。张先生认为，强国必先强种，强种必先强身。国民体魄衰弱，精神萎靡，必然工作效力低落，服务年龄短促。张伯苓认为"教育里没有了体育，教育就不完全"，他把体育看作是培养学生团结精神和大公无私的途径之一。因此，校园规划中极其重视体育锻炼场地的布局，除大操场外，还有篮球场、排球场、羽毛球场、单双杠等场地。南开的课业甚重，可一到下午三点半，整个校园便热闹起来，各种运动的身影，遍布在校园中，诠释着活力生机。

4. 现代主义风格的校园建筑

在战前，重庆大学和四川省立教育学院等校园建筑有中西合璧式，也有西方古典主义风格。南开的校园建筑开创了重庆现代主义教育建筑的先河，填补了抗战时期重庆教育建筑的空白，成为战时文化区的标志。在南开校园里的这批具有现代主义简洁、实用风格的建筑中，抗战初期兴建的范孙楼是由南开校友胡仲实的华西兴业公司承建设计施工的，随后的忠恕图书馆、受彤楼、女生宿舍、津南村等则由新华建筑公司[1]设计建成。

（1）忠恕图书馆

忠恕图书馆建于1937年8月，由康宝忠、康宝恕兄弟捐资兴建，乃命名为忠恕图书馆以资纪念（图5-3-9、图5-3-10）。该图书馆为二层砖石结构楼房，平屋顶。馆内有出纳室、阅览室、参观室、阅报室及书库等房屋多间，阅览室可以容纳四百人。从1937年建成至今仍能使用，见证了重庆南开长达70多年的发展历程[2]。

建筑从实用功能出发，以简单的两个方盒子组合拼接。建筑体量高低错落，中部为主入口。在立面上，柱间大面积的开窗，不仅为阅览者提供充足的光线，也体现了现代主义建筑简洁清新的风格。二层的平屋顶没做出檐和任何多余的线脚，显得朴素大方，完全是具有西方现代主义建筑风格的建筑。

今天的忠恕图书馆外立面爬满了爬藤植物，形成了一个绿色屏障，在重庆炎热的酷夏，室内可以不用空调仍能感觉到丝丝凉意，真正是低碳环保建筑。

151

---

[1] 注：新华建筑公司是由张伯苓之子张锡祜创办，在战时后方城市重庆、成都均有项目，建筑大师张开济曾在该公司工作。

[2] 笔者曾在重庆南开中学度过六年的中学时光，在范孙楼读初中时，目睹了芝琴楼的拆除过程。时隔二十几年，校园发生较大的变化，唯有忠恕图书馆还是老样子，每次重访母校，倍感亲切。怀念清净优美的校园，梅林、三友路、津南村。

图5-3-9　抗战时期的忠恕图书馆

（资料来源：李群林，丁润生．张伯苓与重庆南开[M].香港:天马图书有限公司，2001）

图5-3-10　忠恕图书馆现状

　　（2）范孙楼

　　范孙楼建于1937年，是抗战期间新建的最好的教学楼之一（图5-3-11）。据杨嵩林教授的测绘报告中描述："范孙楼，南北朝向，二层楼，底层层高3.8米，二层净高3.6米。平面左右对称，中间有主入口，两侧有次要入口；两侧入口处有楼梯可达二层。走廊净宽1.9米。范孙楼共有大教室（面积110平方米左右）四间、小教室（面积65平方米左右）19间，另有两间16平方米左右的小房间。此外，范孙楼东西两侧无窗。外墙用灰色砖，勾红色砖缝。开窗面积较大，但窗格太密，采光面积约占教室地面的1/10。开大窗以求采光充分，但分隔过细，窗格又妨碍了采光效率。建筑为简单的几何形体，平屋顶。从1990年拆除时看出，屋面南坡为方檩，北坡为圆檩，应是在过去维修时更换了一部分。范孙楼为砖木混合结构，全部墙、柱用灰砖（230毫米×108毫米×53毫米）砌筑，勾红色灰缝（14毫米）。砌筑方法是每皮一顺一丁，但在平梁上皮全用丁砖，窗台与女儿墙封顶全用侧立砖。内部结构是山墙到顶，使用了红砖。勒脚以下部分与台阶都是使用当地产的青条石砌筑[1]"。 范孙楼与对面的芝琴楼间距近80米，互不干扰。其平面形式为简洁实用的内廊式，教室大小配比适当，使用灵活，适合不同的教学要求（图5-3-12）。

1940年8月日机在南开校园投弹30多枚，曾使范孙楼震损[2]，解放后一直作为教学楼使用，期间曾在1951年大面积维修。1990年，在经历近半世纪后，范孙楼拆除重建。

图5-3-11　范孙楼

（资料来源：秦风老照片馆.抗战中国国际通讯照片[M].桂林：广西师范大学出版社，2008：142）

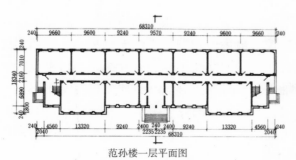

范孙楼一层平面图

范孙楼正立面图

图5-3-12　范孙楼平、立面图

（资料来源：杨嵩林，张复合，村松伸，井上直美.中国近代建筑总览·重庆篇）

[1] 杨嵩林，张复合，村松伸，井上直美.中国近代建筑总览.重庆篇[M].北京：中国建筑工业出版社，1993：11.

[2] 杨嵩林，张复合，村松伸，井上直美.中国近代建筑总览.重庆篇[M].北京：中国建筑工业出版社，1993：12.

（二）内迁北碚的复旦大学

1．选址夏坝

创建于1905年复旦大学原名复旦公学，是由国人通过民间集资自主创办的第一所高等学校。"复旦"二字由学校创始人、中国近代知名教育家马相伯先生选自《尚书大传·虞夏传》中"日月光华，旦复旦兮"的名句，寓意自强不息，寄托了当时中国知识分子自主办学，教育强国的希望。1917年学校更名为私立复

图5-3-13　战时复旦大学区位示意图
（资料来源：根据北碚地图自绘）

旦大学，下设文、理、商三科以及预科和中学部。1937年8月，淞沪战争爆发，复旦大学被迫自上海西迁。1938年2月，复旦大学选定以重庆北碚对岸的夏坝为新校址，继续战时教育（图5-3-13）。

夏坝是嘉陵江中的一个岛屿，原名下坝，复旦迁来后将其名改为夏坝。坝上地势较平坦，便于建房修屋，该地气候春温秋爽，夏有习习清风，冬有融融丽日，四季宜人。除了离市区较远，夏坝的自然环境是战时重庆内迁高校建校中最为理想的，"绝无地利、天时两俱优越若复旦之夏坝者"。据在复旦大学旧址长大的老人介绍，当时复旦大学的校园面积相当大，现存遗址不及原来的十分之一。原址包括从东阳镇的尖嘴到现在碚陵药业公司地段，含有现在的夏坝中学、玻璃厂、碚陵药业等[1]。

在烽火连天的战争岁月里，战时的复旦大学和战前相比，学科规模不断扩大。1940年8月增设农学院，1941年由私立改为国立。到1944年，复旦大学已发展为5院22系及2个专修科，共有学生1925人的规模，期间聚集了陈望道、张志让、周谷城、洪深、孙寒冰、卢于道等一批当时学界著名的学者在校任教[2]。在物质生活匮乏，战争不断的危险下，师生们仍以坚持学术精神而闻名，使得北碚夏坝与沙坪坝、成都华西坝，以及江津白沙坝一起成为战时大后方的"文化四坝"。

2．新校建设

抗战期间，在四川省政府、银行界、士绅以及广大校友的资助下，

---

[1] 邱扬.重庆近代教育建筑研究[D].重庆：重庆大学硕士学位论文，2006：121.
[2] 重庆市北碚区地方志编纂委员会.重庆市北碚区志[M].重庆：科学技术文献出版社重庆分社，1989：415.

复旦大学得以在夏坝新建校舍。在战时艰难的条件下，复旦大学在短时间内先后建成了博学、笃志、切问、近思等4栋教室和1座小礼堂（即登辉堂），以及4栋女生宿舍、6栋男生宿舍、1座食堂、6栋教授宿舍等生活用房。学校的主要建筑大都坐东朝西，面向嘉陵江。其布局以登辉堂以及后面的大礼堂为中心，呈行列式一字排开（图5-3-14）。由于战时建校经费有限，当时的大部分教室和宿舍多属于因陋就简的临时性建筑，质量不高，随着时间的流逝，现已被毁坏或成为危房。保存至今较为完整的建筑是登辉堂，成为北碚的著名人文景点，抗战时期重要的建筑遗址。

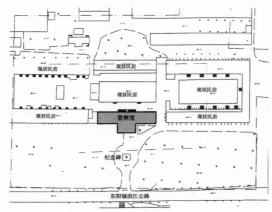

图5-3-14　复旦大学遗址平面图

（资料来源：重庆市文物局）

3. 登辉堂

登辉堂是复旦大学在夏坝兴建的第一幢小礼堂，于1943年初落成。以老校长李登辉之名命名，是当时复旦校园中的标志性建筑（图5-3-15）。

登辉堂占地约900平方米，建筑面积为450平方米，是两层砖木混合结构的建筑。建筑为凸字形平面，其中，中部凸出部分是整个建筑的主体和构图重点，两层三开间，底层中间为建筑的主入口和门厅，两侧为办公室，正对入口为三跑木楼梯联系上下层。建筑两翼以一层楼梯间为中心，对称布置了大跨度的空间。其中，每间均占4个开间，面阔约10米，进深6.5米，估计是作为会议室使用。中部二层除上下贯通的交通空间外，还划分了5个办公空间，外侧的3个办公室设有内凹阳台。此外，登辉堂的结构以条石为基础，上筑砖墙承重，砖墙上置三角形桁架（图5-3-16）。即人字屋架上承圆或方檩，檩子上铺设板椽，上盖小青瓦。砖墙仅采用"平砖顺身"相间砌筑方式，室内墙面为木板条夹壁抹灰，形式简洁无过多装饰。梁架和檐口下均作板条抹灰粉饰[1]。

[1] 邱扬.重庆近代教育建筑研究[D].重庆：重庆大学硕士学位论文，2006：123.

图5-3-15　登辉堂现状　　　　图5-3-16　登辉堂屋面的三角形桁架

建筑中部主体正立面分为三部分：中部屋顶为两个两坡悬山屋顶垂直相交，两翼为歇山屋顶，左右对称，中部悬山屋顶的山墙面，正中有竖向书写的"登辉堂"三字；中部凹阳台在阳光下形成的阴影，虚实相间，与4根从底层贯通到屋顶山墙的砖柱，构成外立面的主要造型元素；柱间大面积开窗，简洁大方，具有典型的现代主义风格。在细部处理上，阳台外朴素的竖条木栏杆，使得建筑体量显得更加的轻盈通透。

总之，在登辉堂的设计中，具有现代建筑功能的大跨度空间会议室，简洁朴素的现代建筑造型风格，以及在建筑结构形式上都反映出其受西方现代主义建筑影响的痕迹；而在建筑屋顶形式和材料等的选择上，又完全是地道的本土建筑的做法。可以说，登辉堂是外来的现代主义建筑风格与本土建筑相结合的又一典型案例。

（三）校中之校的中大校园

国立中央大学最早肇始于1902年由张之洞等人筹建的三江师范学堂，1905年改为两江师范学堂，辛亥革命后，1912年因时局不稳而停办。1915年教育部在原两江师范学堂的基础上，创办了南京高等师范学校（简称"南高"）。1920年底，由蔡元培、蒋梦麟等人上书教育部，在"南高"中划出教育、农业、工艺、商业，筹建东南大学。1923年两校合并，仍称东南大学。1927年，国民政府定都南京，将东南大学与多所学校合并组成综合性大学，改称为第四中山大学。随后在1928年6月，又奉令更名为国立中央大学（简称"中大"）。

1. 罗家伦与战时中央大学的搬迁

1932年8月，罗家伦就任中央大学校长，在时局纷乱的背景下，提出以"安定""充实""发展"作为中央大学新的治校方针。即首先创造出一个安定的学习环境，再进行学校师资、教学、设备等多方面的充实，以求得学校更好的发展。在罗校长的主持下，中央大学经过一段时期的整合完善，学校已具相当规模。正当中央大学进入发展阶段时，"七七"事变发生了，南京岌岌可危。罗家伦经过深思熟虑的分析，认为战争一经爆发，不可能短时期结束，用他自己的话说："自从九一八后，跟着的就是一二八上海淞沪之战……这一连串的事实发生，我更觉得战鼓敲得愈来愈紧[1]"。为此，他开始了对内陆城市的考察。他了解在中日战争的过程中，空袭将是一个重要的侵略手段。1935年在途经重庆时，他发现重庆山势起伏，层岩叠嶂，易于防空，是一个战时设校的理想地点[2]。回到南京后，随即命令总务处日夜赶制900个大木箱，开始为迁校作准备。

在选择迁校地点时，罗家伦提出两条迁校原则：迁至的新校址，一定能轮运抵达；一定是在整个抗战期间绝无再做第二次迁校的必要。这是罗校长在危急关头做出的理智而准确的判断，避免像后来许多内迁学校多次迁徙的周折。由于提早准备，中央大学在多方面的大力支持下，不仅是师生员工，图书、仪器的顺利迁移，就连畜牧场养的牲畜也同样辗转万里，用一年的时间安全运抵战时首都。深知中日战争的局势变化，和罗家伦校长一样未雨绸缪的南开校长张伯苓，战前虽然也在重庆建南渝中学以防不测，但却没考虑南开大学的搬迁，抗战爆发后，南开大学遭受到日军的猛烈轰炸，损失惨重。因此，张伯苓曾无不伤感地感叹道："抗战开始后，中央大学和南开大学都是鸡犬不留[3]"。

战前，国民政府曾拨款240万元用于中大新校址的建设。而战争的爆发，在南京建设新校址成为泡影。迁到重庆后，罗校长利用这笔尚未用完的余款，在西郊沙坪坝和在距沙坪坝10千米多的江北柏溪，快速营造出两处新校舍。其中沙坪坝校舍用了42天，柏溪校舍则在2个月之内完成。校舍建好后，罗校长感叹道："失之东隅，收之桑榆。我在南京预定的发展没有得到，但在重庆不曾预定的发展却得到了，在重庆四年之中，学生增加到三千余人，较南京多三倍；课程数目，较南京多一倍；新增的科系，较南京多二十余个；年级的增加，只医学院就添四个年级，师范学院中八个新系科就添三个年级；教职员人数，自然也大有增加[4]"。

2．重大松林坡的中大校园

沙坪坝的中大新校址，是借重庆大学松林坡之地临时建立起来的校本部，是校园中的校园（图5-3-17）。新校园依然请曾设计中大南京新校的兴业建筑事务所，由徐敬直主持校园规划。新校园建筑以坡顶为中心，环形分散布置在山坡上，北面临嘉陵江（图5-3-18）。对于校园建设的情况，据重庆《国民公报》1938年2月27日报道："30多座简简单单的中国

157

[1] 罗家伦.抗战时期中央大学的迁校.罗家伦先生文存[M].第八册.台湾：国史馆，1989：441.
[2] 罗家伦.抗战时期中央大学的迁校.罗家伦先生文存[M].第八册.台湾：国史馆，1989：443.
[3] 重庆市沙坪坝区地方志办公室.抗战时期的陪都沙磁文化区[M].重庆：科学技术文献出版社重庆分社，1989：42.
[4] 罗久芳.罗家伦与张维桢——我的父亲母亲[M].天津:百花文艺出版社，2006：159.

式房子，分布于松林坡的周围，环校马路可以直达每座教室、寝室、实验室，松林里更以纵横交错的石板大路相联系。饭堂是他们的礼堂，开会、做纪念周，乃至有大课，都在那儿[1]"。而在《新重庆的文化区》一文中对于在山坡上建的中央大学有更详尽的描述："从重大往南，在重大铁工实习工厂旁边，是一座建筑系四年级设计的校门，再往里这就快上坡了。两边的平地虽小，却是几个煤渣铺的球场……把着路口的第一所房子是办公的地方，其余围着一个松林坡的尽是些这样的房子，别小看这些房子，一所当宿舍的房子，能够住上百十来个人……教室里的桌椅板凳全是竹子做的……坡顶恰好是一个碉堡，在那里一站，能把两所大学一览无余[2]"（图5-3-19、图5-3-20）。

新校舍虽然简陋，但却为中央大学在战时按时复课提供了遮风避雨的场所。据萧宗谊[3]教授回忆中大在松林坡的校园布局，"校园中轴线和对景的布局，教学区、运动场地以及生活福利区等的区划乃至人流、物流线路等一切安排得井然有序。用竹笆墙建的校舍体现着因地制宜、就地取材的设计方针。在沿江边的岩石上，还开挖出成排的防空壕[4]"。

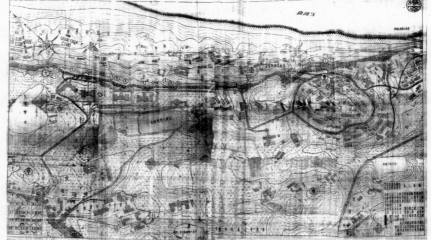

图5-3-17　战时重庆大学校园平面图

（资料来源：重庆市档案馆）

---

[1] 张建中.重庆沙磁文化区创建史[M].成都：四川人民出版社，2005：145.

[2] 邵洵.新重庆的文化区[J].见闻，1938年第1卷第5期

[3] 注：萧宗谊.中央大学1946届毕业，大连理工大学教授。

[4] 萧宗谊.57年前建筑系掠影∥东南大学建筑系成立七十周年纪念专集[M].北京：中国建筑工业出版社，2001：65.

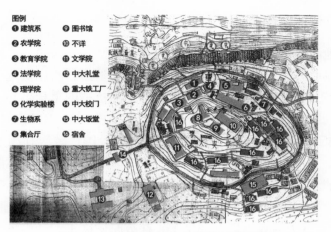

图5-3-18　战时中央大学校园平面图

（资料来源：根据战时重庆大学校园平面图自绘）

图5-3-19　中央大学校园运动场景

（资料来源：秦风老照片馆.抗战中国国际通讯照片[M].桂林：广西师范大学出版社，2008：140）

图5-3-20　中央大学直通坡顶的阶梯路

（资料来源：重庆大学校史资料）

二、战时工业建筑

1．因地制宜的战时厂房建设

在战争局势下，各大兵工厂在选定建设基地后，均以快速安置器材和员工，在最短时间复工生产为己任。据经历过抗战的重庆老兵工回忆，当时随兵工厂西迁来的人们通常是一放下行囊便投入工作，随后，本地人和避难来渝的工人、农民也参加进来。1939年，国民政府在国家岁入不到8亿元法币，年度财政赤字高达20.57亿元法币的情况下，依然向兵工厂改造、新建与迁建和军械建设等项目投入高达2.4亿元法币的资金，为数年后境外供给线被切断，前线军械供应仍能"自存自强"奠下基础[1]。至1940年，迁到重庆的兵工厂全部复工。在战时威胁下，迁渝各厂以尽可能减少空袭损失，保证厂区战时安全，满足基本生产功能需要，快速简便建设为原则来进行厂房建设。

由于重庆的山地地形，各个工厂的选址基地多是山坡和丘陵地带，平地不多，比在平原城市建厂困难，并且在战时环境下又容不得多方比较，只能因地制宜地将山地巧妙地利用起来。为了尽量减少土石方工程量，各大工厂多是顺着等高线把厂区按功能分置在不同标高的台地，从江边顺着台地由低至高依次分布为码头作业区、生产及办公区、居住区等。如果在建厂时，场地山谷较多，则只能动用大量人力将山谷填平，丘陵铲平。如作为当时国内纺织业中有名的裕华纱厂，从武汉内迁来渝后在南岸窍角沱设厂，计划建4万纱锭和300台布机的纺织厂。其建设基地既有部分平地，又有部分山谷。为尽快建成，投入生产，该厂采取用人力填平山谷和在现有平地建筑的方式，分别由内迁来渝的陶馥记营造厂承包开山平地，洪发利和袁瑞太营造厂分别承包厂房和仓库。厂房于1939年初动工至7月开工生产。此外，在厂区内还兴建了医院、食堂、宿舍等福利设施。

战时厂房多是单层，其结构分为单跨和连续多跨，其跨度一般为6～12米左右（图5-3-21）。结构有梁柱砖混结构、木结构和钢筋混凝土结构等3种形式（图5-3-22）。屋架用料有钢架和木桁架等，形式有锯齿形、人字形。为满足现代生产需要，有些厂房里还装有吊车梁设备，如50厂的制炮所11座厂房中有5座安装了5吨重的吊车设备。厂房常见的开窗有单侧采光、双侧采光、纵向高侧窗、锯齿形天窗等形式。其中，锯齿形天窗适用于机械加工车间和纺织主厂房这类需要采光条件稳定和方向性强的车间。因此，战时的裕华纱厂、豫丰纱厂中都有锯齿形天窗屋顶车间（图5-3-23）。建筑材料大都就地取材，造价低廉，其中普通厂房大多选择条石墩子片石或竹批泥墙体，青瓦屋面，水泥混凝土地台构筑，而临时库房

[1] 王海达，李闰，游佳.锻就利刃斩倭寇[A].中国人民政治协商会议重庆市委员会文史资料委员会编.重庆文史资料[M].重庆：西南师范大学出版社，2001：109.

和普通工人宿舍则多采用捆绑式竹笆泥墙的形式。

图5-3-21 军工署第50厂大跨度单层厂房建筑

（资料来源：许东风提供）

图5-3-22 豫丰纱厂的简易木结构厂房

（资料来源：李云汉.中华民国抗日战争图录.台北：近代中国出版社，1995：42）

图5-3-23 裕华纱厂锯齿形天窗屋顶车间

（资料来源：重庆市工业遗产保护与利用总体规划，2008.1）

2. 山洞式厂房建筑

在重庆特殊的山地环境下，战时各厂区内主要厂房和贵重机器设备都尽量移至山洞内，创造了适宜山地环境的山洞式厂房建筑。这是中国近代工业建筑发展中独一无二的建筑类型，也是陪都重庆的一道特别的城市景观（图5-3-24~图5-3-27）。

图5-3-24　平山机械厂的山洞及洞外厂房

（资料来源：重庆市工业遗产保护与利用总体规划，2008.1）

图5-3-25　第25厂电气熔铜炉山洞门口

（资料来源：重庆市工业遗产保护与利用总体规划，2008.1）

图5-3-26　第24兵工厂的山洞发电站

（资料来源：重庆市工业遗产保护与利用总体规划，2008.1）

图5-3-27　第50兵工厂联排山洞厂房

（资料来源：重庆市工业遗产保护与利用总体规划，2008.1）

　　山洞式厂房建筑是经济、因地制宜、基于战时安全的建筑形式，在战时具有两方面的优势：一是在敌人的空袭威胁和打击中，作为厂区安全的防空避难场所；二是在遇敌机空袭时，工人仍能继续在厂房内安全地从事生产活动，最大限度地支持抗战。相对而言，民营厂区普遍规模小，山洞式厂房数量有限，只是将贵重设备安置在山洞里。而兵工厂的山洞厂房不仅数量比较多，如第25兵工厂，从1940年至1942年，完成山洞厂房40栋，将铜壳、弹头装就生产线迁入山洞，而且有的尺度巨大，如建在沅陵的第11兵工厂，有长达数里如三层楼房高的天然巨洞，该厂先后建房2000栋，机器安装于67个山洞[1]。

　　山洞式厂房和普通的防空洞一样，是重庆山地城市特有的建筑，战时在一定程度上起到减缓敌机对城市和工厂的破坏程度。但山洞式厂房建设有一定的特殊性，它的选址需满足工业区厂房的基本条件，如交通便利，材料、燃料、水源等取给，以及生产品的输送方便等（图5-3-28）。最理想的山洞厂房地势是在洞前有高山掩蔽，或分布在狭长形的山谷地带，这样可并联开凿多个山洞，并在洞前较低水平的山坡上开辟交通干线。

图5-3-28　山洞兵工厂内景

（资料来源：重庆大画幅协会，宋小涛摄）

　　此外，由于山洞式厂房是利用山坡建筑，在挖凿洞穴时，除满足人体在洞内活动以及机器设备等所需高度外，在洞顶上须留足够厚度，有时为了安全起见，还特意增加一层由石灰砂浆砌结的防炸石盖（图5-3-29），并在屋顶设置花盆和伪装网等。山洞厂房的建筑及施工原理与铁路隧道的构筑方法相似，所不同的是，山洞厂房里的人长期在此工作，洞内环境需满足人体的基本要求。因此，通风与采光是山洞厂房建筑设计极其重视的方面，对于较小规模的厂房，尽可能将山洞进深减小，利用天然采光及通

[1] 戚厚杰.抗战时期兵器工业的内迁及在西南地区的发展[J].民国档案，2003年第1期：104.

风，感觉与一般露天的厂房无大差异。对于大型工厂，进深较大的厂房，则需要设计人工采光和设计机械通风换气装置。

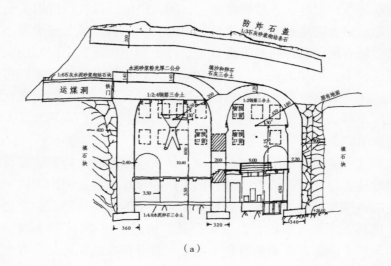

（a）

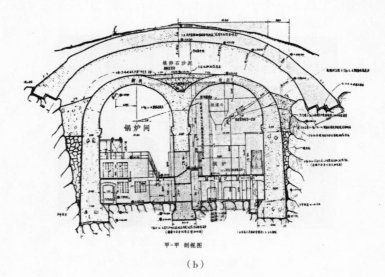

甲—甲 剖视图

（b）

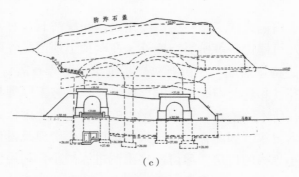

（c）

图5-3-29　第50厂山洞厂房

（资料来源：根据重庆市档案馆蓝图自绘）

在重庆远郊郭家沱的第50兵工厂，神秘和隐蔽，有保存至今较为完整的抗战军工生产遗址，即战时重庆规模最大的山洞厂房群。其中，并排13座山洞厂房，每洞高度在3～6米，宽度约为6米左右，深度在10～14米左右（图5-3-30）。此外，还值得一提的是第50厂在1943年4月建的火力发电厂，位于地下12米深处，采用全钢筋混凝土防爆结构，用作骨架的钢筋直径达50厘米，整个厂房极其坚固。安装汽轮发电机（装机容量2000千瓦、1250千瓦）各一组，锅炉4台，由兴业建筑事务所李惠伯主持设计，施工由馥记营造厂负责[1]。

图5-3-30　第50兵工厂山洞厂房群平面示意图

（资料来源：根据重庆市档案馆蓝图自绘）

3．战时工业建筑的现状及保护思路

战时迁渝的绝大部分企业集中在半岛近郊的南岸、江北、西郊、大渡口等地，在不到100平方千米的土地面积内，集中了全市工业总产值80%以上的企业，新中国成立后这些企业成为重庆城市工业发展的主体。半个多世纪过去了，随着城市的不断拓展，抗战时期在"两江四岸"建成的几个大型重工业企业，现都处在主城的中心位置，不仅造成产地与原料、燃料以及消费等多环节的严重脱节，更直接成为今天中心城区环境的主要污染源。随着全国范围的产业结构调整和城市发展，2002年重庆市制定了"退二进三"、"退城进郊"的战略规划，将主城区内具有环境污染和安全隐患的企业有计划地搬离主城。作为老工业基地，随着工厂搬迁和转型，重庆城市中遗留下的老厂区，如江北滨江路沿线、南岸铜元局以及化龙桥等工业片区，已迅速被焕然一新的高楼所代替，原有的场所空间消失殆尽，而这种割裂了城市发展历史纽带的更新方式，最终带来的是千篇一律的城市景象（图5-3-31）。

[1] 重庆市城乡建设管理委员会，重庆市建筑管理局.重庆建筑志[M].重庆：重庆大学出版社，1997：89.

图5-3-31　北滨路上高楼林立中保留下为数不多的厂房之一

2007年，重庆市政府决定重钢厂（原兵工署第29兵工厂）整体搬迁，以此为契机，2008年重庆市完成了《重庆市工业遗产保护与利用总体规划》，在借鉴国内外工业遗产保护利用的经验教训后，开始了对工业遗产保护与利用的研究和实践。其中，针对抗战时期工业遗产采取了多层次的保护策略。对历史文化价值较高的文物类工业遗产，如以望江厂（原兵工署第50兵工厂）为代表的抗战山洞厂房群，作为抗战时期重庆工业自强不息生产活动

图5-3-32　816地下核工程入口

的真实反映，强调其建筑的原真性，在不破坏原有状态下采取类似博物馆式的保护模式。而对于可以保护和再利用的工业遗产，应在评估其保护价值后，采取分级的保护和改造方式。如重钢老工业片区，有学者提出在原地保留现存较为完好的典型厂房车间、设备和工艺流程等，强调对其原真性的保护。此外，还计划重新整合全市的工业遗产资源，拟在重钢厂旧址建立重庆工业博物馆。而对于没有价值废弃的工业遗存，则进行选择性的再利用，如结合创意产业的开发，四川美术学院将铁马集团废弃的坦克库，成功地改为坦克库艺术街区，以及涪陵"816"地下核工程，近年来被开发成城市新的旅游景点（图5-3-32）。此外，工业遗产是城市历史文化资源的重要组成，对其保护应结合城市的整体发展规划。因此，有学者提出以市区工业遗产为景点，开发区域性旅游路线。总之，对于抗战时期形成的工业片区和厂房建筑应在通过对其现状和存在问题的调查基础上，

进行科学的评估，综合分析其历史、社会、文化、技术等多方面的价值后，确定其具体的保护范围，从而划分出不同的保护等级并采取不同的保护措施。

可以说，战时形成的工业厂区和厂房建筑见证了近代重庆城市重要而特殊的发展阶段，是不可抹掉的城市记忆和宝贵的文化遗产。在今天的城市发展更新中，应在利用土地置换功能，提升土地价值的同时，通过对工业遗产的保护和再利用，创造出具有历史底蕴和山地特色的城市新文化。

三、战时居住建筑

战时重庆的住宅可分为政要名人官邸公馆、工厂学校等自建房屋以及平民住宅等几种类型。

（一）政要名人的官邸公馆

政要名人来到战时首都，有借用和购买当地富商原有的住宅，稍加改造利用，这类公馆多分布在新市区；也有在近郊和迁建区选址新建官邸，如集中在南岸黄山、南温泉、歌乐山、李子坝等地。这些地方大都自然环境优美，在战时轰炸威胁时，因有山体掩映，分散布局，位置隐蔽等安全优势，是国民政府政要及名人理想的栖息之处。抗战时期政要名人居住的官邸和公馆，在经过七十多年的岁月侵蚀，今天已成为重庆城市历史文化中宝贵的物质遗产和抗战岁月以及重大历史事件的有力见证。

1. 黄山首脑官邸群

黄山位于市区长江南岸，海拔高约540米，为南泉山脉东段峻岭，是避暑和防空袭的理想之地。蒋介石居住的云岫楼坐落在黄山主峰山顶，位置居中，地势最高，是一座砖木结构的现代主义风格的别墅建筑。在其周围的山坡依据防空安全距离，分散布置有宋美龄居住的松厅、孔氏公馆、草亭（马歇尔的专用住房，因屋顶用精选的茅草铺盖而得名）、莲青楼（美军顾问团居住）、云峰楼（何应钦）、松籁阁（宋庆龄）、侍从室、黄山小学、防空洞等（图5-3-33~图5-3-38）。这组建筑虽然不是抗战时期修建，但设计者巧妙利用坡地，分散布局，且经过改造，建筑色彩以灰黑色为主，适合抗战时期政要和军事中枢对防空隐蔽的要求。其中较有特色的建筑有松厅、松籁阁和草亭。

2. 歌乐山山洞官邸公馆群

歌乐山山洞的二郎关，是古时重庆除浮图关外的第二险关。随着1930年成渝公路通车后，山洞成为重庆市区通往白市驿、成都的交通咽喉之地。由于山洞一带四面青山拱卫，峰峦叠翠，曲径通幽，绿树葱葱，环境优越而安全，因此国民政府选择在此处的双河桥、万家大田坝、石岗子等地点修建蒋介石官邸，包括官邸主楼（今林园4号楼）、官邸大客厅等建筑。1939年夏，工程基本完毕后，蒋介石陪同国民政府主席林森参观官

图5-3-33　云岫楼

图5-3-34　松厅

168

图5-3-35　松籁阁

图5-3-36　孔氏公馆

图5-3-37　草亭

图5-3-38　云峰楼

邸，林森对此住处十分喜爱，欣慕之心露于言表。蒋介石为博得"国家元首"的欢心，便把这座优美园林官邸慷慨相赠于林森，从此林森便居住在此直至逝世。由于林森在此居住过，后来人们将这里称为"林园"。林森病逝后，蒋介石进驻林园，在林森公馆后面又修建了三栋楼房，依次编为1、2、3号楼，以蒋介石居住的1号楼背对2、3号楼，最为隐蔽。而将林森公馆改为"林森纪念堂"并编为4号楼。林园中各官邸由军政部营建司负责修建，主持设计的是刘宝廉[1]工程师（图5-3-39～图5-3-42）。

图5-3-39　林森官邸（今林园4号楼）

图5-3-40　宋美龄公馆（今林园2号楼）

图5-3-41　马歇尔公馆（今林园3号楼）

图5-3-42　蒋介石官邸（今林园1号楼）

与此同时，军政高官以及社会名流也纷纷选择在林园官邸附近的游龙山、平正村等处聚集修建公馆，山洞因此成为战时特殊的疏散居住点。和歌乐山其他几个聚集点不同，山洞建筑群是在林园官邸的影响下，多以公馆建筑为主，也布置少量的军政机构、银行、医院、学校等分散在山林中。

山洞的房屋布局严格遵守战时防空间距，房屋均分散于山间，掩蔽性极好。但在战时艰苦条件下，即便是位高权大的人群，从建筑质量看，也多是砖木结构的平房，或是一楼一底石木、砖木结构房屋，甚至是条石木结构或穿逗式平房，建筑材料朴素，没有过多细部装饰。

---

[1] 据赖德霖主编的《近代哲匠录》中记载了刘宝廉的相关信息。刘宝廉，籍贯：江苏武进（今江苏常州），1925入江苏省立苏州工业专门学校建筑科，1927年转入中央大学建筑工程系，1930年毕业，1931年曾任中央大学建筑工程系教师。据《重庆建筑志》记载，刘宝廉曾担任兵工署工程师，在抗战时期主持林园官邸建筑设计。

3. 嘉陵新村建设

在建设过程艰难，建设量锐减，建筑类型单一的陪都重庆，陶馥记营造厂除完成军政工程外，还独具慧眼地开辟了新的建设途径，开发荒地建设了战时重庆最具规模和影响的嘉陵新村。

1940年，居住在嘉陵江边的陶桂林受重庆山水景色的启发，忽然有了在嘉陵江边开荒山建房的大胆构想。"我想在山上建造一个嘉陵新村，造好了，吸引人来购买，这房屋一定要能防空，这样买的人更多[1]"。随后在一些银行家的支持下，馥记集资购买了嘉陵江畔，介于成渝公路与两浮公路之间李子坝一带的一座荒山进行开发建设新村。此处过去荒僻无人过问，但依山傍水，树木茂盛，交通方便，隐蔽性较好的环境，实际是战时距离繁华市区最近的理想疏散地点。建设之初，馥记在详细测量了新村建设用地的基础上，根据山形，凿石伐土，首先开辟出一条盘山公路，上通佛图关，下接成渝公路。然后结合地形，在公路两侧分散修建了20多栋2～3层小楼（带有防空洞）的依山住宅，分栋出售。凭借陶馥记的实力和声望，吸引了一批在重庆的政要名人在此购房。在不到两年的时间里，昔日的荒山变成环境优美的高尚住宅区。

嘉陵新村的兴建与出售，是将营造和房地产开发相结合，集建设经营为一体的建设模式。在战时环境下，虽然是一个较为冒险的计划，但工程完工后，不仅给馥记带来可观的经济收益，还扩大了馥记在大后方的声誉，成为馥记公司不断发展壮大的一个转折点。1943年12月，馥记营造厂改为股份有限公司，除将原来独资经营的资产核价入股外，还公开投股，得到了中国银行、交通银行、上海银行、新华银行等四大银行的投资入股，从此，馥记逐渐发展成为近代中国资金最为雄厚，技术力量最强大的大型营造公司。

正当嘉陵新村建设颇具规模之时，国民政府随即计划将嘉陵新村打造成战时陪都的重要门面，接待外国政要和著名人士的场所，以及对外宣传、交流的窗口。因此，除了居住建筑之外，嘉陵新村内还新增建造了如四行储蓄会、时事新报馆、上海银行宿舍，以及嘉陵宾馆、国际联欢社、美国驻华使馆俱乐部等公共建筑。这些工程大部分由馥记负责设计和施工，有一些重要的建筑则是请基泰工程司、兴业建筑师事务所的著名建筑师来设计（图5-3-43、图5-3-44）。

（1）嘉陵新村圆庐

圆庐，是孙科在战时首都重庆修建的一处公馆，由杨廷宝设计。公馆建在嘉陵新村的最高点，依山而筑（图5-3-45）。由于孙科热衷时尚和现代物质生活，因此，他的公馆多是具有现代主义风格的建筑，圆庐也不

---

[1] 曹仕恭.建筑大师陶桂林[M].北京：中国文联出版公司，1992：169.

例外（图5-3-46）。住宅平面由内外两个同心圆组成，内圆直径约7米，外圆直径约17米，砖石混合结构。住宅主入口设在二层，各主要居室围绕中央圆厅呈放射性平面，圆厅顶部设气楼一圈，以解决采光和通风。底层圆厅无直接通风，因此在底层天花上均匀设置六个通风口，经由上层管道拔风换气。住宅东西延伸作辅助用房，并与大门、台阶、绿化等组成紧凑的入口。环形住宅视野广阔，造型别致、简洁，与周围环境配合协调（图5-3-47、图5-3-48）。

图5-3-43　嘉陵新村时事新报馆

（资料来源：1941年馥记营造厂重庆分厂成立三周年纪念册）

图5-3-44　嘉陵新村嘉陵宾馆现状

（资料来源：重庆市文物局）

图5-3-45　俯瞰圆庐

（资料来源：孙雁老师提供）

图5-3-46　圆庐外观

（资料来源：孙雁老师提供）

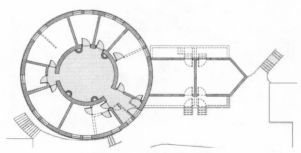

图5-47　圆庐平面图

（资料来源：孙雁老师提供）

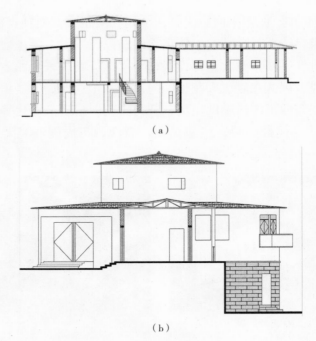

（a）

（b）

172

图5-3-48　圆庐剖面图

（资料来源：孙雁老师提供）

（2）嘉陵新村觉园

觉园由兴业建筑师事务所设计，是战时山地住宅与园林结合设计的成功之作（图5-3-49）。基地紧贴鹅岭崖壁，建筑依山而建，与山体融为一体。建筑布局巧妙结合地形分层布置各个功能区，分为三层台地：第一层台地为架空层，下为停放汽车和进出公馆的主入口，屋面较为宽阔，设计成花园和观景台；第二层台地较为狭长，从上层挑出一亭；第三层台地为布置建筑主体，台基架空处为入室梯道（图5-3-50）。

图5-3-49　远眺觉园

（资料来源：欧阳桦.重庆近代城市建筑[M].重庆：重庆大学出版社，2010：213）

图5-3-50　觉园现状

（资料来源：重庆市文物局）

（二）城市中普通住宅

抗战期间还有部分中高级政府官员，以及有经济能力的机构，如银行、兵工厂、学校等买地自建房屋。其中以内迁七星岗的银行职员宿舍协和里住宅区、南开中学的教师宿舍津南村较有规模。由于是自行建造，住宅的质量也相对较好。在重庆城区，称"里"的住宅单元不少。除了协和里外，还有莲花池的德兴里，解放东路的成德里，奎星楼巷子的庆德里，守备街的青年里等。"里"不是重庆本土的居住形式，其高围墙、联排毗连的高密度紧凑布局，具有"下江人"熟悉的里弄住宅特征（图5-3-51）。而南开中学的津南村不仅名字印有外来地域文化的痕迹，而且户型平面和布局都是典型的北方民居形式（图5-3-52~图5-3-54）。

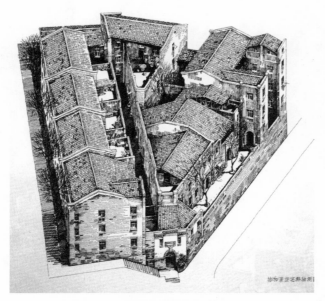

图5-3-51　七星岗协和里住宅区

（资料来源：欧阳桦.重庆近代城市建筑[M].重庆：重庆大学出版社，2010：261）

图5-3-52　津南村现状

174

图5-3-53　抗战时期的津南村

（资料来源：沈卫星.重读张伯苓[M].北京：光明日报出版社，2006）

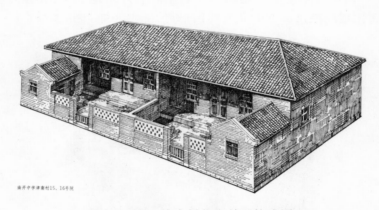

南开中学津南村15、16号院

图5-3-54　津南村住宅单元构成图

（资料来源：欧阳桦.重庆近代城市建筑[M].重庆：重庆大学出版社，2010：264）

　　而城市中大部分中下层公职人员以及普通民众则是通过租房来解决居住问题。由于内迁过来的人口不断增加，城市中大量的人拥挤在当时只有46平方千米土地的市区里，房屋奇缺，居住环境极其恶劣。再加上战争空袭轰炸摧毁了城内大量的住房，雪上加霜，市区的住房更加紧张。在政府采取强制疏散市区人口到乡村去的过程中，解决疏散区普通市民和外来难民的基本居住需要，也是困扰国民政府和重庆市政府面临的又一城市难题和社会问题。"偶然闲步郊外，只要留心一看，许多茅棚草屋门前，时常有雪白的西装衬衫、摩登旗袍之类晾晒出来，这种不调和的色彩，反映着重庆住的写真[1]"。找房子住比找工作还难，"房荒"成为战时首都重庆一个严重的社会问题，并以其引发了一连串的城市环境和社会治安问题。战时普通的居住建筑除了传统"重屋累居"的吊脚楼外（图5-3-55），新建的住房多是"临时性"简陋建筑，建造材料以木条和竹篾笆为主，建筑外观多涂以土黄色作为防空保护色（图5-3-56）。在战时背景下，还出现了一种特殊的建房现象，即"出租土地不收租金，租期5~8年，期满后，地皮业主连同地上的建筑物和土地一起无偿收回[2]"。等到抗战胜利后，这类租地建房的租期大都基本届满，其所建的房屋也达到使用年限。

图5-3-55　重庆近代吊脚楼民居

（资料来源：重庆市规划展览馆）

图5-3-56　战时重庆依山而建的居住建筑

［资料来源：[美]艾伦·拉森等图／文.飞虎队员眼中的中国（1944—1945年）[M].上海：上海锦绣文章出版社，2010：88］

[1] 思红.重庆生活片段[A] // 陈雪春.山城晓雾[M].天津：百花文艺出版社，2003：119.

[2] 朱敬平.八年抗战中重庆的城镇住房[A].重庆文史资料：52.

1. 由政府主导的疏散区新村建设计划

在战时，市政府首先结合安全疏散，在各疏散区域选点进行平民住宅的建设。在疏散的最初时候，市民在乡村面临着许多现实问题，如交通不便，偏僻乡村的治安不好，生活用品缺乏，子女教育的间断，生病医疗卫生条件简陋等。其次，由于疏散点大都是近远郊的乡村，原有房屋就供不应求，再加上各地的房主又趁机居奇，漫天要价，造成乡下的房源奇缺，住宅问题成为当时疏散面临的最严重的社会问题之一。当时政府意识到住宅的严重缺乏，会直接影响疏散效果，因此着手拟定相应的解决办法。为了让疏散区市民的居住和生活环境得到改善，政府一方面命令疏建区中各县在县城附近及一些重要乡镇，设法让出一定数量的空房或寺观庙宇，尽快容纳疏散而来的市民。对于乘机滥涨房价的房主，给予严厉的制止。住宅还不足时，鼓励市民投资自建住房，政府给予一切协助。而另一方面政府也以出资与奖励投资的方法，快速在疏散区择地建造新村，解决市民的居住问题。当时疏建委员会的首要工作，就是在重庆近郊，以能容纳大约10万人的规模，建住宅新村。由政府担任5%的建筑，其余由银行投资，组织营造信托社，分期实施建设。

在政府主导下，疏散区开始了新村建设。在房屋具体的建造过程中，为防止地价高涨，建筑房屋所占用的土地价格由政府统一规定，在向产权人征收后，交信托社或市民领用。为防止商人垄断建筑工料，房屋建筑材料也由政府规定公平价格，专为建筑新村房屋之用。此外，政府还承诺对于建好的新村房屋，如再因空袭遭受损失，将由政府负责赔偿。新村房屋租金的规定和收取，也由政府和信托社负责。对于新村房屋的式样和建筑设计，也遵照政府的规定完成。由于现已找不到关于新村建设的图纸资料，因此，无法了解当时的建设详情。

2. 郊外市场内的住宅建设

除了在疏散区建新村的计划外，政府在进行郊外市场的营建时，除配置必备的一些公共建筑，如菜场、学校、医院、商店等外，住宅建设也是其主要内容。在市场内的住宅分为普通住宅和平民住宅两种类型，由营建委员会负责制定若干种标准图样及面积指标，分两层楼房和平房两种类型，供居民选择。至于如何分配房间，间数的多寡，则以能适应各阶层的经济实力，符合各种地形状况，并兼及大小家庭分住合住的方便为原则（表5-3-1）。而对房屋有不同要求的住户，还可委托营建委员会特别设计或经营建委员会许可后自行设计住宅。

住宅标准图 表5-3-1

类型	住宅样式	内容	备考
甲	二层楼房	正房10间，下房4间，厕所1间	
乙	二层楼房	正房8间，下房4间，厕所1间	
丙	二层楼房	正房6间，下房3间，厕所1间	正房以净空9平方公尺至24平方公尺
丁	二层楼房	正房4间，下房2间，厕所1间	为限；下房以净空4平方公尺至10平
戊	平 房	正房6间，下房3间，厕所1间	方公尺为限
己	平 房	正房4间，下房2间，厕所1间	
庚	平 房	正房3间，下房2间，厕所1间	
辛	平 房	正房2间，下房1间，厕所1间	

资料来源：重庆市档案馆。

由于郊外市场各自的地形条件不同，其住宅布局形式也是因地制宜的。如唐家沱市场的地形复杂，住宅采用了散立式布局。由于该处四周平地较少，将来发展会受到一定的限制，因此住宅全用楼房形式。这样一方面留出空地（隙地为60%），减少空袭损失；另一方面可增加容积率。而黄桷垭的情况却相反，因周围用地甚多，他日发展空间较大，故住宅采用平房和楼房混建，以散立式分布。两个市场住宅配置见表5-3-2。

唐家沱、黄桷垭市场住宅配置表 表5-3-2

市场	辛种住宅	丁种住宅	己种住宅	丙种住宅
唐家沱	5	43		95
黄桷垭	10		20	10

资料来源：重庆市档案馆。

（三）战时重庆的平民住宅

普通民众的居住如此困难，城市中的底层贫民的住房问题就更加严峻。为解决战争期间，城市贫民在后方城市的住房困难，行政院于1938年公布了内地房屋救济办法，规定："非常时期房屋不敷供应之地方，其公营住宅（即平民及劳工住宅）由县市政府建筑管理，重要都市地方公营住宅规模较大者，由省政府建筑管理。其出租条件，则依土地法第169条之规定（即市民住宅出租时，其租金不得超过建筑用地及建筑费总价额年息8%）。"虽然政府制定了多种房屋救济办法和建屋计划，但却无法从根本上解决住房问题。在当时的陪都建设委员会发布的《建筑平民住宅规程》中描述了战时重庆市民恶劣的居住状况："抗战期间，以财力物力之不足，更因陋就简，勉强应急需，以致中下流社会麕集之所，拥挤不堪，居室狭隘，光线不足，空气恶劣，垃圾难清。两江沿岸，情形更为杂乱。全国都市中，其如今日重庆之支离破碎者，实属罕见"。和战前的一些城市建平民住宅的初衷一样，战时重庆市为改善环境，救济贫民，开始尝试在郊区建平民住宅。同时在渝的一些教会机构也通过自筹经费建设平民住宅，缓解住房危机。

平民住宅，也称为"贫民住宅"，是民国时期国民政府为解决城市底层低收入人群的居住问题，由政府直接投资兴建，带有社会救济性质的住宅。平民住宅的出现，源于20世纪20年代初，第一次世界大战后，欧洲的法国、德国、英国等国家遭受了战争的重创，大批居民失去家园。在美国巨额贷款的援助下，这些国家的政府出资兴建了一大批质量不高，但足以帮助无家可归者度过难关的住宅[1]，帮助这些国家在战后解决"房荒"危机中发挥出一定作用。从一定程度上说，房荒也促使现代住宅建筑的发展。而在20世纪二三十年代的中国，一些大城市的快速发展，城市中出现人口急剧增加的现象，同样面临着居住用地紧张，住房短缺、房价高涨等引起的一系列严峻社会问题。为此，国民政府借鉴一战后西方国家建设平民住宅的经验，在这些大城市中开始尝试建设平民住宅。在抗战前夕的1937年，重庆市政府也计划筹建平民住宅，第一批实施的是在江北三洞桥边的山咀上，建132间简易的平民住宅。据记载该处平民住宅为"穿逗式木结构，杉杆柱子，楻子作楼板，竹片编墙壁，共分五阶，每阶两栋，每栋作由字形，中间巷道长9米，每间屋4米×3米。巷道屋一间作公共厨房，厨房内可容4口锅灶，供4家人使用，公共厕所则设在外面[2]"。

虽然平民住宅建筑材料简陋，质量一般，但和卫生条件恶劣、多人混居的旧有住宅相比，平民住宅是按照现代生活方式设计建造，从多方面满足民众基本生活需求的住宅，表现在房屋的布局形式，生活设施如水井、厕所、垃圾箱等的配置。通过了解战前北京、南京、广州、汉口等城市的平民住宅建设的情况，除了北京在商业发达的天桥一带建平民住宅外，大多数平民住宅都选择建在城市的郊区，这随即带来就业、出行难，生活不便等现实问题。由于是新生事物，各地政府建设经费不足，对其在立法制度和物业管理上存在不够完善和疏漏等问题。此外，其建设数量有限，难以惠及数以万计的城市贫民。但总的看来，战前在中国部分城市中兴建的以改善市容，救济民众为目的平民住宅，仍是具有示范意义的住宅探索。

1. 平民住宅示范点

在战时，市政府首先结合安全疏散，在各疏散区域选点进行平民住宅的建设。1940年，国民政府拨款25万元，由重庆市政府属下的营建委员会负责兴建战时平民住宅。通过勘测比较，营建委员会最终选择了郊区的观

[1] 唐博.民国时期的平民住宅及其制度创建——以北平为中心的研究[J].近代史研究，2010年第4期.

[2] 重庆市城乡建设管理委员会，重庆市建筑管理局.重庆市建筑志[M].重庆：重庆大学出版社，1997：129.

音桥、杨坝滩、大沙溪、弹子石等4处建设地址，随即兴建平民住宅492栋
（表5-3-3、表5-3-4）。此外，加上先前在唐家沱和黄桷垭两个郊外市场
兴建的平民住宅，以及教会出资在市区兴建的望龙门平民住宅。整个抗战
期间，全市共有7个平民住宅点，共占地约31万平方米，房屋累计为750栋
（图5-3-57）。

平民住宅基地勘测情况表			表5-3-3
建设地点	面积	交通状况	用地及建设条件
观音桥附近平民住宅	不详	距香国寺约三四公里，将来汉渝公路路线直贯其旁，与观音桥镇毗连	地势平坦，惟恐将来人数骤增，材料发生问题，但面积广大，他日可尽量发展
杨坝滩附近平民住宅	不详	距重庆约五六公里，滨长江北岸	地形较为崎岖，将来建筑只能依地形办理
大沙溪附近平民住宅	不详	沿长江之南岸，与杨坝滩隔江相对	面积太小，附近无市场，生活供给较为困难
弹子石附近平民住宅	不详	沿长江之南岸	地势较为平坦，距弹子石镇之近，生活供给颇为便利

资料来源：重庆市档案馆。

1940年郊外营建委员会所建平民住宅一览表			表5-3-4
地点	甲种（8栋／座）	乙种（4栋／座）	备注
观音桥	20座	10座	①四处总计492栋住宅。②每处各建公共厕所2栋，水井1口，消防水池1座
杨坝滩	10座	10座	
大沙溪	5座	15座	
弹子石	5座	8座	

资料来源：重庆市档案馆。

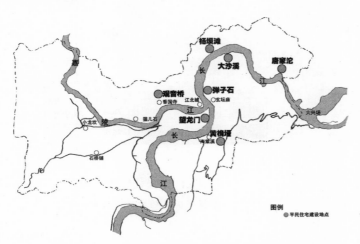

图5-3-57 战时平民住宅建设区位示意图

　　由于战时平民住宅质量低下，现无具体的设计图样以及建筑遗存，但从当时黄桷垭新市场住户入住须知中，也可大致了解到战时平民住宅的建造情况："本市场所用门窗玻璃，材料薄、平，受震易破，凡门窗已装配玻璃，务望特别保护；本市场房屋门窗均用杉木制成；一部分房屋因材料购备困难，屋瓦改用洋外表较为美观；所有三合土地均用石灰、煤屑和成石劈柴等工作，请多加爱护；墙壁均系竹编灰壁内外粉刷，不耐碰撞，均经调和，如加修补，则整包不能匀净；各式房屋均系木竹，应当心火烛，望各住户各备水缸，以防万一[1]"。

　　2. 望龙门平民住宅

　　除了政府建设的平民住宅外，还有由美红十字会捐赠修建的望龙门平民住宅。这是在旧市区里兴建的平民住宅。该住宅分为两期，一期建10栋住宅，二期8栋住宅和1座平民食堂（图5-3-58）。由天府营造厂负责施工，从1940年10月雾季时开工，1941年3月完成第一期住宅和1座平民食堂。由于建设基地高低不平，建筑只能适应地势高差变化，高低错落布置。从第一期住宅和食堂的建筑图看，一期住宅分两列平行布局，每列5栋，整齐简单，颇合平民之用（图5-3-59）。食堂建造也简单，外墙砖墙承重，屋顶为木梁架，户间隔墙为竹篱笆抹灰墙，竹抹窗（图5-3-60）。住宅的结构和建筑材料与食堂大致一致，每栋住宅由4户组成，每户面积近30平方米，由大小不等的2间房和厨房组成，每户厨房还设有烟囱管道。由于此处地形条件并不适合建房，从住宅设计图中可以发现，部分住宅的房屋地基高度曾经调整过三次，形成由一条直跑阶梯贯通5级台地的住宅景象。

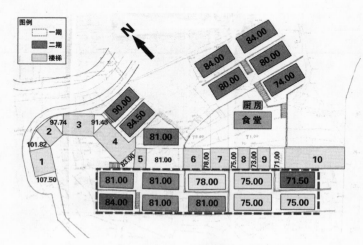

图5-3-58　望龙门平民住宅规划图

（资料来源：根据重庆市档案馆资料自绘）

---

[1] 黄桷垭新市场住户须知.重庆市档案馆：全宗号0078，目录号1，卷号3.

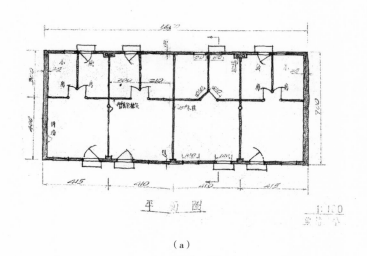

（a）

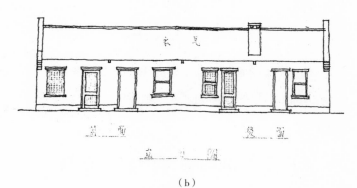

（b）

图5-3-59　望龙门平民住宅一期图

（a）平面图；（b）立面图

（资料来源：重庆市档案馆）

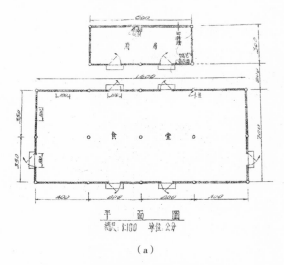

（a）

图5-3-60　望龙门平民住宅食堂图（一）

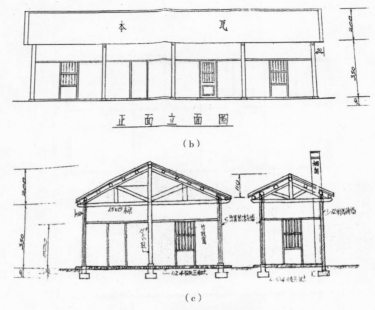

图5-3-60 望龙门平民住宅食堂图（二）

（a）平面图；（b）立面图；（c）剖面图

（资料来源：重庆市档案馆）

第四节 战时首都的建筑教育

一、战前中国的建筑教育

1. 中国近代建筑教育的产生

在古代，传统建筑的设计是由工匠完成，技艺的传承是师徒相传，世代相袭。随着近代中国建筑业的发展和转型，最突出的变化是营造厂和建筑师的出现。作为专门从事设计的建筑师，对其培养完全有别于传统工匠。而当时中国的建筑教育体制仍未健全，培养建筑师的途径和方式也不够专业和系统，以在外国建筑机构作学徒，或从接受土木工学教育转向建筑领域为主。建筑教育作为整个教育体系的一份子，是随着中国近代教育体系的建立而形成。

有别于传统以儒家思想为核心的教育体系，中国的新式教育始于洋务派兴办的新式学堂。但洋务派"中学为体，西学为用"的指导思想，并没对传统教育体系有根本性的触及。1895年，中日甲午战争对中国造成沉重的打击，迫使清政府不得不支持变法和推动新政，其中也包括对传统教育制度的变革，废除了延续一千多年的科举制度，并在1904年颁布了中国教育史上的第一个新学制即《奏定学堂章程》。在此新学制中规定大学堂分为八科，包括经学科、政法科、文学科、医科、格致科、农科、工科和商科。其中工科下设置了建筑工学门和土木工学门[1]。此时的中国正在全面向日本学习，新的教育模式和课程体系都参照日本的做法。辛亥革命后，中华民国成立，进一步推进教育制度的改革，制定了《壬子癸丑学制》。两个学制都是以日本为蓝本，和其他科目一样，建筑科的课程也是借鉴，甚至是照搬日本建筑科的课程。由于时局持续动荡不定，办学经费匮乏，新学制仅是完成架构，并没有得到真正的实施。

到了20世纪20年代，当中国第一批建筑师学成归来创业的同时，他们中有部分学者在多方人士的支持下，也开始了创办中国自己的建筑教育，其中最早始于1923年，由柳士英、刘敦桢等学者创办的苏州工业专门学校建筑科，成为中国中等建筑教育的发源地[2]。1927年，南京国民政府成立，在随后相对稳定的十年时间里，中国的高等建筑教育也逐步发展起来。

2. 抗战前十年的中国建筑教育

1927年，在蔡元培先生倡导并付诸实施的"大学区制"中，江苏省内各高校以东南大学为基础，合并成立了"国立第四中山大学"，其间为顺应时代需要，将苏州工专的建筑科并入新成立的工学院，组建成立建筑系，这是中国在综合性大学中出现的第一个建筑系。1928年，学校改名为"国立中央大学"。同年，在沈阳和北平又相继组建了两个建筑系，一是由美国宾夕法尼亚大学毕业的梁思成和林徽因夫妇创办的国立东北大学建筑系，二是在北平大学的艺术学院成立了建筑系。与此同时，与南京国民政府抗衡的广东国民政府，由陈济棠主政，也进入一段相对平稳发展时期。1931年，广州国民党以元老古应芬（字勷勤）先生的名义，创建了勷勤大学，下设教育学院、工学院和商学院。其中工学院计划以广东省立工业专科学校为基础进行组建[3]。由于该校只有土木工程、机械工程、化学工程三科，1932年，在土木工程科任兼职教授的林克明"鉴于当时建筑设计人才奇缺"，"国内各重点大学，除中央大学建筑系外，其他只有土木系而没有建筑系[4]"，遂向学校建议设立了建筑系，得到校方同意，并被任命为系主任。

可以说，这四所大学建筑系是中国最早一批的建筑系。他们中最为明显的特征是以国外学成归来的学者组成教学的中坚力量，各系主任更是由

[1] 杨东平.艰难的日出——中国现代教育的20世纪[M].北京：文汇出版社，2008：13.

[2] 童寯，晏隆生.中国建筑教育[A]∥童寯文集（第二卷）[M].北京：中国建筑工业出版社，2001：405.

[3] 彭长歆.勷勤大学建筑工程学系与岭南早期现代主义的传播和研究[J].南方建筑，2002.

[4] 林克明.建筑教育、建筑创作实践六十二年∥中国著名建筑师林克明[M].北京：科学普及出版社，1991：1.

名气和声望较高的人士担任。和东北大学建筑系主任梁思成一样，中央大学首任系主任刘福泰也是留学美国，获得美国俄勒冈州立大学硕士学位；而北平大学艺术学院建筑系第一任主任汪申[1]，为巴黎建筑学院毕业。而广东省立勷勤大学建筑系主任林克明，也是毕业于法国里昂中法大学建筑工程学院。

由于当时国内没有统一的课程指引，因此，这四所大学的建筑系各自进行了独立而自由的教学探索，依照教师们曾接受的教育模式和执业经验，开创各自特色的教学体系。在课程的设置上，除了设计课外，东北大学和北平大学艺术学院更强调绘画和艺术课程的训练，受"学院式"影响较深的东北大学还倾向史论的研究。中央大学则较为全面地兼顾艺术、技术与史论等三方面的专业知识。而勷勤大学建筑系主任虽留学"学院式"浓厚的法国，但却极力推崇现代主义建筑思想，这促使勷勤大学建筑系以重视技术课程的学习和实践环节的培养相结合作为办学目标。

然而从1931年"九一八"事变后，中国开始遭受长达十几年的外敌侵略，在战争的阴影下，这四所大学的建筑系，面临了不同的发展命运。随着东北沦陷，东北大学建筑系最先中断教学。1937年抗日战争爆发后，北平大学内迁，建筑系部分教师随后加入了华北伪政府成立的国立北京大学建筑系[2]。在日机的轰炸威胁中，勷勤大学建筑系并入了中山大学，辗转迁移，艰难办学。而南京的中央大学建筑系则随着国民政府内迁重庆沙坪坝。

二、战时的中大建筑系

1. 名师荟萃的战时中大

1937年10月，中央大学内迁重庆大学松林坡，建筑系馆坐落在面向嘉陵江的山坡上。在迁渝初期，系里有部分教授离职，只剩下刘福泰、鲍鼎、谭垣、李祖鸿等教授以及张镛森、王秉忱等助教，师资力量不足。1940年，刘福泰教授因故离校。在随后的四年多（1940—1944年）的时间里，鲍鼎先生临危受命，勉力维持不正常环境中正常教学[3]。1943年，刘敦桢回到中央大学，1944年后接替鲍鼎先生，担任建筑系主任（1944—1949年）。随着战局的变化，也有不少教授进入中大。如1938年黄家骅在主持重大建筑组工作的同时兼职中大，徐中在1939年回国后来到中大，担

[1] 赖德霖.近代哲匠录——中国近代重要建筑师、建筑事务所名录[M].北京：中国水利水电出版社，知识产权出版社，2006：149.

[2] 钱锋，伍江.中国现代建筑教育史（1920—1980）[M].北京：中国建筑工业出版社，2008：47.

[3] 刘光华.回忆建筑系的沙坪坝时期[A] // 潘谷西.东南大学建筑系成立七十周年纪念专集（1927—1997年）[M].北京：中国建筑工业出版社，1997：57.

任阴影透视、建筑设计初步、建筑设计等课程的教学。随着迁渝的设计机构逐渐增多，在渝的一些著名建筑师也相继到中大兼职。1939年春，杨廷宝接受基泰公司老板关颂声的邀请来到重庆，在从事建筑工程的同时，也开始了他的建筑教师的职业生涯。在艰难困苦的战争年代，他和李惠伯、陆谦受、童寯号称当时建筑界的"四大名旦"先后来到中大执教。一时间中大建筑系云集了当时全国的顶级建筑师，师资力量得到空前的快速提高。

　　战时的沙坪坝因受战争威胁，物质生活条件极其艰苦。中大的校舍简陋，但在诸多名家的参与下，中大的建筑教育没有因战争而中断，反而迎来了新的发展机遇，这段时期后来被称为中大建筑系"兴旺繁荣的沙坪坝时代[1]"，在中大建筑系发展历程中，是既特殊又承上启下的阶段。短短的几年，中大建筑系培养了近百名建筑人才，在之后的许多年里遍布两岸三地的建筑界，大多成为当今著名的教授、学者、建筑师，我国第二代著名的建筑大师和学者如吴良镛、戴念慈、汪坦等均出自那几届。吴良镛先生曾说："抗战时期的中央大学为祖国培养了一批优秀人才，在中国建筑教育史上有着不可磨灭的功绩[2]"。

　　2．学院式教学模式的强化

　　战前中大的教学全面兼顾艺术、技术、设计、史论等课程，这与系上教授的留学经历有关。教授中既有在"学院式"盛行的英美国学习的教师，如刘福泰、谭垣、鲍鼎、卢树森等，也有留德的贝寿同，而从苏州工专过来的刘敦桢等教授则是留日的学者。在多种教学模式的影响下，中大的教学趋向于艺术和技术并重。而到沙坪坝后，虽然课程设置仍沿用1933年的计划[3]，但此时系里几位具有深厚学院功底的教师，如杨廷宝、童寯、徐中、谭垣等，在教学中潜移默化地加强了"学院式"教学特点[4]，并影响了整个教学体系。表现在不仅重视对西方古典美学和绘画技巧等基本功的训练，还包括在设计教学中对古典构图原理等的强化运用，并引导学生培养对艺术的浓厚兴趣。可以说，战时的中大建筑系是沉浸在"学院式"艺术的氛围中。

［1］张镛森遗稿，王蕙英整理.关于中大建筑系创建的回忆[A]∥潘谷西.东南大学建筑系成立七十周年纪念专集（1927—1997年）[M].北京：中国建筑工业出版社，1997：42.
［2］吴良镛.烽火连天弦歌不缀——追忆1940—1944年中央大学建筑系，缅怀恩师与学长[A]∥潘谷西.东南大学建筑系成立七十周年纪念专集（1927—1997年）[M].北京：中国建筑工业出版社，1997：62.
［3］是根据1944年童寯在《建筑教育》一文中提到，当时的中央大学建筑系采用的仍是1933年公布的课程计划。
［4］钱锋，伍江.中国现代建筑教育史（1920—1980）[M].北京：中国建筑工业出版社，2008：74.

三、战时创立的重庆大学建筑系

1．成立与发展

重庆大学建筑系创立于1941年，其发展历程可分为三个阶段。即1935—1941年建筑组阶段，1941—1945年抗战期间，1945—1949年抗战胜利后至全国解放等。

（1）重大建筑组与中大建筑系的互动

重庆大学工学院成立于1935年，下设电机系、采冶系、化学工程系、土木工程系等四系，其中土木工程系学制4年。各专业一至二年级的课程大致相同，三年级开始按专业分组授课，分为建筑组、水利组、路工组等三组。建筑组的课程在第一、二学年除选修图画课外，所学的课程包括公共课如国文、英文、体育、军训等，还有诸如测量、工程材料、应用力学等土木专业课程。从三年级开始才真正开始建筑学专业的训练。所修课程有建筑设计、建筑史、透视及射影、图画、内部装饰、声学、庭园学、都市计划、建筑估价、房屋机械设备等。整个建筑组的教学由黄家骅[1]教授负责。

从1938年重大土木系任课教师名单中可以看到建筑组的专任教授任课情况。其中，黄家骅担任土四建筑组建筑设计，土三建筑组建筑原理、房屋建筑的授课；中大的鲍鼎、谭垣任兼职教授，鲍鼎担任土三房屋建筑、土四建筑组建筑史、土二工程材料的授课，谭垣则担任土四建筑组内部装饰、土三建筑组建筑史的课程；此外，中大的助教王秉忱担任土三建筑组建筑设计、透视及射影的教学；而土一至土四的图画课则是由余文治[2]教授担任。

1937年10月，中央大学建筑系迁来重大，由于中大建筑系教室尚未建好，只好借用重庆大学工学院教室先行复课[3]，与重大建筑系同在一栋

186

---

[1] 黄家骅（1900—1988），江苏嘉定人，1924年毕业于清华留美预备学校，1927年在美国麻省理工学院（M.I.T）毕业，获建筑学士学位，1930年回国，先后担任上海英商公和洋行建筑师、东亚建筑公司建筑师，1934年开始担任沪江大学商学院建筑系主任，1938年起担任重庆大学土木工程系教授，兼任中央大学建筑系教授，1943—1945年担任重庆大学建筑系主任，在教学之外，他还创办大中建筑师事务所，设计作品中比较突出的是国民政府大会堂。1946年返回上海担任中央信托局建筑师，1951年与刘光华等合办文华建筑师事务所，后任同济大学建筑系教授。

[2] 余文治（1909-不详），曾就读北平艺术学院，师从著名画家徐悲鸿先生，1937年任重庆大学建筑系讲师，1942年任国立艺术专科学校副教授，抗战结束后在重庆西南美专任教授，兼西画科主任。1952年，担任重庆建筑工程学院建筑系教师，美术教研室主任。（摘自：承前启后　继往开来，纪念原重庆建筑大学建筑城规学院办学五十年，重庆出版社，2002：25）

[3] 刘光华.回忆建筑系的沙坪坝时期[A]∥潘谷西.东南大学建筑系成立七十周年纪念专集（1927—1997）[M].北京：中国建筑工业出版社，1997：57.

楼里上课。据工学院首届建筑组毕业生，后来成为设计大师的徐尚志[1]先生回忆那时的教学情境："因重大的建筑学专业是初创，而中央大学建筑系的师资力量非常雄厚，故我们当时经常一起上课，一起评图，教授们也是两边授课，再加上很多逃难到重庆的学生来旁听，重大建筑学专业很快就发展起来[2]。"

（2）重大建筑系的成立

从1938—1944年，日军对重庆实施了持续六年的"无差别轰炸"，尤其是在1939—1941年，轰炸最为频繁，重庆城市遭受到灾难性的破坏。轰炸后的城市急需在废墟中重建和改造，这不仅需要时间和财力的保障，更需要大量的专业建设人才。此外，为了躲避轰炸，城市不断向郊外乡村的疏散，极大地促进了乡村的建设和发展，这也同样需要相关的专业人才。1941年，重大建筑学科在建筑组的基础上，从土木系中独立出来，成立了建筑工程系。在当时上报教育部的设系申请书中就提到："建筑为时代所需要，关系到国家文化、民族卫生至钜。当此抗建时期，已毁建筑现待努力恢复，未损城市尤须设计改善，加以防空工程及其他有关国防计划，处处需要建筑，势必造就大批专才。"因此，为解决当时的城市问题，尽管战时经费紧张、设备缺乏，教育部仍准予重庆大学将原有建筑组扩充改组成系（图5-4-1）。

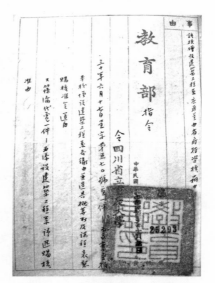

图5-4-1　教育部关于成立重大建筑系的指令

（资料来源：重庆市档案馆）

重庆大学一贯坚持与时俱进，满足社会急需的办学思想。建筑系的成立，符合战时重庆大学的发展需要。在第二任校长胡庶华（任期1935—1938年）所著的《一年来之重庆大学》中描述了重庆大学将来的发展，"……总之，学校作育人才，愿视社会之需要而定其增减，固不必拘泥于一定不变之成数[3]"，"查国内各大学设有建筑系为数甚少。而本校建筑组又依附于土木系内，而土木工程与建筑两者虽有相当密切关系，但其

187

---

[1]　徐尚志（1915—2007），四川成都人，1939年毕业于重庆大学土木系建筑学专业，曾留校任助教，讲师。1942年与戴念慈等人在重庆组建"怡信工程司"，1947年当选为重庆市建筑师公会理事长，1952年后，历任西南建筑设计院建筑师、总建筑师，1989年被国家授予中国工程设计大师，代表作品有成都锦江宾馆等。

[2]　彭雷.广厦千间情未了——建筑大师徐尚志访谈录[J].新建筑，2006年第3期：95.

[3]　现代读物.1937年第2卷第25期.

所习课程依照部章规定，则颇为出入[1]"。在战时首都建设缺乏建筑专业人才之时，重庆大学将建筑学专业从土木系中独立出来，是顺应时代需要。

同时，来自全国四面八方的著名设计机构、学校、建筑人才都聚集在陪都重庆，这为实践性较强的建筑学专业教学，提供了较为充足的师资力量。而代表当时国内建筑教育最高水平的中央大学建筑系，其成熟的教学体系起到了示范效应，也促使了重大建筑系迅速成长起来。

在抗日战争最艰难的1941年，重大建筑系开始了新的发展阶段。首届系主任由留德归来的陈伯齐[2]教授担任，此时建筑系的专业教师队伍比之前更加充实。教授中不仅有来自中央大学的兼任教授谭垣，也有留学日、德的龙庆忠[3]和夏昌世[4]两位教授。1942年，广东勷勤大学建筑工程系的毕业生黎抡杰也来到重大建筑系任教。同时，重大首届毕业生徐尚志也留系工作，此外，还有来自中大的毕业生，以及各大事务所和设计公司的建筑师也纷纷前来兼职。陈伯齐教授主持建筑系的工作后，曾试图摆脱中大建筑系"学院式"的影响，开创出重大新的建筑教学体系。但在战时背景下，无论从大的政治意识形态，还是在小的校园氛围，都使得这次教学改革困难和阻力极大。一方面内陆山城重庆较为封闭，没有像广州、上海等沿海城市那样习惯于外来文化的影响而较为开放，当地民众更相信主流权威，故以本地生源为主的重大建筑系学生自然视中央大学建筑系的"学院式"体系为主流方向。而力主改革的陈伯齐、夏昌世、龙庆忠等教授的留德、日的背景，又刺激了战时青年学子的民族情感，最终不可避免地发生了著名的"驱赶教授"的事件。1945年后，陈伯齐、夏昌世、龙庆忠等三位受到排挤的教授相继来到广州，加入有着重技术，提倡现代主义风格的中山大学建筑系（原勷勤大学在战时并入中山大学），继续追求现代主义的建筑教学理念，成为岭南现代建筑教育的开拓者。随着改革派教授的离去，重大建筑系又继续由留美的黄家骅教授担任系主任，教学又重回到"学院式"的教学体系。

（3）战后的重大建筑系

抗战胜利后，中央大学等专业学院随着国民政府回迁南京，教授们的

188

[1] 重庆市档案馆：重庆大学卷.
[2] 陈伯齐（1903—1973），广东台山人，1930留学日本，东京高等工业学校特设预科，1934—1939德国柏林工业学校建筑系毕业，1940年初回国后，在重庆大学担任土木工程系教授，同年，倡议并创办重庆大学建筑工程系，并任首届系主任（1940—1943年）。1953年后，担任华南工学院教授。
[3] 龙庆忠（1903—1996），江西人，日本东京工业大学建筑科毕业（1927—1931），1941—1943年重庆大学建筑工程系教授，1945年中山大学建筑系教授，系主任（1948）、工学院院长，1952后担任华南工学院教授。
[4] 夏昌世（1903—1996），广东新会人，1928年，德国卡鲁士普厄工科大学建筑科毕业。1932年德国图宾根大学艺术史研究院博士毕业。1942—1945年中央大学、重庆大学教授。1946—1952中山大学教授，1952年后担任华南工学院教授。

纷纷离去，使得战后的重大建筑系，不可避免地面临师资流失严重，乃至断层的窘况。建筑系由罗竟忠[1]教授担任系主任，黄宝勋[2]作为本专业唯一的副教授，一人承担起讲授建筑图案（建四）、设计原理（建三）和都市计划（建三）的课程。系里大量的教学工作，则由刚毕业不久的本土年轻教师如徐尚志（重大1939届）、叶仲玑（中大42届）、黄忠恕（重大1943届）等挑起大梁。解放后，在1952年的院系调整中，以重大建筑系为基础，成立了重庆建筑工程学院建筑系，叶仲玑教授和黄忠恕教授先后担任系主任，成为重建工建筑系最早的开拓者。

2．教学体系的形成

重大建筑系在建筑组时期，由于建筑学专业尚未从土木系中独立出来，在三、四年级时，建筑组课程中土木工程类课程比例偏多，而建筑学专业的教学时间相对较短，对专业的训练远不及四年制的系统和深入，更谈不上形成较为完整的专业教学体系。但因毗邻中央大学建筑系，在中大"学院式"的教学模式影响下，加上主持建筑组教学工作的黄家骅教授的"学院式"留学背景，以及后来中大鲍鼎和谭垣等兼职教授的教学引导，重大的建筑学教育逐渐走向"学院式"。

在1939年工学院的课程说明中可了解到建筑组在后两年另修课程的具体教学内容（表5-4-1）。1939年，国民政府在战时首都重庆颁布了新的全国统一科目表，这是继1903年由清政府颁布的《奏定学堂章程》，以及1913年国民政府的《大学规程》后的又一次试图统一和规范全国各系的课程设置的行为。其中，工学院分系科目表的制定者是刘福泰、梁思成和关颂声。建筑学专业的统一课表是综合中央大学、东北大学的课程内容，并结合了编制者的经验，这反映在统一课表中既重视艺术的培养，也强调技术类课程。按照国民政府教育部的规定，重大在成立建筑系之前，遵循统一新课表的要求，也拟定了一份中规中矩的课程设置表（表5-4-2）。由于笔者没有找到重大一年级课程总学分的相关资料，只能按照1939年重庆大学各学院分系必修及选修科目表施行要点，各学院分系规定所修学分"工学院各系及法律学系学生最少须修满142学分方得毕业，各专业根据各自特点也可适当增加8学分"的原则，推算出建筑学专业的公共必修课、专

[1] 罗竟忠（1903—1975），四川新津人。城市给排水工程专家。1937年任重大土木系系主任兼教授，1946年2月起任重庆陪都建设计划委员会委员及市下水道工程处主任，为市中心区设计建成了合流制新式沟管下水道系统，在总结重庆城市下水道建设经验后，与张人隽合著《重庆下水道工程》，受到国内外好评。

[2] 黄宝勋，字克公（1908—1957），湖北黄陂人，1931年毕业于天津工商大学土木工程系，1934年公费留学法国（E·T·P）工程大学建筑工程系，1938年回国任中山大学建筑系教授，1945年来重庆，1946—1952年，重庆大学建筑系教授，讲授都市计划、建筑设计等课程。同时担任重庆都市计划委员会副主任，是战后《陪都十年计划草案》的主编人之一。

业必修课和选修课的比例大致为45：62：35。建筑设计课程从二年级开始，增加了艺术类课程的内容，工程类课程的选修也较为适中。

工学院建筑组必修课目录表（1935—1939年）　　　　表5-4-1

课程名称	每周讲课小时	一上	一下	二上	二下	三上	三下	四上	四下	备注
建筑设计	9					2	2	2	3	注1：这是建筑组第三、四学年必修的建筑学专业的课程。
建筑史	8					2	2	2	2	
透视及射影	2					1	1			
图画	12	2	2	2	2	2	2			
内部装饰	6							3	3	注2：实习即绘图。建筑设计第3学年每周实习12小时，第4学年实习每周14小时，房屋建筑课每周绘图3小时
声学	2							2		
房屋建筑	2					1	1			
房屋机械设备	2							2		
庭园学	1							1		
都市计划	2								2	
结构学	6					3	3			注1：这是第三学年，土木工程系各组共同必修课。此外，建筑组还可选修道路工程、铁路工程、水力学、电工学、第二外国语等课程。
钢筋混凝土	3						3			
市政工程	6					3	3			
结构计划	1					1				
材料实验	0									注2：材料实验只有每周3小时实习
地基及房屋	3							3		
钢筋混凝土设计	4							2	2	注1：这是第四学年，建筑组必修的工程类课程。
钢结构设计	1							1		
经济学	3							3		注2：钢筋混凝土设计课每周有3小时实习，钢结构设计有6小时实习
高等结构学	3								3	
工程估计及契约	1								1	
毕业论文										注：毕业论文在第四学年，上、下学期均有，但具体学时安排不详

资料来源：重庆市档案馆。

战前的中国近代建筑教育有学院式和现代式两种趋向，两者的区别是前者重艺术，后者重技术。前者是受官方认可，正统的教学体系，以中央大学、东北大学为主；后者以偏居南方的广东勤勤大学最为活跃。

1939年工学院建筑工程系课目录表　　　　　　　　表5-4-2

	课程名称	规定学分	二上	二下	三上	三下	四上	四下	备注
专业必修课程	建筑图案	28	4	4	5	5	5	5	注：第2学年每周实习12小时，第3学年每周实习18学时
	营造法	6	3	3					
	模型素描（1）	4	2	2					注：每周实习6小时
	透视法	1	1						注：每周实习3小时
	单色水彩	1	1						注：每周实习3小时
	水彩画（1）	4		2	2				注：每周实习6小时
	建筑史	4	4						
	钢筋混凝土	6			3	3			
	测量	2				2			注：每周实习2小时
	建筑师法令及职务	1						1	
	施工及估价	1						1	
	毕业论文	2~4							
	总计	60~62	15	11	10	8	8~9	8~9	
专业选修课程	美术史	1		1					
	中国建筑史	2		2					
	模型素描（2）	2			2				注：每周实习6小时
	水彩画（2）	2				2			注：每周实习6小时
	图解力学	1			1				注：每周实习3小时
	铁骨构造	1				1			注：每周实习3小时
	中国营造法	2				2			注：每周讲课1小时，实习3小时
	建筑图案论	2					2		
	房屋给水及排水	1					1		注：每周实习3小时
	电?学	1						1	
	暖房及通风	1						1	
	材料试验	1			1				注：每周实习3小时
	古典装饰	2			2				注：每周实习6小时
	壁画	2			2				注：每周实习6小时
	木刻	2				2			注：每周实习6小时
	雕塑及泥塑	2				2			注：每周实习6小时
	庭院	1					1		注：每周实习3小时
	都市计划	2						2	注：每周实习6小时

续表

	课程名称	规定学分	二上	二下	三上	三下	四上	四下	备注
专业选修课程	内部装饰	2					1	1	注：每周实习6小时
	人体写生	2					2		注：或是4下上，每周实习6小时
	结构学	3						3	注：或是4上上，每周讲授3小时
	总计	35	0	3	8	9	7	8	

资料来源：重庆市档案馆。

　　1941年重大建筑系成立，首任系主任陈伯齐教授没有沿袭1939年版的课程计划，而是重新拟定了一份既符合全国统一课程表精神，又不同于中大模式，重视工程技术培养的新课表（表5-4-3）。

重庆大学建筑系1941年拟定的课程表 表5-4-3

	课程	上学期时数	学分	下学期时数	学分
第一学年	国文	3	3	3	3
	英文或德文	3	3	3	3
	党义	1	1	1	1
	体育	2	1	2	1
	微积分	4	4	4	4
	物理	4 △3	5	4 △3	5
	建筑画	△6	2		
	初级设计			△9	3
	西洋营造法			3	3
	图画	△6	2	△6	2
	投影几何	△6	2		
	透视学			1△3	2
	木工	△3	1		
	军训	△2	1	△2	1
	总计	43	25	44	28
第二学年	建筑设计	△12	4	△12	4
	设计纲要	1	1		
	西洋营造法	3△3	4	3△3	4
	西洋建筑史	2	2	2	2
	模型素描及水彩画	△6	2	△6	2
	阴影法	1△3	2		

192

	课程	上学期时数	学分	下学期时数	学分
第二学年	应用力学	4	4		
	测量	1△3	2	1△3	2
	经济学纲要	3	3		
	材料力学			4	4
	木屋架计划			△3	1
	体育	△2	1	△2	1
	建筑测绘			△4	2
总　计		44	25	43	22
第三学年	建筑设计	△15	5	△15	5
	设计纲要	1	1		
	中国营造法	2△2	2		
	西洋建筑史	2	2	2	2
	中国建筑史			2	2
	模型素描及水彩画	△3	1	△3	1
	内部装饰	△4	2	△4	2
	庭园学			2△2	2
	给水及排水	1	1		
	室温与通风			2	2
	照明学			1	1
	材料试验	△3	1		
	建筑结构力学	3	3		
	钢筋混凝土构造			3△3	4
	防空工程	2	2		
	体育	△2	1	△2	1
总　计		40	21	41	22
第四学年	建筑设计	△18	6	△18	6
	设计纲要	1	1		
	都市计划	2△2	2		
	美术史（选修）	1	1		
	人体写生（选修）	△3	1	△3	1
	房屋声学	2	2		
	建筑师职务及法令	1	1		

续表

课程		上学期时数	学分	下学期时数	学分
第四学年	施工及估价			2	2
	钢骨构造	3△3	4		
	毕业论文				2
	体育	△2	1	△2	1
总计		38	19	25	12

资料来源：重庆市档案馆。

为了更加深入地了解战时重大建筑系的教学课程设置变化，笔者将建筑系在1939年和1941年拟定的两个不同课表，以及中央大学建筑系1933的课表，1939年全国统一课程中建筑学专业课程等4个课表进行了横向的比较（表5-4-4）。（注：课程名称后括号内为开课学年，后为学分数，"*"为选修课）。

不同时期课程设置比较　　　　　　　　　　　　　　　表5-4-4

		中央大学（1933）[1]	1939年全国统一课程[2]（暂无具体学分）	重庆大学（1939）	重庆大学（1941）
专业课程	绘画艺术课	投影几何（1）2 透视画（1）2 阴影法（2）2	投影几何 阴影法 透视法	透视法（2）1	投影几何（1）2 透视学（1）2 阴影法（2）2
		徒手画（1）2 建筑初则及建筑画（1）2 模型素描（1、2）6 水彩画（2、3、4）10	徒手画 模型素描 单色水彩 水彩画 木刻 雕塑及泥塑 人体写生	模型素描（2、3）6 单色水彩（2）1 水彩画（2、3）6 *木刻（3）2 *雕塑及泥塑（3）2 *人体写生（4）2	建筑画（1）2 图画（1）4 模型素描及水彩画（2、3）6 *人体写生（4）2
	史论课	西洋建筑史（2、3）6 中国建筑史（3、4）4 中国营造法（3）2 美术史（3）1	建筑史 中国建筑史 中国营造法 美术史 古典装饰 壁画	建筑史（2）4 *中国建筑史（2）2 *美术史（2）1 *中国营造法（3）2 *古典装饰（3）2 *壁画（3）2	西洋建筑史（2、3）8 中国建筑史（3）2 中国营造法（3）2 *美术史（4）1

---

[1] "课程标准".原载《中国建筑》，第一卷第二期，1933年8月，东南大学建筑系成立七十周年纪念专集：43附：1933年中央大学建筑工程系课程标准.

[2] 引自：钱锋，伍江.中国现代建筑教育史（1920—1980）.北京：中国建筑工业出版社，2008：78，教育部编《大学科目表》，正中书局印行，民国36年6月沪八版.

续表

		中央大学（1933）	1939年全国统一课程（暂无具体学分）	重庆大学（1939）	重庆大学（1941）
专业课程	技术及业务课	应用力学（2）5 材料力学（2）5 营造法（2）6 钢筋混凝土（3）4 钢筋混凝土屋计划 （3）2 图解力学（3）2 钢骨构造（4）2 暖房及通风（4）1 电学（4）1 给水及排水（4）1 测量（4）2 建筑师职务及法令 （4）1 建筑组织（4）1 施工估价（4）1	营造法 钢筋混凝土 木工 钢骨构造 材料试验 结构学 暖房及通风 房屋给水及排水 电学 测量 经济学 建筑师职务及法令 施工及估价	营造法（2）6 *图解力学（3）1 钢筋混凝土（3）6 *钢骨构造（3）1 *材料试验（3）1 *房屋给水及排水 （4）1 *电学（4）1 *暖房及通风（4）1 测量（4）2 *结构学（4）3 建筑师职务及法令 （4）1 施工及估价（4）1	木工（1）1 应用力学（2）4 材料力学（2）4 西洋营造法（2）11 木屋架计划（2）1 测量（2）4 建筑测绘（2）2 给水及排水（3）1 室温与通风（3）2 照明学（3）1 建筑结构力学（3）3 钢筋混凝土构造 （3）4 防空工程（3）2 材料试验（3）1 房屋声学（4）2 钢骨构造（4）4 经济学纲要（2）3 建筑师职务及法令 （4）1 施工及估价（4）2
	设计课	初级图案（1）2 建筑图案（2、3、4） 29 内部装饰（3）4 都市计划（4）3 庭园学（4）2	初级图案 建筑图案 内部装饰 庭园 都市计划 毕业论文	建筑图案（2、3、 4）28 *建筑图案论（4）2 *内部装饰（4）2 *都市计划（4）2 *庭院（4）1 毕业论文（4）2-4	初级设计（1）3 建筑设计（2、3、 4）30 设计纲要（2、3、 4）3 内部装饰（3）4 庭园学（3）2 都市计划（4）2 毕业论文（4）2
总学分		113	无	97	132

资料来源：重庆市档案馆。

　　通过对比发现，重庆大学在1939年拟定的课程表中，专业必修课和选修课有97个学分。其中，绘图及艺术课有20个学分，占20.6%；史论课有13个学分，占13.4%；技术类课程有25个学分，占25.8%；设计类课程有39个学分，占40.2%（图5-4-2）。而中央大学在1933年的课表中，专业必修和选修课共有113个学分。其中，绘图及艺术课有26个学分，占23%；史论课有13个学分，占11.5%；技术类课程有34个学分，占30.1%；设计类课程有40个学分，占35.4%（图5-4-3）。对比这两个课表可以发现，中大对1939年重大的课程设置是有影响的，艺术类课程与技术类课程比例适中，体现了中大重设计，技术与艺术并重的特点。而1941年由陈伯齐教授拟定的课程表，我认为是当时重大建筑系制定的最有特色的课程表。课表中，除去42个公共课程学分，在专业课程132个学分中，绘图及艺术类课程只占20个学分，为15.2%。和1939年的相比，艺术类课程明显减少。设计类课程有46学分，为34.8%。史论课有13个学分，占9.8%。而技术类课程却明显增多，有53个学分，占40.2%，是所占比重最高的课程（图5-4-4）。显然，该课表更侧重技术类、工程类的课程训练，既突出了战时条件下，培养大量工程型建筑专业人员的需要，也反映出陈伯齐旨在探索不同于中大的教学模式。可惜，最后却不得不放弃。

196

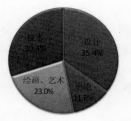

图5-4-2　重大1939年的课程比例　　图5-4-3　中大1933年的课程比例　　图5-4-4　重大1941年的课程比例

在国民政府"战时要当平时看"的教育思想指导下，以重庆为中心的大后方教育没有因战争中断，反而得以继续发展。在中华民族不屈不挠的顽强意志以及坚持抗战的精神鼓舞下，战时的中央大学建筑系迎来了"兴旺繁荣的沙坪坝时代"。而战争灾难后，城市重建以及迁建区乡村建设，急需建筑专业人才，促使重庆大学建筑系在战时得以成立。在中大的带动下，战时首都的高等建筑教育得到逐步地发展。解放后，在1952年的院系调整中，以重大建筑系为基础，成立了重庆建筑工程学院建筑系，是全国最初的八大院系之一，也是整个西南地区最早的建筑教育中心，这多少都得益于从抗战时期延续下来的建筑教育基础。

第六章　抗战背景下的重庆城市规划

在抗战背景下，对战时首都重庆的城市管理，除重庆市政府外，国民政府也直接领导和参与战时首都的城市建设，形成多层次的城市管理体系。在学习现代西方城市功能分区和有机疏散等规划思想后，战时中国颁布了第一部城市规划法规，在战争的阴影下，战时首都重庆拟定了分散式城市功能分区计划。而战后集全国的市政专家编制的《陪都十年建设计划草案》，是"平民化"的城市计划，是率先运用战后西方国家的卫星市镇理论的城市计划，是近代中国自主城市规划的重要组成。

第一节　战时重庆城市管理体系和组织机构

一、战时国民政府对重庆的经营

在辛亥革命之前，重庆已是川东地区的中心城市，是道、府、县级政权所在地，其行政地位低于四川总督所在地的成都。辛亥革命后，重庆的行政地位不断提高，川东道署、重庆府署和巴县署同处于城里，对重庆城直接治理的是巴县署，实行的是城乡合治。1921年，刘湘驻渝后，成立了专门管理城市的政权机构——重庆商埠督办处。随后军阀混战，到1926年，刘湘掌控重庆，成立了重庆商埠督办公署，下设总务、财政、公安和工务等四处室，傅友周任工务处长。1927年11月，重庆设市，标志着重庆成为以市为名的市建制城市，由潘文华为市长，工务处改为工务局。1929年2月15日，重庆市政府正式成立，这标志着重庆在城市管理方面已经开始了系统化和科学化的发展方向。

抗战全面爆发后，重庆成为国民政府的战时首都，从1939年5月5日由四川省政府所辖的乙种市，升格为行政院直辖的特别市。1940年9月6日更定为永久陪都，城市的政治地位不断提高，城市建设的政策方针和管理体制也随之发生改变。此时对城市的管理已由抗战前市政单一机构变为多个机构的分工管理，由市政府单一层次的管理变为国民政府与市政府之间的多层次管理体系。1940年，重庆成为陪都后，城市中重大方针政策的制定与发布由国民政府直接决定，市长及市政府各局负责人均由行政院直接任命。国民政府还筹划成立了陪都建设计划委员会，直属行政院，是重庆城市建设的新机构。这样，重庆城市建设由行政院统管起来，行政院负责召集战时在渝的市政专家和学者，为陪都重庆的城市建设出谋划策，而具体管理工作和具体政策法规则由市政府及各职能机构办理和制定。因此，抗战以后重庆城市建设形成了多层次综合管理体制。

1. 由国民政府直接领导和参与的战时首都建设

抗战初始，当大量政府部门机构和工厂等涌入重庆，在日机不断空袭威胁中，在震荡不安的形势下，国民政府将江北、巴县以及璧山、合川、綦江等划为疏散区，1939年3月成立迁建委员会，统一指挥国家机关和单位团体的迁移，将大量机关、学校、工厂迁入上述疏散区域，并负责安排疏散区内房屋营造和人员安置。和普通市民疏散不同，由国民政府领导下的迁建工作，对随后重庆人口与部门的合理分布，城市区域的拓展，两江沿岸环绕市区半岛新城镇的形成，都起到积极的推动和促进作用。

在抗战时期，国民政府以国防为中心，确立了战时经济体制。随着中国在国际反法西斯阵营中的作用愈加重要，战时首都重庆成为与伦敦、莫斯科、华盛顿齐名的城市。政治地位的提升，促使国民政府开始重视战时首都建设。1940年10月，为了加强对重庆建设的全面开发和管理，拟定新重庆的建设计划，行政院成立了陪都建设计划委员会，确定重庆城市建设的目标和方向。拟在抗战时期将重庆建设成为全国政治、军事，经济、文化中心，战后亦将是西南政治、经济中心。1941年初，国民政府军事委员会主席蒋介石发布的《三十年元旦告军民书》中把"在抗战中积极建国"作为后方工作的重点方针，强调了战时重庆建设的平时性原则。

在城市建设中，对战时经济发展和军事形势有直接影响的部门，也是由国民政府直接进行管理。1941年8月，国民政府设置重庆公共汽车管理处，统管全市公共交通，包括轮渡、缆车、驿运、公共汽车及修理等，职能从市政府工务局脱离出来，以便国民政府从战略高度上利用和开发交通设施，在变化多端的经济、军事形势中增强应变的能力。此外，国民政府内政部原设有土木司，管理营造、河防以及土地征用等事项。抗战初期，随着机构的调整，内政部新添设的营建司，负责全国和战时首都重庆的建筑计划、土木工程以及公用事业等的管理。

在战时，国民政府对城市的管理，还体现在各类法规的制定。1939年，立法院公布实施《都市计划法》，首次明确了城市按功能分区的意义。此外，还根据重庆和后方城市开发建设的需要，颁布了《都市营建计划纲要》、《战时地籍整理条例》等政策法规，为战时全国以及重庆城市建设提供了相关的政策依据。

2. 陪都建设委员会

1940年重庆成为陪都后，在1940年9月27日行政院第428次会议，通过组织陪都建设计划委员会的决议。随后，经过近半年（1940年11月—1941年2月）的人员筹备，行政院特派孔祥熙为陪都建设计划委员会主任委员，内政部长周钟岳、杨庶堪为副主任委员，重庆市市长吴国桢为秘书长，并委派翁文灏、张嘉敖、魏道明、刘峙、张维翰、卢作孚、刘纪文、潘文华、陈访先、吴国桢、康心如为委员。委员会设总务、财务、技术等三组，其中技术组下设土地科、公用科、工程科等三科室，组长由工务局长吴华甫担任，副组长为丁基实。委员会所需技术人员及办事人员，由行政院就本院或下属各机构以及重庆市政府职员中指派兼任。从当时几次委员会会议中可以看到技术人员包括：徐矫、夏昌世、徐辅德、丘秉敏[1]、曾广梁、孙甄陶、胡光焘、侯力哉、江鸿、朱坦庄等。技术专家涵盖都市计划、建筑、道路、水利等专业，共同为陪都建设献策献力（表6-1-1、表6-1-2）。

1941年5月9日陪都建设计划委员会拟聘任的设计委员名单　表6-1-1

姓名	简介	姓名	简介
郑璧城	民生公司经理	李奎安	重庆市参议会参议员
关颂声	基泰工程司建筑家	茅以升	全国水利处长，擅长水利桥梁工程
凌鸿勋	铁路及市政专家工程师学会会长	潘廷梓	电气工程家
沈怡	市政专家前上海工务局长，工程师学会副会长	江鸿	同济大学教务长，工程家
朱尊谊	成都著名建筑家	程子敏	地政专家，内政部地政科长
魏文翰	民生公司总经理	沈诚	建筑家
韦以黻	交通部技监	赵祖康	交通部公路总处处长
吕少怀	鼎新建筑公司主任技师	哈雄文	周副主任委员钟岳介绍
陆谦受	周副主任委员钟岳介绍		

资料来源：郑洪泉，黄立人.中华民国战时首都档案文献（1937年11月—1946年5月）[M].第1卷.重庆：重庆出版社，2008:82。

陪都建设计划委员会拟请委派专任设计委员略历表　表6-1-2

姓名	籍贯	学历	资历	备注
傅骕	四川	美国	前重庆市工务局局长	
胡光焘	四川	美国麻省理工学院学士	前江西省政府技术室主任，西北工学院总务处长，重庆市郊外营建委员会总工程师	
邵福旿	江苏	唐山大学毕业	前连云港总工程师，黄埔开埠督办公署简任技正，交通部公路总管理处督察工程师	

[1] 丘秉敏，留德专攻市政，归国后在国立中山大学任教外并曾参与市政实际工作多年，为我国不可多得的市政专才，重庆陪都分区计划由他负责拟定。

姓名	籍贯	学历	资历	备注
朱国洗	江苏	英国伦敦大学工学博士	前津浦铁路工程司兼修桥队队长，川滇铁路公司正工程司兼滇越线区工务科上校科长	
涂允成	湖北	唐山大学工学士，美国康奈尔大学硕士，爱阿华大学博士	国立北洋工学院教授，国立武汉大学水利讲座兼总务长	

资料来源：郑洪泉，黄立人.中华民国战时首都档案文献（1937年11月—1946年5月）[M].第1卷.重庆：重庆出版社，2008:82。

陪都建设计划委员会成立后，1941年陪都建设计划委员会针对重庆市战时建设的薄弱环节提出了新的具体规划：①根据城市的扩大和发展，提出了重庆土地使用及分区计划，确定重庆范围和区域划分；②由于重庆尚无现代下水道设备，准备进行全面设计并完成旧城区的设计工作；③扩充供水线路，实施郊区供水工程；④调整整个供电计划，设立新电厂；⑤进一步发展市中心和新市区道路，开辟重庆各地区内的道路系统，加强水路交通运输；⑥1939年政府部门曾提出在长江和嘉陵江分别建两座大桥，因此计划选择在两江架桥的地点和设计施工图，以及解决隧道建设问题；⑦勘探朝天门—牛角沱，朝天门—菜园坝沿江地带，修治堤路码头和港务工程。

由陪都建设委员会拟定的这些建设计划，是战时国民政府计划全面改变重庆市政建设面貌的重要举措，也是市政府进行城市建设的目标。虽然囿于财力不足和战时不利的环境条件，其中有大半数以上项目未能落实或完成，但是却为战后《陪都十年建设计划草案》的制定提供了前期准备。

二、战时重庆市政府的城市管理职能机构

1．工务局

1937年，重庆市升为特别市，市政府各科扩大为局，工务科改为工务局。战时重庆城市建设工作由工务局负责执行，吴华甫[1]主持该局的工作。工务局设有建筑管理、工务、行政、公用四科室，具体日常工作包括：公有建筑规划设计，工程招标施工，营造厂商的登记，道路桥梁、码头等公共设施以及交通运输等的管理。此外，还附有建材、园林、工务三个所。1940年9月工务局下设机构进行调整，其中技术室的设计组负责规划公用建筑，调查各项工程设计资料，测量组负责踏勘道路路线和测绘。

200

---

[1] 吴华甫，复旦大学土木系毕业后，曾留学美国威斯康辛大学。从1938年12月开始担任重庆市工务局局长。

1943年9月后，随着市区的拓展，工务局先后在城区、新市区、南岸区、江北区、沙磁区、复兴区（也称为歌乐山地区）成立了6个区级工务管理处，隶属于市工务局。

在战时，除管理市政建设外，工务局还制定一系列的法规政策，来规范和完善战时建筑业的有序发展。1939年2月，重庆市政府发布了《重庆市工业技师技副开业规则》，规定：凡曾在国民政府经济部（含1937年前在实业部）登记领有证书，要在本市开业，须向市工务局呈报，领到开业执照才能在市内执行业务。1940年6月，随着市区的扩展，根据业务需要，市政府在年初发布了《工程管理规则》、《招标规则》、《重庆市管理营造业规则》、《重庆市技师、技副、测绘员取费规则》。此外，工务局在1941年5月还颁布了《重庆市暂行建筑规则》，全文有500条，包括总纲、设计通则、结构准则、特种建筑、区域、从业人员、附则等内容。在此书出版前言中，由时任市工务局局长吴华甫作了说明："重庆市过去对于营造管理，尚无较完善之法规，一任市民自由兴建，徒重表面之粉刷，而忽视构造之谨严，不特塌屋惨剧时有所闻，一遇火灾则成燎原之势，市民生命财产损失重大，市工务局成立后，对于市内营造管理极为注意，根据本市的实际情况，参考国内外各大城市的管理建筑法规章则等，拟订出《重庆市暂行建筑规则》，并广征在渝建筑界的意见，从事修改，以适合重庆的需要[1]"。

抗战初始，在城市面临战火破坏之际，市政府围绕御灾防卫、疏散市民到郊区，以及解决"房荒"等非常问题时，为适应战时需要，在行政院属下陪都建设委员会（1940—1946年）成立之前，在国民政府的督率和组织下，市政府机构进行了较大调整，设立了一批有明确分工范围，推动城市建设，解决城市急难问题的职能机构，逐渐改变过去由一个机构总管城市建设的落后局面。这些职能机构的设置，最大限度地协助工务局，促使战时重庆城市能够基本正常运作。其中，包括：

（1）重庆市疏建委员会

重庆市政府在1939年2月成立了重庆市疏建委员会（1939—1941年），下设总务组、警卫组、交通组、工程组、经济组、调查组等六组，负责应对战时非常时期的人口疏散和城市安全建设。除积极组织人员在市区开辟火巷防御火灾外，还负责统一安排和动员全市机关、学校、商店等限期向四郊疏散。

（2）重庆市郊外市场营建委员会

1939年7月，针对市民疏散到郊外农村，市政府成立了重庆市郊外市场营建委员会（1939—1941年），内设总务处、工务处、财务处等三个处

201

[1] 重庆市城乡建设管理委员会，重庆市建筑管理局.重庆市建筑志[M].重庆:重庆大学出版社，1997: 11.

室。其中，工务处下设工程和设计科。郊外市场营建委员会主要负责在重庆郊外选择适宜地点，规划建造市场、平民住宅、商场等建筑，妥善安置疏散到乡村的市民，并通过对疏散区内平民住宅的建设，为疏散到郊外的市民尽可能提供最基本的生活保障，从而在一定程度上减少战时物质损失和人员伤亡。

（3）重庆市民住宅建设委员会

对于住房奇缺的问题，抗战初期，重庆没有房屋建筑和房产管理的专职机构，只有一个抗战前市政府设立的"房屋调解委员会"，负责房屋租赁纠纷的调解工作。市政工程和公共房屋的修建，都由市工务局管理。随着人口增加和城区扩大，房屋营造和管理成为突出问题。鉴于房荒日趋严重，对于民房营造，有时要由市政府会议讨论和直接办理。1940年初，重庆建立了市民住宅建设委员会，从事民房的建房规划，划定建房区域，选择住宅地址，向银行贷款修建等事项，曾先后在江北、南岸，市区修造了民房数百幢，对缓解房荒起了一定作用。

2. 重庆市建设期成会

在抗战前，重庆市在潘文华时期，市政建设有一定的发展，但目前未见到较为完整的城市计划。国民政府在抗战期间为集思广益促进市政革兴，在1938年9月特设重庆市临时参议会。在抗战期间，市政府的重要施政方针在实施前，须提交市临时参议会决议。随后在1939年10月9日，市临时参议会决议成立重庆市建设期成会（简称期成会），会长由康心如担任，按照工商经济交通，民政自治保安救济，各种教育文化事业等类别特设三个顾问组，其中在工商经济交通组有傅友周、税西恒、关颂声、唐建章等市政及建筑专家。在重庆市临时参议会第一次大会通过了成立重庆市建设期成会的决议案，市临时参议会赋予期成会的事务是制定重庆市建设方案，期成会先后聘请50多位专家为顾问，会同各会员，在1940年完成了《重庆市建设方案》，提出包括城市建设，市政公用事业的开发在内的发展计划，比行政院陪都建设计划委员会的重庆建设计划还早半年。

3. 重庆市都市计划委员会（1946—1949年）

1946年1月，战时组建的陪都建设计划委员会解散，重庆市成立都市计划委员会，隶属重庆市政府，下设秘书室、研究室、卫生组、地政组、交通组、都市计划组、公用事业组、建筑工程组、财政金融组、教育行政组、社会事业组。在战后主要负责重庆市各项市政建设、计划，办理建设计划及工程考核验收事项等。1949年6月撤销。该委员会成立后短短三年时间里，主持设计施工完成了抗战胜利纪功碑、和平隧道、市区下水道等重点工程。

第二节 战时西方现代城市规划思想的传播与运用

不同于中国古代王权思想影响下，一切以统治者为中心的城市规划，近代中国城市，开始受到西方城市规划思想的影响。其接受现代城市计划法规和城市规划理论有两种主要的途径：一种是被动接受，在被帝国主义国家强行侵占的租界城市，进行带有侵略国特色的城市规划与建设，如青岛、大连等城市；另一种则是国人主动引入，从19世纪末张謇对南通的近代城市建设到20世纪二三十年代国民政府成立后，在对自身本土文化和民族主义等方面的追求下，主动模仿学习西方城市规划思想和理论，在沿海经济发达地区，进行战前十年相对稳定的城市计划与建设实践。然而，随着抗日战争的全面爆发，近代中国的现代城市规划初步实践也被迫中断，而随着政治中枢和经济重心向西部大后方城市的空间转移，促进了现代城市规划思想在西部城市的传播，以及开始以战时首都重庆为中心的西部自主城市计划。

西方近现代城市规划理论始于19世纪末20世纪初，缘于西方工业革命后，针对现代城市由于人口急剧膨胀，环境恶劣而出现公共卫生差、住房危机等诸多城市问题而进行理论的探索。其中，对于近代中国城市影响较大的理论包括霍华德的田园城市等城市疏散理论和城市功能分区思想。

一、现代城市"功能分区"思想与战时《都市计划法》的颁布

近代西方国家为改善市民居住环境、公共卫生而兴起各种城市运动，如英国的田园城市运动，美国的城市美化运动，在此基础上，各国制定了相关的城市计划法。最早是英国在1909年颁布了城市计划法即《住房与城镇规划诸法》，标志英国现代城市规划的建立。随后德国首创了地域制（Zoning）[1]。

地域制，在近代中国被译为"分区"。所谓"分区者，乃于都市内，用法律，划定区域，并于各种不同区域内，规定不同之规则，禁止有妨害或不适宜之建筑物，及有妨害，或不适宜建筑物与土地之使用[2]"。分区制的划分类型分为"依房屋容量而划分和依土地用处而划分[3]"两种。其中，依房屋容量而划分区域者，是依房屋的高低，建筑的面积来划分区域。而依土地用处而划分区域者，是指依土地的用途和性质，通常划分出工业、住宅、商业等三区。国外也有学者划分为工业、住宅和混合区，或住宅区、商业区、轻便工业区、笨重工业区。

203

[1] 周宗莲.市区计划与国土计划[J].经济建设季刊，1944年第3卷第3、4期：125.
[2] 董修甲.都市分区论[M].南京首都建设委员会，1931：1.
[3] 董修甲.都市分区论[M].南京首都建设委员会，1931：5.

1. "功能分区"思想在战前中国的实践

中国是在20世纪20年代初引进分区制的。1925年《东方杂志》第22卷第11号刊登了张锐的"城市设计",最早介绍了城市分区问题。"本节之所谓分区问题,非如我国现有之警区然,可以任意分区也。分区云者,非无意义之地理上之分区,乃为一种职业上之分区"。可以说,在近代中国城市中导入分区制,是迈向现代城市规划的一大进步。

而分区制最早在城市中得以运用,是在1927年的苏州城市规划[1]。随后1929年南京的《首都计划》中根据分区制进行了城市功能分区,同年上海制定的《大上海计划》也导入了分区制,此外广州、无锡、汉口等城市中也尝试运用了分区制的规划思想。可以说在20世纪30年代前后,分区制在城市规划中的运用主要集中在中国东南沿海沿江等相对发达城市。

2. 战时《都市计划法》的颁布与意义

1939年6月,战时的中国颁布了《都市计划法》,这是继1933年诞生的功能主义城市规划宣言《雅典宪章》后,国民政府借鉴西方现代城市规划思想,仿效西方现代城市规划的内容和形式,制定的中国第一部城市规划法。这也是第一次以法规的形式,在全国范围内提出了城市的"功能分区"思想,在中国近代城市规划中更加明确了功能分区的意义和方法。

作为全国性的法规,《都市计划法》是对全国的都市计划作统一的规定。包括都市计划拟定、变更、发布及实施,土地使用分区管制,公共设施用地,新市区建设,旧市区更新,组织及经费等内容。此外,按照城市的规模和性质,都市计划分为市(镇)计划、乡街计划和特定区计划三种类型,三种计划都要求拟定主要(总体)计划和细部(详细)计划,主要计划是拟定细部计划的准则,细部计划则作为实施都市计划的依据。

由于是在战争时期制定的法规,《都市计划法》包涵的内容较为笼统和简略,共计32条。按照该法规定,应尽先拟定都市计划的城市有:市、已辟之商埠、省会、聚居人口在十万以上者,以及其他经国民政府认为应依本法拟定都市计划之地方。这样几乎涵盖了当时中国的大中型城市,反映了国民政府拟以现代城市规划思想和建设的模式改造旧有城市的意愿。在该法规的第十条,以现代城市规划所涉及的内容,来规定编制各城市的都市计划,包括:①市区现况;②计划区域;③分区使用;④公用土地;⑤道路系统及水道交通;⑥公用事业及上下水道;⑦实施程序;⑧经费;⑨其他等内容。此外,该法律规定了对于诸如地势、人口、气象、交通、经济等状况的分析,"尽量以图表明之"。还要求"附具实测地形图明示山河、地势、原有道路村镇市街及名胜建筑等之位置与地名,其比例尺不得小于二万五千分之一"。

---

[1] 徐苏斌.近代中国建筑学的诞生[M].天津:天津大学出版社,2010:151.

《都市计划法》的核心内容是强调功能分区的思想，在该法规的第12条至18条，明确要求各大都市应划定住宅、商业、工业等限制使用区，必要时还需划定行政区及文化区。其中，住宅区内土地及建筑物的使用不得妨碍居住安宁；商业区内土地及建筑物的使用不得有碍商业便利；具有特殊性质工厂应在工业区内特别指定地点建筑；行政区应尽可能在市中心地段划定；文化区应在幽静地段划定。此外，该法律还规定了城市市区道路系统以及预期发展的道路、城市公园等占用土地面积的比例。对城市的公用建筑设施如城市广场、学校教育、饮用水水源卫生设置、垃圾的处理运输等也做了明确的规定。

该法律还制定了分期分区实施都市计划的原则，对新旧市区也采取不同的办法。对历史悠久的城市，一方面按照分区法另辟新市区，另一方面对原有市区施行逐步改造的策略；而对新设市区，首先完成主要道路及下水沟渠等市政工程建设，以及完成新市区内建筑地段的土地重划。

虽然《都市计划法》颁布之时，中国的大部分城市仍在战争的阴影笼罩下，无法进行正常的城市建设，但在战时大后方的城市，在空袭轰炸的废墟中重建城市以及因疏散的城市拓展中，功能分区思想得以延续和实践。如战时首都重庆，在1940年由重庆市临时参议会通过的《重庆建设方案》，首次就大轰炸后城市重建，提出分区建设方案。随后在1941年，由陪都建设委员会完成《陪都重庆分区建议》上报行政院。同年，昆明市制定了《云南省昆明市三年建设计划纲要》拟定了战时昆明市的分区办法，甚至远在新疆乌鲁木齐也在同一年编制了乌鲁木齐的第一份城市规划图《迪化市分区计划图》。而在抗战初期选定的陪都西京，早在1937年就制定了《西京市分区计划说明》，并在《都市计划法》颁布后的1941年又拟定了《西京计划》。同样是用西方现代城市功能分区思想来指导城市建设，西京应是近代中国西部城市中最早运用西方现代城市规划理论的城市，而重庆、昆明、贵阳等西部城市却是在1939年《都市计划法》颁布后才开始制定城市的分区计划。可以说，随着战时《都市计划法》的颁布，以及内迁而来的管理者和专业技术人员，20世纪二三十年代在中国东部沿海城市变革中自发主动运用的功能分区思想，在西部因抗战而兴的城市中得以实践和发展。

二、现代城市分散理论在战时中国的运用

1. 西方城市分散理论的传入

在20世纪初期，西方国家为解决因工业化和城市化快速发展而带来的一系列城市社会问题，在空想社会主义等社会思潮的影响下，产生了以霍华德的田园城市以及沙里宁的有机疏散为代表的城市分散理论，其核心思想是以规模适中、相互协调的城镇群体来取代特大城市的发展。

在20世纪20年代，这些理论传入中国，也掀起了田园城市以及城市分散建设讨论的热潮。虽然当时中国的城市化进程刚刚起步，并未出现像西方那样严重的城市问题，但也存在城市人口集中、环境卫生条件恶化等城市现象。为了防止重蹈西方覆辙，改善城市环境，促进中国城市的健康发展，近代中国的市政学者们都极力主张采用城市分散建设的思路，反对大都市的极度膨胀，代表人物有董修甲、张国瑞、杨哲明、梁汉奇等。董修甲在《都市建设的集中主义与分散主义》一文中，总结了集中主义与分散主义各自的利与弊，认为："集中的都市建设主义，弊多而利少；分散的都市建设主义，利多而弊少的大都市理论，无论在卫生方面，或在交通方面，或在道德方面，均有极大之危险，不能不及早改正"。因此他呼吁："应采用弊少而利多之分散主义，方为适当"，并提出了具体的实施建议。在积极介绍田园城市等分散理论的过程中，为了让其更加直观容易被国人接受，便于实施，市政学者们提出了详细的田园城市实施计划。这些实施计划的内容大体相同，主要包括建设田园城市的原则、要素以及应采取的法律、制度等。

在战时背景下，因田园城市的空间布局在战时具有防空适应性，以张国瑞为代表的市政专家针对战势，特别制定了战时田园城市计划[1]，对田园城市建立的必然性及其功效，建设田园城市的原则、设计与经营步骤以及田园城市在战时经济上的价值等均做了详细阐述。而卢毓骏提出"分散"应成为防空城市规划体系的重要组成。战时分散应是从城市整体到局部散开，即城市区域大分散，建筑小分散。除了学界的探讨外，1936年7月，国民政府出台了《防空建筑规划疏开办法及三年建设计划》中也提出了"疏散"计划，并制定了防空城市建设规划。可以说，这是从政府的层面，明确战时体制下城市建设与规划的目标和任务。

2. 战时《都市营建计划纲要》的颁布

在《都市计划法》颁布后，1940年9月，因战时防空的需要，国民政府特制定了适应战时城市规划和营建的《都市营建计划纲要》。如果说《都市计划法》是较为宏观和总领性的法规，《都市营建计划纲要》则是具有现实指导意义的设计规则。

该纲要规定：各地都市或城镇，勿论面积大小、人口多寡，凡有空袭之危险者均得依据本纲要，拟定当地的都市或地方的之营建计划。其经济来源，除地方政府外，以征收道路或火巷两旁铺面之受益费，土地因经营之自然涨价费，以及奖励银行及人民之投资等渠道筹措。而纲要所涉及的具体计划，可概括为以下四点：

---

[1] 张国瑞.战时田园市计划[J].闽政月刊，1939年第5卷第2期.

（1）基于防空疏散地的选择

纲要针对城市到乡村疏散地点的选择原则是："以地形优良交通便利合于防空及建筑之用者得提前兴修；其风景较优颇便于疏散人口，交通亦尚称利便者则依次营建之[1]"。对于具体居住地点的选址宜择高亢干燥地面，有林木者隐蔽为好。并以利用荒地，少占人民田亩为宜；也可利用原有小市镇的地点。此外，因疏散地点是较仓促建设的临时性居住点，如何到达则根据实际情况，如与原有城市的距离能有现代交通工具通行时，疏散地点可稍远，但在以人力作交通工具的地点，就需离原有城市稍近点。

（2）战时城市规划布局原则

对于战时疏散地的城市规划设计原则，该纲要规定：打破将政治、商业、工业、住地、文化机关等集中设置的现象，采用在一定地域范围，按照分区制分散布局，但为了方便人民的生活，在布局上以各部分能够保持紧密联络为宜。按照现代生活的需要，各疏散聚点应规划公园、运动场等公共活动场地，并将公园、运动场，以及其他公共场所布置在疏散点的中心区域，住宅则分布在外围，商店分为多个小单位，设在住宅附近。此外，还规定公安、消防、邮局、电报电话局等机关需分布于住宅附近的四周，以便保护及便利居民。而学校、工厂、仓库均需设置于市区外，后者并以地点隐蔽接近水陆码头为宜。

（3）基于疏散安全的道路建设

对于疏散点的道路交通规划，规定市区内的主要道路须与原有城市的道路在同一规划系统内，车站、码头在新市区附近均须设分站或准备站以便与原有城市保持密切联络。道路宽度视房屋的高度而定，房屋愈高，道路的宽度亦须加宽，以便房屋倾塌后可不致阻碍交通。主要街道方向，以顺应恒风向为好，以便遇敌投弹后，可凭籍自然的风力吹散毒化空气。道路两旁的草场及人行道上须多植树木，以便对空遮蔽。

而对于旧城区的改造，纲要规定：原有都市中有城垣者，其妨碍交通疏散部分均须拆除；原有城市的主要街道过于狭窄者应加以放宽；横街较少之纵长街道应多辟横断街或多开辟火巷；通城外之主要道路应放射直线式向四郊伸出；被空袭损毁之地点应随时将新路线及火巷划出以免拆卸。

（4）基于防空的建筑物营建原则

对于建筑物的修建，纲要规定：建筑物的地基须以三分作建筑用，留七分空地布置花园及植树之用，各建筑须独立不相连接；建筑物不宜过高，以二层为好；建筑物所用材料及堆砌方法能耐久、耐震；建筑物之形式轮廓须力求隐蔽，墙面屋顶均不得用白色、红色及其他鲜明彩色，其原

207

[1] 重庆市档案馆：全宗号0053，目录号2，卷号1249.

有者须加以涂料；原有房屋之密接部分，须建立坚厚之防火墙壁以隔阻火灾；原有毗连之房屋须用封檐并桁条在房屋侧面之伸出部分亦须设法加以保护；商店建筑须构筑坚固之地下室或货仓以便空袭时不能携出之货物可藏于室内；危险之建筑物及易引起火灾之房屋雨篷凉篷等均加以取缔；各项建筑也宜制定标准式样，以期市容之整洁并减低建筑之费用。

总之，在该纲要颁布之前，战时首都重庆已在1939年的"五三""五四"大轰炸后，在旧市区实施多开火巷，以及道路改造的御灾策略。一方面在城市中广开火巷，改善道路网；另一方面为方便疏散，也新建通往郊区的道路。随后针对疏散点的建设，在1939年7月，成立郊外市场营建委员会，开始了郊外市场和示范新村的建设。无史料证实重庆开辟火巷，筹建郊外市场等战时城市营建行动和该法规的拟定有关联。从时间的先后看，战时首都进行的这些建设比《纲要》颁布早一年多时间。可以说战时首都御灾防卫建设为《纲要》的制定积累许多宝贵的经验，也促使《纲要》成为战时易于操作、科学理性的法规细则。

第三节 《重庆市建设方案》与陪都分散式功能分区计划

一、战时的《重庆市建设方案》

在遭受轰炸破坏初期的战时重庆，政府多是进行应急式的城市建设。而当时国民政府还没在政治上给予重庆应有的地位，而"以往重庆市之建设基础甚为薄弱，举凡现代都市应有之设备，重庆大多只具雏形，甚或付诸缺如[1]"。

为了有计划有目的地建设城市，重庆市工务局经过两年多来对城市实地踏勘和调查研究，1940年由期成会完成了战时重庆市建设方案。该方案"请政府明令定重庆为中华民国战时之行都，战后永远之陪都"。这样重庆将来的发展就能"决其规模，定其步骤"。此外，还呈请市政府从速设置都市计划委员会[2]，协助市政府推进新重庆建设事业。方案中还对都市计划委员会的人员组成，除工程技术人才外，还建议市政府聘请对市政素有研究的专家，以及熟悉本市情况的士绅参加，从而集思广益地推动城市建设。可以说，该建设方案是战时重庆建设的纲领，其组成包括建设的前提，交通建设部分，经济建设部分，警政自治部分，教育文化部分，

---

[1] 重庆市临时参议会秘书处编印.重庆市临时参议会第二次大会记录.1940：70.
[2] 注：因当时重庆还没有确定其陪都的地位，故有此称谓。后才成立陪都建设计划委员会。

市民福利及其他等六部分内容。

为了改进当时的交通现状，建设方案第二部分对发展道路、建设联系上下半城的螺旋形马路新干线，建筑地下隧道及过江铁桥，改善各类交通工具等提出了建设性的意见。而最为重要的是，重新确定本市分区建设计划是"以现在的市中心区为中心，以新市区为其延长；以嘉陵江南岸自牛角沱开始，经李子坝、化龙桥、小龙坎，至沙坪坝、磁器口为一个区域；以长江北岸由菜园坝、黄沙溪及鹅公岩一带又为一个区域；南岸、江北各自为一个区域；两浮公路，延长经茶亭以至石桥铺又为一个区域。每一区域又可分为若干小区域[1]"。

此外，建设计划将重庆城市发展情形归纳为两大特点："①由立体发展而向平面发展；②由以往一个中心区之繁荣，变为许多区之卫星式之繁荣[2]"。并计划首先改善山城的交通现状，建立新的道路系统，在当时相当广泛的地域范围内，以旧城母城作为市中心，用便利的交通路线，联络各卫星区于其周围。可以说，虽然该建设方案对于重庆城市分区域较为概括和简略，但却勾勒出现代重庆城市最初的轮廓和发展方向，并首次提出了卫星市镇的设想。

1940年重庆市临时参议会第二次大会通过了《重庆市建设方案》提案，其中也包括重庆市分区建设计划。1941年4月，在工务局已有工作的基础上，经新成立的陪都建设委员会技术组审查修正后，由组长吴华甫、副组长丁基实联名向行政院提交了陪都的分区计划初稿[3]。

二、战时陪都分散式的城市功能分区

城市功能分区的思想，最重要的是考虑从总体上对城市的用地性质进行重新规划和布局。战前在上海、汉口等城市多是在新市区依土地用处而划分功能区，在旧市区由于改革困难重重，多是依房屋容量而局部改造城市空间。但在战时背景下，多数后方城市在废墟中重建时，有条件重新进行城市功能分区。

1．战时陪都分散式功能分区的确定

1941年，随着重庆成为中国的永久陪都后，重庆城市建设进入战时新的发展阶段。国民政府和重庆市政府在进一步改善城市道路，发展交通和市政设施的同时，按照《都市计划法》开始筹划陪都的分区计划。与平原城市集中的分区规划不同，重庆采取分散式的功能分区形式。这是由战争

209

[1]　重庆市临时参议会秘书处编印.重庆市临时参议会第二次大会记录.1940：71.
[2]　重庆市临时参议会秘书处编印.重庆市临时参议会第二次大会记录.1940：71.
[3]　注：在《市政评论》1941年第六卷第十、十一期，由丘秉敏发表了"陪都分区之建议"和上报国民政府行政院的"陪都分区之建议"内容大体一致，因此，初步推测陪都分区计划应是由丘秉敏负责拟定的。

空袭，人口剧增，人口向重庆两江四岸的郊外疏散，以及重庆山地城市本身的地形地貌，无法集中连片的城市布局特点等决定。因此，在借鉴沙里宁有机疏散理论的基础上，结合重庆山城的城市形态，形成分散分区，分片集中的山城城市格局，这就是今天重庆主城区的最初雏形，即现在的市中心区、江北区、南岸区、沙坪坝区、九龙坡区、大渡口区等六个片区。每个片区相互间由自然山体、河流作为天然的隔离带分隔开，相对独立，这充分体现了有机疏散理论的精髓。

2．战时陪都分散式功能分区的内容

陪都建设计划委员会拟定的《陪都分区建议》中，因行政区需集中布置，基于战时安全需要，选址难以抉择，故先决定不考虑行政区的情况下，将陪都按功能分为五种区域（图6-3-1）。

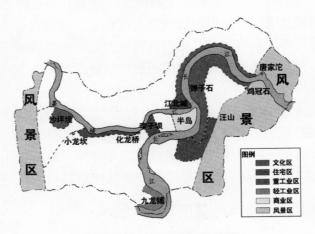

图6-3-1　陪都分区示意图

（1）商业区：计划仍以半岛旧城区为商业中心。半岛处于两江交汇，水运交通便利，南岸江北夹江相望，若能建设跨江大桥，使三处连成一气，商业将有更大的拓展空间。据统计该区面积合计有12.6平方千米，占全市面积的4.3%[1]。

（2）工业区：在城市分区中工业区的位置是最为重要，选址需从交通、卫生、地势、风向等多方面综合考虑。计划选择在长江下游，由南岸弹子石及江北县城以东的鸡冠石、唐家沱、夹江两岸建本市的重工业区。从交通运输看"此地江宽水深，可泊巨舟，山廻水静港湾天然，将来川汉川黔两铁路，均将以此为终点，川汉铁路更可由唐家沱至牛角沱渡江至菜园坝与成渝铁路接轨，则陆路运输，倍形便利。溯求而上，则川康滇陕，舟楫可通，顺流而下，汉沪湘赣，巨轮可达。水陆运输，畅行无阻，此交

[1]　重庆市档案馆藏.陪都分区之建议.全宗号0075，目录号1，卷号56.

通之便利也[1]"。

由于重庆市常年最频风向为西北风，而工业区位于全市最东面，区地南面有丘陵可阻挡隔绝弥漫烟煤对城市环境的破坏，且处于两江下游，污水排放可直入于江，对本市卫生用水影响较小。沿江水深，岸线甚长，可多设码头，以应对货物起卸，江面宽阔，可容巨舶航行，从地势看也是适宜的。因此，此地成为重庆最理想的重工业区。另外又选择九龙铺一带，因地势佳，交通便利，可作为轻工业区发展。上述工业区合计42.4平方千米，占全市总面积14.4%[2]。

（3）文化区：陪都文化区选择在西郊的沙坪坝一带。沙坪坝在战前是重庆乡村建设运动的起源地，同时重庆大学也建于此。抗战初期又有天津南开中学、中央大学等全国著名的学府纷纷迁来于此，学校林立，已有发展文化区的基础。此处地势平坦、山明水秀、风景清幽，实为求学的圣地。其面积有7平方千米，占全市总面积2.4%。

（4）住宅区：住宅区作为市民休息场所，宜选择清静的区域，以风景幽美之地为佳，也宜于市民与作业地点联系方便。陪都住宅区按照不同人群的需要，拟分散又集中布置在四处：其一，在中三路以西至李子坝一带，以嘉陵新村为代表，属于新近开拓的新建住宅区，适合商业市民居住；其二，从化龙桥沿成渝公路到小龙坎一带，该地负山面江，风景甚美，又位于商业与文化区之间，适合各界人士居住；其三在嘉陵江北岸江北一带，位于工业区和商业区之间，而无熙攘之纷扰，最适合工人之居住；其四在南岸风景区与商业区之间，可供商民居住，往返亦复便利。凡此四部，合计面积共43.4平方千米，占全市总面积15%。

（5）风景区：都市之中，园林至为重要。盖劳顿之余，不可无园林空旷之地，以怡悦性情，调剂空气，非徒游乐而已也，本市东面之黄山、汪山、涂山、放牛坪一带，西面之歌乐山等地，林峦秀丽，风景天然，公路交通亦甚便利，将来更需逐步开拓，使成为最幽美风景区。且一东一西，分布适宜，市民之游览者可随意所至，此两区面积共为十一万三千七百市亩，约占全市面积25%左右。

陪都计划委员会在拟定重庆市分区建议时，曾引述了当时都市计划权威stubbe氏的话："成功之城市计划，在能求得天然之地势，对于高低道路及境界，加以缜密之考虑，以为设计之根本，倘非因交通之需要，城市之发展或经济与美观之关系。决不可违背天然之形势，凡城市计划，愈与天然形势相应者，则其图案愈出于自然，愈合创造性而美观[3]"。作为陪都城市所依据的分区原则，反映出当时的分区意向是符合重庆山城的地

211

---

[1] 重庆市档案馆藏.陪都分区之建议.全宗号0075，目录号1，卷号56.

[2] 重庆市档案馆藏.陪都分区之建议.全宗号0075，目录号1，卷号56.

[3] 重庆市档案馆陪都分区之建议.全宗号0075，目录号1，卷号56.

域环境，并没有生硬照搬理论，这是值得肯定的。

此外，现代都市应具有行政、工商、文化、住宅等区的划分，对于战时首都重庆，行政效能更是攸关国家大计，因此，设立行政区是极其必要的。但战时行政区集于一隅，容易成为空袭目标。如何设置行政区，分区计划中提出两个方案，其一是将浮九、浮新两公路间一带平地，划为行政区。该地带面积约有6平方千米，可供中央地方各机关建筑办公用房。但建筑方法须按照防空疏散建筑原则，尽可能减少空袭的危险。其二是将行政机关分布于其他各区，此种办法表面上看似较为安全，但实际上并未能减少轰炸损失。且陪都交通困难，地形复杂等会造成各机关联络不便，工作效率的减低。总之，分区计划中对于能否设立行政区是依客观现实考虑而定的。

三、战时城市功能分区计划的意义

1. 比较战时重庆与昆明分区计划的异同

1941年，战时昆明拟定了《云南省昆明市三年建设计划纲要》[1]（简称战时昆明建设计划），和陪都重庆一样，昆明也因抗战而兴盛起来，为将昆明建设成西南国际化的大都市，而拟定此计划纲要。该纲要包括引言、市区总面积之研讨、道路系统、分区办法、土地整理、住的设施、水运规划、美的布置、公用设备、分期建设年表、经费、附件等12部分内容。从纲要的组成框架看，比战时重庆的分区计划显得全面些。由于战时重庆更多是应急式的建设，"皆非完整有系统计划之产物[2]"。而战时昆明受战争的威胁相对弱于重庆，地理环境条件也比重庆优越，因此，战时昆明比重庆更有条件制定相对深入的城市建设纲要。但和战后《陪都十年建设计划草案》相比，由于缺乏规划图例和数据的支持，战时昆明的建设计划还是显得单薄和不够深入。

在战时昆明建设计划中，同样对道路系统极其重视，由于昆明原有街道多是棋盘式，在城市向外拓展时，在环城马路以外，拟采用现代城市常见的放射式道路。且道路分为干路、普通街道及林荫道和公园路等几种类型。其干路宽度依次为23.5米、18.66米、15米等三种尺寸，这和战时重庆的道路宽度较为接近，不同的是战时昆明就规划了24米宽的林荫道。

在战时昆明建设计划中，也制定了城市的分区办法，即将昆明市分为行政区、住宅区、商业区、文化区及工业区等五种功能区。不同于重庆的分散式功能分区，昆明是在旧城上重新区划空间，由集中的平面，从内向外拓展。

---

[1] 据东南大学施钧桅博士告知：该计划是由当时昆明市工务局局长唐英负责编写的。

[2] 陪都十年建设计划草案，张群，重庆市十年建设计划序，2.

和陪都重庆分区计划相同的是，昆明的商业区也是设在原有商业繁盛的区域，以威远路、金碧路、正义路、护国路为主要的交通轴线。文化区也是以原有云南大学，战时内迁的西南联合大学等大学聚集地形成。而住宅区分布，也是按照不同人群划分居住区域。在城市外围的工业区，同样选择交通便利的地点设置。

但和陪都重庆不同的是，战时昆明从城市长远考虑，最终确定行政区的位置。在内圈干路以内，以当时省政府五华山所在地设立行政区。此外，昆明虽然没有考虑设置风景区，但却在城市里建造和扩充出12处公园[1]以及江边的游步道、马路林荫道、环城路上的园林地带、景观广场等共计17处[2]的游憩和休闲空间。这是战时重庆城市所缺乏的，对公园以及城市绿化系统的考虑，是在战后的十年建设计划中才得以体现。

2. 战时制定功能分区计划的意义

战时的重庆、昆明等后方城市是在《都市计划法》颁布后，拟定城市的分区计划的。今天看来，抗战期间后方城市制定的功能分区计划都较为简略和概括，缺乏相关的数据支持，多只是意向性的建议。尤其是陪都重庆的分区计划，未能全面反映出因外来动力影响下，城市疏散后形成的新城市空间，对工业区（点）的现状认识不够深入。但在战争非常时期，第一次以现代功能分区和有机疏散思想进行的初步城市分区，是具有积极意义的城市变化，这也为战后制定更为系统和全面的《陪都十年计划草案》打下基础。

战时用于城市建设的经费微不足道，各级政府对城市建设的支持也是杯水车薪。如昆明的三年建设计划需要分为两期，三年为一期，建设经费更要以发行多种建设券来筹集，可见战时背景下，城市建设计划的实施是极其不易的事。

第四节　战后《陪都十年建设计划草案》

一、编制过程

1. 缘由

陪都是在首都以外，另外建的都城，与首都同时存在，地位仅次于首都。抗战全面爆发后，随着1937年11月20日，国民政府发表移驻重庆宣言，直到1946年5月5日，在南京举行还都典礼。在抗战期间，重庆一直代

[1] 由于没有面积等数据，无法推算是否达到《都市计划法》规定的公园占用地面积不　　得少于全市总面积（昆明规划全市总面积为53.2平方千米）的10%。
[2] 云南省昆明市三年建设计划纲要：34.

替南京，作为战时首都和国家中枢[1]。经过战时近三年的经营，1940年9月6日，国民政府发布《国民政府令》，"兹特明定重庆为陪都，着由行政院都主管机关，参酌西京之体制，妥筹久远之规模，借慰舆情，而彰懋典"。国民政府曾计划按陪都的规模建设重庆，但在战时条件下，却未能实现。只有留待抗战胜利后再进行建设，此时定重庆为陪都，实际上是为重庆将来留有地位的措施。

处在非正常时期的战时重庆，城市建设面临多方面的困难和无法解决的问题，战后确实需要对此进行总结并寻求解决的途径和办法，这些成为国民政府拟定《计划草案》的初衷。因此，抗战胜利后，在国民政府颁布《国府五五还都令》之前，由蒋介石手令责成重庆市政府草拟建设陪都的计划，以交通、卫生及平民福利为目标。随即由重庆市市长张笃伦"延集国内外专家及社会贤俊"[2]，成立陪都建设计划委员会，并亲自兼任主任委员。于1946年2月6日，开始编制以十年为期的重庆城市建设计划。委员会于4月28日，仅用了八十余日完成《陪都十年建设计划草案》的编写（以下简称《计划草案》）。

2. 组成与框架

由于时间紧迫，陪都建设计划委员会采取分组工作形式，将计划分为城市计划、交通、卫生、建筑、公用、教育、社会等组，分组编制。整个《计划草案》由市政专家周宗莲总负责，黄宝勋[3]、张继政、王正本、张人隽、陈伯齐、吕持平、张錡、车宝民、段毓灵、罗竟忠等分别负责各组的工作。期间，美国顾问Arthur.B.Morrill及都市计划专家Normon.J.Gorden也参与计划的编制中。《计划草案》除总论和计划实施外，主要内容由14部分构成，即：

（1）人口分布：本市成长史实、人口增减、分布情形、职业分析、土地分析、陪都人口预测及分配。

（2）工商分析：引言、腹地资源、以往情形、目前状况、将来展望。

（3）土地重划：计划原则、市区面积、空地标准、土地重划进行办法、土地利用与区划实施进度表。

（4）绿地系统：需要与功用、种类与分布、绿地标准、本市绿地鸟

---

[1] 注：重庆作为战时首都，时间上限起于1937年11月20日，下限止于1946年5月5日。重庆作为陪都，时间上限起于1940年9月6日，下限止于1949年11月30日。

[2] 《陪都十年建设计划草案》张群序。

[3] 黄宝勋（1908—1957），湖北黄陂人，1945年末到重庆，除在重庆大学教书外，主要是在陪都建设计划委员会从事城市规划工作。1946年作为主要编写人员，编写《陪都十年计划草案》，1947年主持"抗战胜利纪功碑"的设计和施工。重庆解放后，先担任市建设局计划处副处长，后又被任命为市城市建设委员会技术室副主任兼规划设计科科长，为1953年编制的重庆城市规划作了重要的贡献。

瞰、本市公园系统、十年内公园发展步骤及分年预算、今后公园发展及管理的改革。

（5）卫星市镇：社会组织重要性、社会组织理论、陪都市社会组织标准与实用、市中心区之卫星母城、郊卫星市镇、卫星市镇设计原则。

（6）交通系统：交通概况、计划原则、计划（市中心区道路系统、增辟交叉路口广场、郊区干路线、大卫星市区街道、空运、铁路总车站、公路总站、公共汽车、高速电车、防空洞的利用与处理、两江大桥、崇文场歌乐山电缆车）。

（7）港务设备：港务的重要与改善、机力码头、仓库、高水位堤路、低水位堤路。

（8）公共建设：原则、计划、概算。

（9）居室规划：居室需要、现有各种房屋概述、居室标准、市民住宅计划、发展居室办法。

（10）卫生设施：自来水、下水道、医院、垃圾、本市一般环境卫生的改善。

（11）公用设备：电力、燃料。

（12）市容整理：市容的重要性、本市自然环境的优点和缺点、今后改进办法等。

（13）教育文化：概况、教育设计与重点、国民教育、中等教育、社会教育等。

（14）社会事业：合作事业、救济事业。

整个计划中，总论部分概括总结了重庆城市发展的沿革、地形条件，城市从抗战以来的存在的问题。计划实施部分包含了计划制定的原则、要点及依据，以及先期实施的建设计划等。14个专题多是采用文字描述，结合数据和图表等方法理性分析和论证存在的问题，提出解决问题的方案，制定较为实际而详尽的计划，以及经费概算等，其中以工商分析、交通系统、卫生设施着墨最多（图6-4-1）。而计划实施以长期与短期配合，"交通系统和卫星市镇以长期发展为主，而半岛重建和港务设备之码头，上下水道及电力等侧重目下需要[1]"。

《计划草案》划定的空间范围，以半岛为中心，以沿河岸为主体，广及1940年划定的300多平方千米范围，其交通及调查与筹划所及范围，则扩至到迁建区1940平方千米的大重庆范围。草案提出"以提高市民生活水准，增进市民工作效益为最高原则"，并以"首重交通，次为卫生及平民福利，使国计民生事无偏废"，"使工商业、交通、社会组织、居室、

---

[1] 计划草案：263.

空地、公用等六大项得平衡之发展"[1]为计划要点，通过计划的分期实施，改变重庆城市长期以来盲目成长以及战时过度膨胀的状况，以将重庆建设成西南的工商重镇，中国的内陆良港，现代化的西南最大都市为目标。

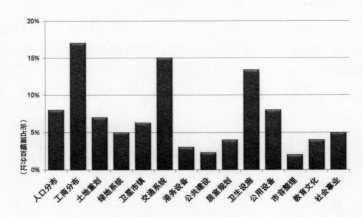

图6-4-1　《陪都十年建设计划草案》中14个主题内容比例关系图

二、《草案》关注的主要问题

1. 关于人口与城市

抗日战争全面爆发后，随着国民政府西迁，大规模的人口迁移重庆，短短几年造成重庆人口的剧增，从战前1936年人口接近45万，到1946年达到124万多，是战前人口的2.79倍[2]。这在中国城市史是少见的，在世界城市史中也是不多见的。从《计划草案》所列举的战时陪都逐年的人口增减表中，可看出重庆城市人口变化的几个拐点（图6-4-2）。

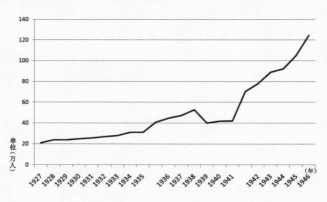

图6-4-2　1927—1946年重庆人口变化图

（资料来源：陪都建设计划委员会1946年编写，《陪都十年建设计划草案》第1表）

[1] 计划草案：5.
[2] 计划草案：10.

（1）战前从1935—1936年，随着市区面积扩大和战争因素等，人口增幅较大。

（2）从1937到1938年，外来移民造成市区人口增至52万多。但随后人口就进入下降期。由于日机的空袭轰炸，迁来的人群迅速向重庆近郊的农村疏散，从1939至1941年，市区人口一直徘徊在40万左右。

（3）从1941—1942年是城市人口剧增的开始，人口一下从42万突增到70万。其中原因是多方面的，有日机对重庆的轰炸开始减弱，重庆成为陪都，市区面积的再度扩大，先前被疏散出市区的大批人口纳入市区的范围。随后在1943—1946年，人口也在逐年增加。其原因包括，随着空袭减少，市区相对安全，曾疏散到远郊的人流回归；还有因邻近川省的国民党正面战场失利，日军在1944年攻占贵州的独山和八寨，先前安全的西南大后方也面临战争威胁，这时湘、桂、黔等地的大量移民涌入陪都。

从抗战移民的组成中，政府官员、企业家、企业管理人员、教师、学生、文化工作者、科技人员、产业工人等占有较大的比例，且人口年龄以青壮年为主。不同于通常由低素质的农村人口大量迁入城市，满足城市经济发展对劳动力的需求，抗战时期这批高素质的人口迁入，是"反向"的流动，从城市到乡村，不仅促进了乡村的城市化进程，也推动城市经济的跳跃式发展。这是战时人口迁移的积极方面，但是，人口的剧增也带来住房严重紧张，城市极度拥挤的城市问题。由于战时半岛旧市区相对发达，成为聚集人口最多的区域（图6-4-3）。据统计，仅半岛1至7区，在765.850公顷的面积上，就达到418182人，平均密度为546.04人／公顷[1]。人口极度拥挤在半岛，已超过其承受力，给市政管理和市政建设带来诸多的困难，如交通、居住、卫生设施等，因此，疏散市区人口成为《陪都十年建设计划草案》编制中亟待解决的首要城市问题。

2．关于卫星市镇

在20世纪初，西方国家在霍华德田园城市模式的基础上，在大城市的远郊发展卫星城。田园城市是一种理想化的城市发展模式，但对于现实中大城市如何有效疏散，直到1912年，由霍华德当年的助手恩温和帕克合作出版的《拥挤无益》一书中，发展和延续了田园城市中分散主义思想，并通过具体的新城建设实践，提出了"卫星城"的理论。随后在1922年由恩温出版的《卫星城市的建设》中正式明确了"卫星城"的概念。1924年在阿姆斯特丹召开的国际城市会议上，指出建设卫星城是防止大城市规模过大和不断蔓延的一个重要方法[2]，认为卫星城是一个在经济上、社会上、文化上具有现代城市性质的独立的城市单位，但同时又是从属于某

---

[1] 计划草案：13.
[2] 张京祥.西方城市规划思想史纲[M].南京：东南大学出版社，2005：159.

个大城市（母城）的派生产物[1]，也就是卫星城既从属于母城，又得保持相对的独立性，与母城的距离在10～50千米为宜。卫星城理论在西方城市中真正发挥作用是在二战以后，1944年阿伯克隆比在其主持完成的大伦敦规划中，就计划在伦敦周围建立8个卫星城，以达到疏解伦敦人口的目的，此外还有大巴黎计划。从这些城市卫星城建设的经验看，卫星城设置成功的条件，一是需要有与母城便捷联系的交通设施，二是应提供多种多样的就业机构，如各种工厂、文教、科技、商贸等，形成自给自足的生活和工作环境。在世界的大环境下，同年，中国的市政专家周宗莲对1939年颁布的我国第一部城市法规《都市计划法》，提出进一步深化的建议，认为"以目前我国情形及战后需要论，尚有充实与修订之必要[2]"。明确城市计划以经济、交通、卫生、美观及防空为主而力求田园化及人口疏散为目标。对于分区计划，除了相应的功能分区外，还提出市区结构计划应为卫星状。这是在抗日战争尚未结束之时，在我国已出现了卫星城镇的概念，战后，在由他主持编制的《陪都十年建设计划草案》中率先得以运用。

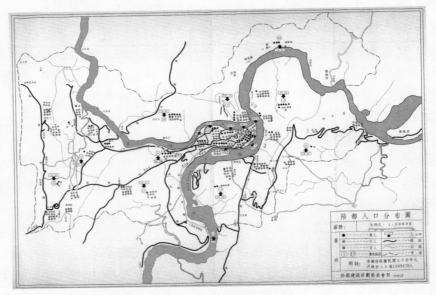

图6-4-3　陪都人口分布图

（资料来源：陪都建设计划委员会1946年编写，《陪都十年建设计划草案》第4图）

（1）陪都卫星市镇的出现

在《计划草案》中基于疏散半岛市区人口，降低市区人口密度而发展卫星市镇，即"本市半岛为母市中心……最多能容纳40万人。其余应向各卫星市作有计划分布[3]"。卫星市镇的位置，取与半岛中心区有极方

[1] 张京祥.西方城市规划思想史纲[M].南京：东南大学出版社，2005：160.
[2] 周宗莲.市区计划与国土计划[J].经济建设季刊，1944年第3卷第3、4期：125.
[3] 计划草案：27.

便而迅速交通路的地带为原则。其中，卫星城市包括"化龙桥、小龙坎、沙坪坝、磁器口、大坪、黄桷垭、海棠溪、龙门浩、弹子石、大佛寺、铜元局、江北等12处。每处规定容纳5万至6万人为限度，则可容纳72万人。而卫星镇之区域为香国寺、溉澜溪、石桥铺、新桥、山洞、新开寺、歌乐山、杨家坪、寸滩、黑石子、中兴场、清水溪、冯家岩、大兴场、南坪场、木家嘴、盘溪、高滩岩等。这18处暂以5千至1万人为建设范围，则其可容纳18万人[1]"。此外，还计划18处预备卫星镇，来疏散将来市区过度膨胀的人口。客观地说，在战后经济萧条的环境下，规划如此数量众多的卫星市镇和预备卫星市镇，对于十年计划来讲，是不可能完成的任务。

在《计划草案》中所列的"卫星市标准计划图"以及"陪都卫星市计划城市分区图"，采用圆形图案，被学界认为规划粗糙，与环境不符，生搬硬套卫星市镇规划理论的案例。但事实上，《计划草案》中卫星市镇的选择，并不是凭空捏造的，而是以战时理性疏散过程中形成的聚集点为主。例如：计划选址的12处卫星市，除古老的磁器口和江北外；其余的有因处在战时交通枢纽而发展的小龙坎、海棠溪和大坪，因机关团体迁建而带动的黄桷垭，因学校聚集而发展的沙坪坝，而最多是随着工业而发展起来的化龙桥、龙门浩、弹子石、大佛寺、铜元局等地。而卫星镇的选择，则完全是战时疏散区形成的多个聚集点。可以说，《计划草案》中对卫星市镇的布点是基于战时疏散形成的"大重庆"的城市格局，以及尊重山城特定的地理环境，所做出的城市发展设想。

战后的重庆举步维艰，在尚无详细的航测地形图，对地质结构、土质状况的调查都未能完成之时编制计划。因此，在草案中采用了较为简略的圆形图案，表达的是规划的意向，而并非实际的土地利用状况图。这点可从原图上的附注"全部位置可按地址及地形等因地制宜"得以证实。在《计划草案》的跋言中，周宗莲也强调："本草案当以目前情形为出发点，作弹性规划，并非一成不变之法令，在继续研究及逐步实施中，必须因时因地，随时修正[2]"。

另外，在《计划草案》中对于卫星市镇的建设，采取与当时国民政府推行的基层行政组织保甲制度相结合的模式，现在看来，是较为牵强的做法。但在短短80多天的时间里，不可能从技术层面上，重新梳理城市社会组织结构和建立新的制度。但是，《计划草案》中也有一些值得肯定的内容。如提出以街巷为主的居住单位（500～600人）为最初的第一级，第二级为闾里集团或卫星镇（5000～10000人），第三级为社会集团或卫星市，是集合若干相连的闾里集团或卫星镇而成，人口为50000～60000，第四级为中心母城的城市分级建制模式。在中心城区的规划中，借鉴当时

[1] 计划草案：27.
[2] 计划草案：272.

国外较为先进的城市规划思想，提出了建设功能完整的综合配套小区的概念。在计划的卫星城市中，确立中心区域以公共建筑为主，其他各区以住宅为主，并配置小学、幼稚园、商店等基本设施的布局原则。

（2）陪都卫星市镇的特点

古代重庆城市受地理环境所限，以及城池军事防御的需要，在很长时期都以半岛为主，城市的有限拓展则选择江对岸的江北，形成双城格局。近代开埠后，日租界的设立，使得长江南岸也有局部的发展，于是形成三足鼎立的城市空间雏形。但无论是江北还是南岸，都只是以半岛旧市区为中心，整个城市发展呈现出相对稳定，缓慢发展的趋势。而在抗日战争这一突发事件的影响下，城区范围成倍扩大，基于不同功能，多个疏散集中点的出现，使得城市在八年抗战期间发生了较大的改变。而战后《计划草案》对于卫星市镇的划定，反映了重庆在抗战中从集中到分散，分散到集中的城市发展过程，且这些功能不同的疏散集中点，已初步具备卫星市镇发展的基本条件。

计划中的12个卫星市、18个卫星镇，受限于地理环境，有9个卫星市、9个卫星镇是沿长江和嘉陵江呈线性、跳跃式分布。和其他城市一样，选择临江是与河流有直接关系，河流是水源、工厂生产的动力源以及交通通道。但和其他城市不同的是，陪都在河流两岸成线型"点"状分布了18个卫星市镇，其数量已超出一个城市正常状态下的发展速度和广度。这反映了随内迁而来外来动力的强大。且从这些卫星市镇的性质看，以推动战时陪都经济发展动力的工业区居多。此外，除了由交通结点形成的2个卫星市、2个卫星镇外，依靠市郊的两大自然山体歌乐山和南山，由分散的疏散点形成了1个卫星市、7个卫星镇，其性质是由疏散群体和机构决定，以文化教育、医疗机构，以及多种功能混合型等为主。

（3）卫星市镇对重庆城市空间形态的影响

重庆城市历来以半岛为母城，《计划草案》中规划的卫星市镇虽呈线型带状分布，但与母城仍保持着内在的联系。从卫星市镇的分布看出，以母城为中心，向外围拓展，出现了"层圈"的现象（图6-4-4、图6-4-5），同时表现出向心性和分散性并存的城市形态。

值得注意的是，在距离母城较远的西郊沙磁、歌乐山一带，计划分布了3个卫星市、5个卫星镇、4个预备卫星镇，以及在南岸南坪场附近也分布了3个卫星市、3个卫星镇、3个预备卫星镇，这两个区域已有形成新的城市中心的趋势。同样在江北和杨家坪一带，未来发展也有形成新中心的可能。在城市从江岸逐步向内腹地纵深推进的发展过程中，已初步具有多中心组团结构式的城市骨架（图6-4-6），这在后来的城市发展中得到证实。此外，以工业性质居多的卫星市镇，决定当时重庆已从传统商业城市转变成为以工业为主的城市。

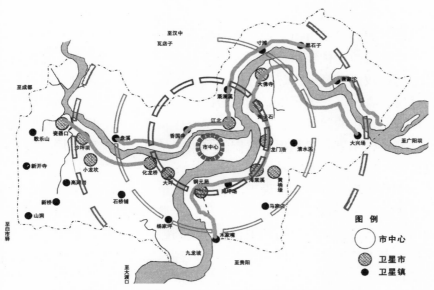

图6-4-4 陪都卫星市镇分布与母城关系示意图

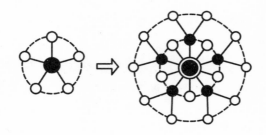

图6-4-5 层圈示意图

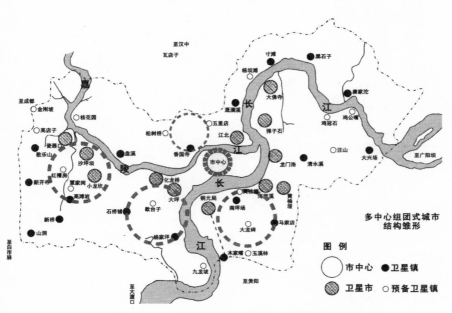

图6-4-6 多中心组团式城市结构示意图

3．关于土地重划

草案在规划卫星市镇，吸引人流逐渐向郊外移住的同时，对于工商各业、文化、行政、住宅以及公园绿地等，按照功能条件，制定分区规划。具体分为行政区、商业区、工业区、文化区、住宅区、混合区、军事区、绿面系统、森林区、风景区、国家公园区、公地、农地、荒地、河岸等15类，比战时拟定的陪都分区建议划分要周详和全面些。但要在短时间内完成土地测量，基础资料和相关数据的收集，是不太可能的事情，因此该分区办法的制定也较为笼统。

计划将陪都行政中心区设于国府路，西至上清寺，东至大溪沟一带。市行政中心设于较场口。中心商业区仍在半岛旧城区，普通商业区则设在普通住宅区内。文化区也仍集中在沙坪坝到磁器口一带。住宅区分为高等住宅区、普通住宅区、平民住宅区三种。高等住宅区选在歌乐山（包括山洞）及黄桷垭，这是战时两处国家中枢疏散地，自然环境优越，政要和社会名流聚集点，战时修建了大量的别墅和公馆，以此为基础发展成高等住宅区。普通住宅区设在大坪和铜元局，平民住宅区也划定了新旧市区沿江码头一带。分区中，还首次提出混合区的概念，将无特别性的卫星市，以及新市区定为商业、手工业、住宅混合区。

分区中对于工业区的区划规定："对于嘉陵江及长江沿岸，原设有工厂地带，仍予保留，准其继续做工业使用[1]"。而草案中计划开辟的新工业区，仍然选址在南岸和江北，即"增辟长江南岸弹子石至大田坎一带，为新工业区，并促其发展为工业性之卫星市。增辟长江北岸寸滩至唐家沱一带为新工业区，并促其发展为工业性之卫星市"。而在战后制定的《陪都十年建设计划草案》中由战时工业集中点发展成卫星市镇，有化龙桥、龙门浩、弹子石、大佛寺、铜元局等，卫星镇有香国寺、溉澜溪、寸滩、黑石子、猫儿石等。此外，分区办法还增加了城区原有公园和郊区的绿化地带，以及将歌乐山和黄山等风景地区细分为森林区、风景区和国家公园区（图6-4-7）。

可以说，战后陪都市区的土地重划，除新增加行政区的选址规划外，基本沿袭战时陪都分散式分区意向，并以战时分散形成的城市格局为雏形，制定将来城市的发展计划。

4．关于绿地系统

公园作为普通百姓可以前往消遣和娱乐的场所，这一概念是纯粹西方的、近代性的。近代公园最初兴起于19世纪初的英国，以解决当时由于工业化及人口剧增而引发的一系列城市环境问题[2]。20世纪初，公园传

［1］陪都十年建设计划草案：77.

［2］张天洁，李泽.从传统私家园林到近代城市公园——汉口中山公园（1928—1938年）［J］.华中建筑，2006年10期.

到中国，在1911年辛亥革命后开始蓬勃发展。20世纪20年代，作为近代新政府改造旧政权重要的物质公共空间，国内一些重要城市都先后在城市中设立公园。其核心的公众参与和市民健身等这些传统园林中未曾有过的理念，都在各个城市公园里得到了不同程度的体现。

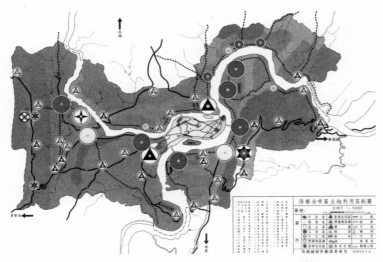

图6-4-7　陪都全市区土地利用区划图

（资料来源：陪都建设计划委员会1946年编写，《陪都十年建设计划草案》第6图）

重庆在20年代的市政改造中，为改善城市环境，给市民提供一处消遣和娱乐的场所，市府利用旧市区中废弃地带，修建重庆第一座城市公园——中央公园。从1926年开始动工，1929年建成开放。中央公园的面积较小，只有1.2万平方米。由于位于旧市区上下半城之间，自然地形的高差使得公园里环山道路、上下石级梯道蜿蜒曲折，极具山地城市公园的特色。但和同时期国内其他近代化程度较高的如广州、南京、汉口、青岛等地的城市公园相比，重庆的中央公园无论是规模，还是公园布局、建筑设计以及设施的配置上，与上述城市公园有较大的差距。抗战时期，作为旧市区较为宽敞地带的中央公园，遭受到日机的狂轰滥炸，园内建筑大部分被毁坏。除了修建中央公园、南区公园以及江北公园等零星公园外，战前和战时重庆都没有对整个城市公园有较全面的计划，而同是中西部城市中不乏有重视公园规划的。战前1935年阎锡山统治山西时所完成《太原十年计划》就有在城市中分散均匀设置10处公园的计划。1941年，战时昆明拟定了《云南省昆明市三年建设计划纲要》中也在昆明城中规划了12处公园。

战时重庆迫于战争环境，没有考虑设置公园。战后为提高市民的身心健康，改善城市物质环境，《计划草案》重视城市公园和城市绿化，除散见在有关章节外，并以专章形式，第一次提出建立公园绿地系统的完整规划。

　　计划中把陪都的绿地系统集中在新旧市区（图6-4-8），其中对旧有的公园多是计划在原址上整理扩大，如中央公园，扩大到7.6万平方米。草案中还计划在新旧市区新建10处公园，其中，计划最先建设的有结合纪念抗战胜利，在半岛尖端修建面积约2万平方米的朝天公园（图6-4-9），其模仿美国纽约港，在江岸设置自由神像和抗战纪念堂。而与计划中陪都行政区位置接近的北区公园是此次规划中最大规模的公园，面积有22万平方米，设有体育场、儿童游戏场、游泳池和各类球场，还利用山谷自然形势，设露天剧场。除了市民公园外，草案中还计划在新规划的普通住宅区中心位置设置小型公园。结合山地地形，计划新建的公园选址多是利用丘陵空地、山坡、菜圃等建公园，还有利用沿江岸设公园散步道或沿江带形公园。此外，在新旧市区还计划修建民权路和较场口两个市民广场，扩大主要道路为林荫大道。

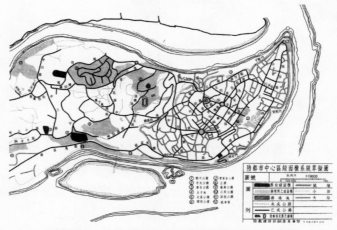

图6-4-8　陪都市中心区绿面积系统草拟图

（资料来源：陪都建设计划委员会1946年编写，《陪都十年建设计划草案》第7图）

　　除了新旧市区外，草案还对因战时疏散而发展起来的江北、沙磁、南岸、大坪等地区计划新建或利用原有公园旧址分散建设城市公园，由于此区地域广阔，公园建设已不仅局限于城市公园的范围，还包括对风景优美的歌乐山、黄山、南山等自然山体的开发，满足市民周末远足之用。规划中提出建设森林公园的概念，并在十年计划中的第一年即着手对歌乐山、黄山、南山等实施造林计划。

　　5. 关于城市交通系统

　　战时重庆出于安全将人口疏散至郊区的过程中，道路、交通工具等的严重缺乏，使得大多数聚集点临水线型分布。随着城市将来的纵深发展，考虑到分散聚集点相互间如何便捷联系，对城市交通系统的改造成为《计划草案》中重要的内容，也是重庆城市建设的关键。

草案首先总结了抗战期间重庆交通设施的问题，如陆路交通无系统，水陆空运缺乏联络，公路分布不均匀，路线太少，两江无桥联系母城，郊区交通不便等。针对这些问题，作了较为全面的计划。

（1）按照改直、加宽、修坡、新辟等四大原则，以及沿用民国三十年市工务局所订道路标准，计划完善新旧市区马路系统，修建干路，形成内环系统和外环系统（图6-4-10）。其中，内环系统以改善旧市区交通以及联系新市区为主，外环系统方便联系市中心区和郊区。此外，为加强内外环的联系，《计划草案》还以都邮街广场和上清寺为两中心，规划了十字形向外放射线路。

图6-4-9 朝天公园平面图

（资料来源：陪都建设计划委员会1946年编写，《陪都十年建设计划草案》第9图）

225

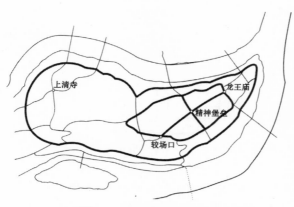

图6-4-10 中心区道路系统图

（资料来源：陪都建设计划委员会1946年编写，《陪都十年建设计划草案》第22图）

在道路改造的基础上，《计划草案》还对旧市区进一步规划了两条十字相交宽33米的超集干道（图6-4-11），旨在通过超集干道强化和重新塑造旧市区的城市空间。作为城市中最重要的干道，超集干道以都邮街广场为中心连接多个交通节点。为了在山地城市中以直线型道路连贯上下半城，《计划草案》中还打算建西四街通都邮街广场隧道穿过下半城，但隧道计划最终未能实现（图6-4-12）。

此外，在战时形成的都邮街和较场口两广场的基础上，计划在小什字、临江门、七星岗、南纪门、上清寺、牛角沱、三圣殿、两路口、大溪沟等9处的交叉路口，增辟供车辆通行为主的广场。

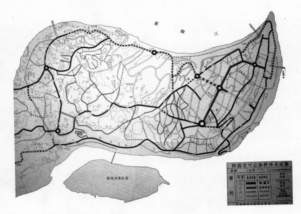

图6-4-11　陪都市中心区干路系统图

（资料来源：陪都建设计划委员会1946年编写.《陪都十年建设计划草案》第19图）

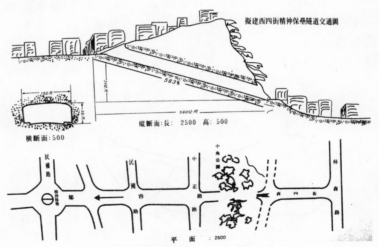

图6-4-12　拟建西四街精神堡垒隧道交通图

（资料来源：陪都建设计划委员会1946年编写.《陪都十年建设计划草案》第21图）

（2）抗战时期，为了应对轰炸，方便城区的市民以及工厂学校等向郊区乡村的安全疏散，国民政府修建了两条联系市区和西郊区（包括沙坪坝、九龙铺等地带）的公路。以浮图关为起点，一条是浮图关至九龙坡公路的浮九路，这是连接西郊兵工、钢铁企业和通往九龙坡机场的主干道；另一条是浮图关至新桥的浮新路，与从七星岗起点的成渝公路在新桥汇合。随着战时重庆近远郊多个疏散点的形成，战后为了城区与郊区能更好地便捷联系，拓展郊区，《计划草案》除了规划新旧市区内环、外环道路网外，在郊区也形成两个更大的环路系统（图6-4-13）。

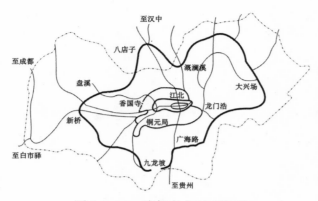

图6-4-13 陪都市交通系统图

（资料来源：陪都建设计划委员会1946年编写，《陪都十年建设计划草案》第23图）

其中，内环系统起于朝天门，经嘉陵江，沿着江北的河岸西行，经香国寺，越江至浮九公路，再经鹅公岩北上，过铜元局，沿江东行，经龙门浩，越桥回到朝天门。该道路网通过中心市区边缘，其作用在于促进中心市区的繁荣，以及增进市区与郊区的联系。而外环系统经过市域范围更大，自大兴场渡河，沿长江北岸公路西行，经溉澜溪、瓦店子，顺汉渝公路至盘溪，渡嘉陵江，经小龙坎，新桥至九龙坎，渡江抵二塘，顺川黔公路北上，再经广海公路抵大兴场。此道路网经过大部分战时形成的疏散点，其作用是带动这些远郊市镇的发展，通过交通保障，促使人口分散居住生活在远郊的卫星市镇，从而减轻市区人口过密的压力。

除了两个环形道路网外，在划定卫星市镇后，为加强卫星集镇与市中心区之间以及各卫星集镇之间的联系，完善郊区干线，《计划草案》还规划了10条公路。其中，主要在南岸和江北两地，建沿江公路，将沿江岸呈线性分布的卫星市镇串起来。除沿江公路外，还计划修建联系各个卫星市和卫星镇图的道路网（图6-4-14、图6-4-15）。

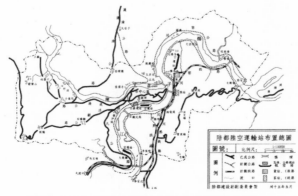

图6-4-14 陪都已建和拟建公路示意图

（资料来源：陪都建设计划委员会1946年编写，《陪都十年建设计划草案》第27图）

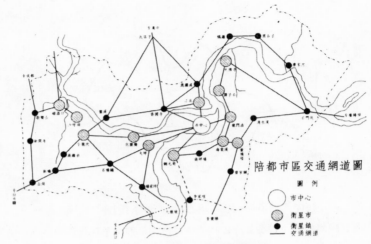

图6-4-15　陪都市区交通网道图

（资料来源：陪都建设计划委员会1946年编写，《陪都十年建设计划草案》第26图）

（3）在计划建沿江公路的同时，还计划修建两江大桥，在长江、嘉陵江各修建大桥二座。此外，还计划发展现代交通工具，敷设高速电车、电缆车，方便卫星集镇与市中心区快速联系。其中，曾计划将市内战时的部分防空洞设施利用起来，敷设高速电车线。

（4）发展对外的铁路、公路和空运，计划十年后，重庆成为成渝、川黔、川鄂三路的起点或终点。其中客站，成渝路设于菜园坝，川黔路设在海棠溪，川鄂路设在江北。货站则依次设在九龙坡、弹子石和溉澜溪。此外，重新选择了机场位置，拟辟弹子石后面平原为永久性的航空站。

6．关于公共及居住建筑

《计划草案》中计划在较场口市行政中心区设置市政府所属机构、市参议会等公共建筑。规划在较场口广场中心竖立抗战纪念柱，以此为圆心，4条放射道路将市政办公建筑环形分散成4部分。该行政区规划规模和尺度较小，没有以往国民政府在《首都计划》《大上海计划》中宏大、庄严的政府建筑形象，只以实用、坚固、壮丽为原则。计划中也没有规定按照国民政府一贯的"中国固有式"形式和风格。由于国内时局的不明朗，国民政府对陪都重庆的城市建设，远没有二三十年代规划南京、上海时的热情和抱负，再加上战后的重庆，经济受国民政府"还都"的影响，元气大伤。因此，草案中的公建计划，包括抗战胜利的纪功碑以及市行政中心、市立戏院、市中心图书馆、博物馆、科学馆、市中心医院等建筑，最终除了抗战胜利纪功碑外，其他均无一付诸实施。

相比公共建筑计划的简略，对市民居住问题的计划却相对较为详尽。计划中梳理了重庆现存的住宅形式，有旧式木壁砖墙屋、旧式普通木架屋、新式别墅与巨宅、抗战中临时房屋、阁楼、棚户、船户等。而问题最严重的是棚户、船户以及抗战期间所建的捆绑竹墙临时房屋，在战后重新改建时，需遵守现代住宅设计的基本要求，满足通风、采光、经济、美观、坚固耐用等标准。此外，《计划草案》还拟订了市民住宅计划，根据不同阶层，划分出四种住宅类型：甲种住宅（即上等住宅区）为富有者居住之地区，乙种住宅区为

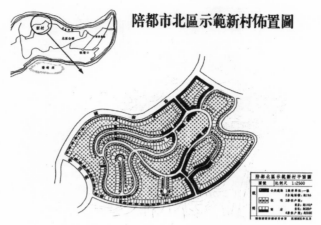

图6-4-16 北区示范新村布置图

（资料来源：陪都建设计划委员会1946年编写，《陪都十年建设计划草案》第47图）

中产阶级如公教人员及中小商人居住之区域（图6-4-16），丙种住宅区为工人、小贩、力夫等居住之区域，丁种住宅区为沿江棚户居住之区域。而住宅区的地点，甲种拟设在黄桷垭和歌乐山上，乙种选择在大坪、铜元局以及北区干道沿线等。而丙丁种计划在原有地点拆除棚户，由政府投资，提供房屋样式，分期新建平民住宅。（图6-4-17、图6-4-18）由于战后国内局势依然不稳，十年计划中能付诸实施的只有极少的项目。对于普通民众的住宅建设，更是无暇顾及。因此，市民居室计划也成了泡影，市民居住状况依然没有得到多少改观。

图6-4-17 安乐洞平民住宅区鸟瞰图

（资料来源：陪都建设计划委员会1946年编写，《陪都十年建设计划草案》第48图）

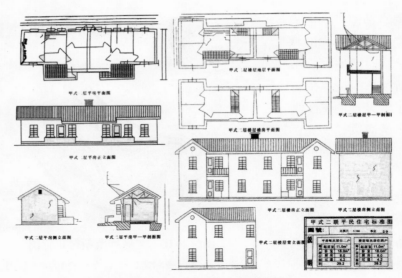

图6-4-18　平民住宅标准图例

（资料来源：陪都建设计划委员会1946年编写，《陪都十年建设计划草案》第49图）

7．关于城市上下水系统

《计划草案》对民生的重视，体现在最先考虑改善市民卫生的城市上下水系统工程。

（1）城市供水

随着人口陡增，城区范围的扩展，重庆城市的生活用水和工业用水量急剧增大，原有的自来水公司不敷使用。因此抗战期间，不仅扩建原有的自来水公司，还陆续在沙坪坝、李家沱、北碚等地建自来水公司，在一定程度上弥补供水不足的现象。在《计划草案》中进一步改善原有的大溪沟水厂和扩建战时在沙坪坝兴建的渝西水厂，并计划在郊外沿江的卫星市中选择大佛寺、磁器口、铜元局、龙门浩、香国寺等处设起水点，解决用水难的问题。

（2）排水

在供水量增大的同时，城市污水排放量也大大增多。由于战时没有完善的排水系统，旧市区污水横流，污染环境和影响市容卫生等问题极其突出。作为改善市区环境的重要任务，《计划草案》针对旧有下水道存在流向不合理，断面积太大或太小，无进入洞等问题，提出改善断面积，加造进入洞等方案，制定了适合山地环境的合流制沟管排水系统。市政府随即设立专门的下水道工程处，由罗竟忠、张人隽担任正、副处长负责具体工程，此外，卫生署还聘请美国卫生工程专家毛理尔先生为顾问[1]（图6-4-19）。经过对下水道的彻底整治，重庆成为全国最早具有新型下水道

---

[1] 彭伯通.重庆地名趣谈[M].重庆：重庆出版社，2001：123.

体系的城市。项目完成后，罗竟忠和张人隽还合著《重庆下水道工程》一书，总结重庆城市下水道建设的经验，受到国内外的好评。

图6-4-19　罗竟忠（右一）、张人隽与美顾问毛理尔（Arthur.B.Morrill）先生合影

（资料来源：重庆市图书馆）

231

三、计划实施情况

1．抗日战争胜利纪功碑

碑是刻着文字或图画，竖立起来作为纪念物的石头[1]。包括碑记、碑刻、碑文等内容。纪功碑，即为纪念有功绩的人或大事件而立的石碑[2]。作为见证不屈不挠，坚持抗战的精神堡垒在抗战胜利后拆除，在"精神堡垒"的原址[3]上修建了抗日战争胜利纪功碑，这是全国唯一的一座纪念中华民族抵御外敌胜利的史碑，也是今天重庆城市中地标性的构筑物。以纪功碑为中心的周边区域，已成为重庆现代中央商务区的重要组成部分[4]。

兴建抗战胜利纪功碑是战后《陪都十年建设计划草案》中拟建设公共建筑项目之一。当时草案对重庆战后公共建筑的建设原则是："市民公用建筑物与纪念物，为远近观瞻所系，全市精神所表现，允宜整齐划一，坚固耐久，庄严宏丽。本市在抗战中长成，一切建筑，均因陋就简，公共建筑亦然。现抗战胜利，建设开始，本市位列永久陪都，为中外视线所集，

---

[1] 中国社会科学院语言研究所词典编辑室.现代汉语词典[M].北京：商务印书馆，1988：45.

[2] 中国社会科学院语言研究所词典编辑室.现代汉语词典[M].北京：商务印书馆，1988：536.

[3] 注：精神堡垒于1946年10月拆除。

[4] 重庆人习惯将市中区这一带称为"解放碑"。这是因为重庆解放后，1950年10月1日，由当时西南军政委员会主席刘伯承题词，将纪功碑改为"重庆人民解放纪念碑"。从此，"解放碑"便成为这一区域的代名词。

公共建筑必须通盘筹划，务使实用与美观两方面均能领导全国而与陪都名实相称[1]"。当时修建纪念抗战胜利的公共建筑，除纪功碑外，还计划在较场口广场的中央竖立"抗战纪念柱"，在民权路入口处修建"凯旋门"，在朝天公园建"抗战纪念堂"以及集纪念标志、水上灯塔与观光功能为一体的"胜利纪念塔"等建筑，但最终却无一付诸实施。

（1）设计过程

1946年10月9日，在重庆市政府第336次市政府会议上提出并决定，抗战胜利纪功碑由都市建设计划委员会常务委员黄宝勋和专门委员刘达仁主持策划，由该会的黎抡杰为主要设计师，唐本善、张之蕃[2]、郭民瞻等建筑师协助，土木工程师是李际芬，电气设备则由李宗岳工程师负责[3]，工程由天府营造厂承建。在1946年12月31日由张笃伦市长主持奠基动工建造，1947年10月10日完成，历时10个月，整个工程经费开支2.17亿元，以市民募捐方式集资兴建。

（2）设计师黎抡杰

黎抡杰又名黎宁（生卒：1914—不详，籍贯：广东番禺[4]），1937年毕业于广东省立勷勤大学建筑工程系。1946—1947年在重庆市政府都市建设计划委员会任工程司，1942年担任重庆大学工学院建筑系讲师，1945年任副教授。除了在政府部门任职以及在高校从事教学外，黎抡杰也是一位多产的建筑理论研究学者和市政评论专家。他和郑樑、霍然在学生时代创办了《新建筑》杂志社，以此为平台，研究和传播现代主义建筑思潮。他曾在1936年10月的《新建筑》杂志创刊号上发表了《纯粹主义者Le Corbusier之介绍》，随后在1937年著有《苏联新建筑之批判》《色彩建筑家Bruno Taut》等介绍西方现代建筑师和建筑作品。1941年《新建筑》在重庆复刊，在渝版第1期，他著有《五年来的中国新建筑运动》，总结现代主义建筑思想在中国的传播。除此之外，战时黎宁还著有《目的建筑》《国际新建筑运动论》，和郑樑合著《苏联的三大建筑》等著作。针对战时重庆城市建设和防空，他还在战时著有《带形都市与地略经济及防空之价值论》、《重庆新市政》、《大都市分解论》、《重庆市北区干路之区域画分》等论文，对重庆城市建设提出指导性的建议。

纪功碑是战后重庆市政府的重点工程，是由市民献金筹款建设。由于经费有限，市政府并没有在全国范围内征集方案，也没有邀请当时著名

---

[1] 陪都十年建设计划草案：165.

[2] 张之蕃：重庆大学建筑系助教，据罗裕锟老师告知，张是一个有才气的老师，解放后去了哈工大。

[3] 《申报》1947年10月4日版，陪都伟大建筑物。

[4] 赖德霖.近代哲匠录——中国近代重要建筑师、建筑事务所名录[M].北京：中国水利水电出版社，知识产权出版社，2006：71.

建筑师来渝设计。在战后，随着许多著名的建筑师纷纷离开重庆，重庆建筑界一时人才缺乏，筹建工作由都市建设计划委员会主持，选择由黎宁负责设计纪功碑，个人推测主要是因为黎宁当时就供职该会任工程司，熟悉整个筹建过程，有建筑技师资格，从其颇为丰硕的著作和经历可知他应具备设计实力。但由于黎宁的成果多为理论界熟悉，其建成作品不多，作为具有如此象征意义的记功碑的设计者，随着他在解放前离开重庆去香港后[1]，以及记功碑在解放后改名为"人民解放纪念碑"后就渐渐地不为人所知。

（3）纪功碑的特征

黎宁设计的记功碑以突出纪念碑建筑坚固耐久、朴素美观为原则，和普通纪念碑不同，是集纪念性与实用性为一体。据1947年10月4日的《申报》记载，纪功碑占地面积为20米直径的圆形地盘，整个碑体由碑台、碑座、碑身、瞭望台等组成（图6-4-20~图6-4-28）。

碑台：设计较为简略。10米半径圆形青石台（距地面高差1.6米），周边部分作青石踏步8级，台阶留有8处栽植花木的花圃，庄严而易于亲近。

碑座：有石碑8面，采用北碚出产的上等峡石筑成，质朴庄严。以8根青石砌结护柱组成碑柱，石碑嵌于碑座外面，铭刻碑文五则。包括1940年9月6日国民政府行政院出台的《明定重庆为陪都令》，国民政府文官长吴鼎昌撰写的《抗战胜利纪功碑铭》及张群撰写的记述重庆对抗战贡献的文章等。

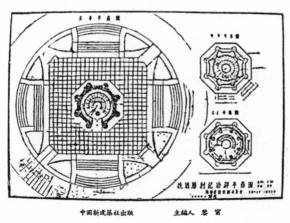

图6-4-20　纪功碑平面图

（资料来源：中国新建筑出版社，1947）

碑身：高度为24米[2]，由4米直径的圆筒构成，内部圆形，外为八角

---

[1] 从重庆市档案馆资料显示，黎宁1947年前仍供职在重庆市政府都市建设计划委员会和重庆大学工学院建筑系副教授。

[2] 按照《陪都十年建设计划草案》规定："主要街道建筑高度不得超过5层"。24米高的纪功碑在当时城市中是极其显著的地标式建筑。

形，每角边线条以米黄色釉面砖铺砌，内部有悬臂旋梯140级，盘旋而上至瞭望台，沿着旋梯设胜利走廊，廊上挂抗战英雄伟大战绩及日本投降签字等油画。下边嵌藏各省、市赠送的纪念物品及社会名流题赠的碑石。瞭望台：直径为4.5米，较碑身宽些，可容20人登临游览。瞭望台下碑身正对马路的四面可见报时的标准钟，

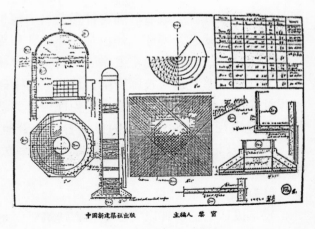

图6-4-21 部分大样图
（资料来源：中国新建筑出版社，1947）

钟面之间分别是四幅抗战有功的陆海空军将士及后方生产的工人、农民的浮雕。瞭望台顶上设风向仪、风速器、指北针及有关测候仪器。

全部建筑共用钢筋20吨，水泥950桶，碑身各层分设钢筋混凝土花窗，正门用特选楠木精制，内外壁采用白水泥饰面。此外，考虑了夜间的集会需要，纪功碑在照明设计时，碑体本身照明有水银太阳灯8根围绕碑顶，内部每层有水银灯1根，外射照明设有8个强力探照灯，从各方投射碑身，使整个纪功碑建筑显露于8条柔和的光线中，甚为壮观。由于战争刚结束，设计师对碑身的安全性极其重视，据黎抡杰介绍："在战时若投500磅重的炸弹于10公尺内，亦无法摧毁建筑物；16英寸平射炮亦无法穿碑壁，碑身可以保存百年之久[1]"。

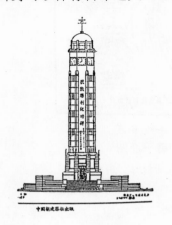

图6-4-22 纪功碑立面图
（资料来源：中国新建筑出版社，1947）

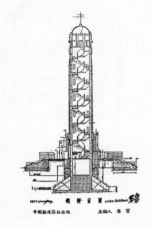

图6-4-23 纪功碑剖面图
（资料来源：中国新建筑出版社，1947）

[1] 《申报》1947年10月4日版，陪都伟大建筑物。

（4）纪功碑的设计手法

纪功碑建于民权路、民族路和邹容路的交汇处，选择中国古塔中常见的八角形平面，适合从不同方向远眺碑体。碑座材质粗犷，色彩沉重，而碑身的处理却较为细致，在八角形每边转折处铺以不同于碑身的砖材，增加碑身的层次感，且碑身用色清新明快，与碑座形成对比。碑身顶部设计了浮雕和钟面，其图案形象地描述战时场景，时刻提醒人们不忘战争，而钟面却是满足实用功能需要。值得一提的是开敞的瞭望台，满足市民登高远眺，而瞭望台的球形屋顶与稳重的碑座上下呼应，比例适中。此外，设计师对纪功碑的设计也借鉴了中国传统象征主义的手法，为寓意八年抗战，整个纪功碑处处围绕与"8"有关的数字、形象，如纪功

图6-4-24　刚建成时的纪功碑

（资料来源：陪都建设计划委员会1946年编写，《陪都十年建设计划草案》第45图）

图6-4-25　现处在高楼包围中的纪功碑

图6-4-26　碑身基座及入口

图6-4-27　碑身

图6-4-28　碑顶和瞭望台

由8根青石环绕，八角形的平面。总之，和"精神堡垒"的建设一样，纪功碑的政治象征意义远远大于建筑本身。

2. 战后对棚户的改造

棚户，是一个城市贫民窟的代表，大都是违章兴建的建筑。近代重庆城市除有其他城市一样散居在市内的棚户，还在两江沿岸分布了大量的棚户。前一种棚户因迁徙无常，安置较易，而后者的形成却有特定的历史原因。重庆有着两江汇合，江岸沿线较长的城市特点。在《华阳国志·巴志》中记载："地势侧险，皆重屋累居，结舫水居五百余家"，可算是重庆山城最早的棚户居民。在近代建市后，在进行拆古城墙修建码头的近代化城市改造中，相继建成朝天门、嘉陵江、江北等码头。自码头建立后，船户聚集在两江沿岸。由于码头的货运起卸频繁，吸引了大量的苦力纷至沓来，整日工作、生活和休息在此，争先张棚，结舍而居。再加上为船户、苦力以及来往的客商提供日用必需品的小商贩等人群的加入，很快在沿江岸沙滩形成以社会底层劳动者为主的临时居住区。据当时不完全统计，全市的第1到7区，居住在滩上的棚户有27016人，其中苦力占55%、小贩占19.1%，且文化程度低，文盲占75%以上[1]。由于是居者自行随意搭建房屋，居住环境极其拥挤和恶劣，卫生条件差，藏污纳垢，社会秩序混乱，也破坏两江沿岸江景。事实上，沿江土地是不可能永久建筑的，居住者不得不随季节的更替，洪水的涨落而迁徙。每当冬季洪水退落时，棚户便逐步向沙滩聚集，临水而居，形成临时市街，且冒着洪水陡临，棚屋材料易引发火灾等危险。而夏季涨潮时，则迁移至临江附近马路或码头两旁，这又带来新的城市问题，上岸的棚户，随意散居市街，造成街道拥挤，交通阻塞，城市面貌的破坏，因此改造和取缔棚户区，解决城市底层人群的居住，成为市政府绕不开的现实问题。

战后，针对重庆城市现状："建筑上，因物力财力不足，更多未合标准，竹笆篾棚，触目皆是。总之全国大都市中如今日重庆之破碎支离者，实属罕见。"在陪都十年计划中制定的短期计划之一："属于平民福利者，兴建平民住宅，彻底迁移棚户[2]"。并将沿江平民住宅的兴建列为当时最需要的八项初步基本建设之一[3]。黄宝勋曾在《重庆市之棚户问题》一文提出改善棚户的几种办法，其一，可通过治河，改善重庆城市水位高差，使沿江滩地固定下来，修建永久平民住宅，改良市街及其环境；其二，建筑码头堤路，在其两旁建简单朴素、清洁卫生的平民住宅区；其

---

[1] 数据来源：黄宝勋.重庆市之棚户问题[J].新重庆，1947年第1卷第3期.
[2] 陪都十年计划草案：5.
[3] 八项基本建设包括：半岛中之上下水道系统，长江中正桥，北区干道，黄桷垭电缆车，千斯门太平门码头及起重设备，沿江平民住宅，标准住宅，绿面系统等，均是解决实际问题。见陪都十年计划草案：7.

三，安定农村振兴工业，从根本上减少棚户数量；其四，采取协助兴建居室建筑合作社的办法，兴建市民住宅。具体有：①通过征募合作基金，统一筹建；②由政府倡导，凡建正式住屋者，准予贷借部分款建屋；③由政府向中央各行局贷款建筑联合住宅，分佃于市民；④而对于市内的工厂、商号以及同业工会，政府规定必须自建宿舍，方准营业，并制定最低标准，强迫实行，借以减少一部分棚户；⑤为能达到整齐、防火、坚固、实用等基本生活要求，政府还制定了最经济、简单的住宅标准图式，供设计时采用，并指派专业人员指导具体工作。

虽然战后重庆市政府试图解决市民的居住问题，设想多种办法，取缔棚户等违章建筑。但因棚户数目过多，强行拆除后，户主又无力建造合法住屋，反而增加新的社会问题，且市区确需要大批劳力，又不得将其驱出市区等主客观原因，使得实际上的收效甚微。

四、评价与总结

战前由刘湘、杨森等军阀统治下的重庆进行了有限的城市建设，却没有制定系统的规划。而战时多是应急式的城市建设，制定的《重庆市建设方案》中分区规划的建议，达不到城市总体计划的深度。战后《陪都十年建设计划草案》是基于重庆城市的现实问题，提出解决问题的方案，是重庆第一次由代表全国高水平的市政专家、学者从专业的角度，系统梳理城市中的多方面问题，提出解决的方案。

1. 先进的编制方法

和《首都计划》等现代城市规划文本一样，《计划草案》也是采用较为先进的编制方法，图例和表格较多。在正文267页中，表格共计79幅，图例56幅（没计入页码），图文并茂，清晰明了，将量化表格与图示、文字相结合，互为补充。此外，几乎在每个专题中，均运用个案对比分析的研究方法。通过对比国内外城市，如将重庆与国外的伦敦、纽约、巴黎、温哥华、柏林等，以及国内的南京、上海、广州、北京等城市进行个案比较，分析过程和结论力求更为合理。

2. 一流的技术队伍

《计划草案》对重庆城市问题的分析，以及制定解决问题的办法，尤其是交通系统和卫生设施部分，反映了计划的制定者对重庆自然、人文环境以及城市中突出的问题较为熟悉和了解。通过合理利用重庆特有山地条件，制定切实可行的沿江公路网、市区下水道工程等方案。抗战八年，全国各地具有西方留学背景的城市管理者、市政专家、工程技术人员等，因战争而聚集重庆，这是《计划草案》能够在不到三个月的时间里得以完成的重要技术保障。

3．务实的城市计划

在近代中国的城市中，战前由国人自主完成的城市计划，以南京的《首都计划》上海的《大上海计划》最具影响力。其中，《大上海计划》是华界针对租界，力求自主发展制定的宏伟计划；而南京国民政府和各界精英则希望通过《首都计划》，旨在将南京塑造成改造民族、复兴国家的一个理想样本。因此，首都建设不只是一项复杂的建设工程，更是一桩庄严神圣的政治任务。在此背景下，南京的《首都计划》的制定就具有不同一般的政治意义。表现在国民政府聘请了擅于宫室之术的墨菲为城市规划顾问，在行政区的规划上，以雄伟的广场、中轴线对称的布局，突出政府形象。而对于建筑形式的选择，更加重视，要求所有政府办公建筑均采用中国固有式，并极力倡导和推广。

相比这两部重要的城市计划，战后的陪都重庆，战争留给城市诸多棘手的城市问题，因此在拟定《计划草案》时，是以解决城市中的现实问题为主，以改善人民生活为目标。和庞大宏伟的《大上海计划》以及政治理念强烈的《首都计划》相比，《计划草案》更像是"平民化"的城市计划。除了延续学习西方先进的城市规划理论，采用分区规划，道路系统引进林荫大道、环城大道等新的规划概念和内容外，微观上对城市政府形象以及建筑形式的探讨却较为简略。对公共建筑的计划甚至不如对住宅的重视，对建筑风格也没有过多关注。计划实施过程中，除了抗战纪功碑外，政府没有修建其他的公共建筑，而是把有限的力量投入到城市交通系统和卫生环境的改善上，战后三年完成了北区公路的修建，和平隧道的开通，以及市区的下水道等工程。

4．成就与局限

受当时编制条件和时间所限，计划中预测10年后重庆城市人口可达150万人（前5年增长率为2%，后5年增长率为10%），其来源以"成都平原人口将有60%东移，贵州则50%，陕甘则30%，均将向陪都集聚[1]"，这是缺乏科学依据的推测，在随后行政院的审查时就被否定。而计划草案中如土地利用与区划办法、实施计划等的制定较为弱化和不够深入。此外，计划中对卫星镇和预备卫星镇的等级划分标准不够清晰，尤其对于江北城区，战时已有相当规模的发展，但计划时仅作为预备卫星市镇，显然是不合理的。由于兵工厂的特殊性和隐蔽性，计划中对于战时兵工厂为龙头影响城市结构和空间格局的分析，较为笼统和概括，回避了战时兵工厂对卫星城镇形成的主导作用。

但总的看来，《陪都十年建设计划草案》是近代继《大上海计划》《首都计划》后由国人自主完成的又一部城市规划，是中国近代城市规划

---

[1] 计划草案: 25.

的重要组成，是抗战结束后国家致力于城市建设的第一部比较完整的城市总体规划文本。《计划草案》是以抗战期间重庆城市已有的建设基础和存在的城市问题为出发点，分轻重缓急，可操作性较强，是具有现实意义的城市建设计划。由于时局的变化，致使十年计划基本未能付诸实施。但作为凝聚近代中国市政人才心血的成果，《陪都十年建设计划草案》具有较高的史学价值，对解放后的重庆城市建设具有一定的参考价值和借鉴意义。《陪都十年建设计划草案》主要的编制人员之一的黄宝勋，解放后作为重庆城市建设委员会技术室的负责人，参与到1953年《重庆城市建设规划轮廓性的初步意见》，以及1956年《重庆城市初步规划草案》的编制工作。在新社会环境下，从技术层面上，《计划草案》中合理的设想和计划方案，在这两份计划中有所体现和延续。

结　语

　　本论文以抗日战争和城市防御为切入点，论证了在特定的自然地理和人文环境下，源于城市的自然、人文、经济等多方面环境的优势，重庆最终成为抗日战争中国战时首都最理想的城址。在整个抗战期间，重庆经历了防御减灾、自救发展的城市突变过程。这是中国近代城市史个案研究中，从宏观走向微观精细化方向的典型案例；同时也是抗日战争期间，非占领地城市中发展最为重要和特殊的城市，其城市建设和规划带有强烈的战争烙印和地域特色。

　　1. 偶发性与必然性交织的城市发展动力机制

　　从古代到近代，由于重庆的城市防御优势，两次作为国家和民族的御敌中心，这是战时各方因素作用下正确的抉择。但重庆因战争而兴，却是一种偶发而必然的城市发展特例。在由东向西被迫内迁而来的国家中枢、政府机构、学校、工厂等在向重庆近郊的乡村疏散过程中，带来了先进的技术、文化、资金、设备、管理方式，以及高素质、高水平的人才，促使城市在短时期内具备了城市快速变化所需的政治、经济、文化等条件，几年下来，在这一偶然的全国性外来动力的推动下，重庆城市取得了阶段性的跳跃式发展。除作为战时中国的政治军事中心外，还成为战时中国的经济中心、工业中心、教育文化中心、医疗卫生中心。尤其在战时工业的发展带动下，重庆迅速成为当时全国最大的重工业和军事工业基地，为反抗侵略者发挥出巨大的作用。战时这种带有偶发性的城市发展动力机制，促进重庆城市短时的快速发展。但随着战争重大事件的结束，外部突发性动力"波"的逐渐消失，城市会回落到原有的发展轨迹，但此时城市的"底"线也已远远高于战前的水平。

　　2. 战时重庆防御型城市建设特点

　　（1）御灾防卫带动的城市重建和城市空间改造

　　在抗战时期，重庆城市突变是由战争这一重大事件的被动作用所致，这是诱发城市变化的主要因素。战争空袭轰炸带给城市毁灭性的灾难，使得重庆原有城市形态和空间格局受到严重的摧毁破坏。然而在坚持抗战的精神鼓舞下，在上天的眷顾下，重庆每年一次的雾季，成为战争期间城市得以喘息，灾后重新梳理城市的良好时机。在破坏与重建的矛盾交织中，近代城市发展相对滞后的内陆山城重庆，开始了一次特殊而艰难的重新建设和改造城市的历程。通过防御减灾的城市火巷建设，促进了重庆旧市区立体道路网的基本形成，带动了城市空间形态的改变，上半城成为旧市区的中心，城市公共空间和标志性建筑的出现。

（2）自救疏散促进的城区拓展和郊区城市化建设

在抗日战争中，出于军事防御和城市安全需要，重庆城市开始了向郊外乡村疏散的"自救"行动。在内迁而来的外部动力作用下，在基于防空疏开原则下，城市趋向于按功能在郊区分散建设，并快速向西郊和两江四岸呈线型带状伸展。通过在近郊两江沿岸形成的多个分散式工业区的建设，促进了两江沿岸重庆近郊乡村的城市化进程，并推动以工厂为中心新市镇的出现；通过文化区的建设，促进西郊的发展；而战时迁建区建设，促进歌乐山风景区得以开发，遵循疏开和现代城市空间布局原则的北碚市区重建更成为迁建区建设的典范。总之，疏散促进了重庆城区空间范围的拓展，改变了城市的格局，初步形成了"大分散、小集中、梅花点状"的大重庆城市雏形。

（3）战时建设战后规划的城市发展模式

和中国近代几乎所有城市先规划后建设的模式不同，重庆在抗战特殊环境下，从战时安全和生产需要出发，无论是改变城市结构，还是拓展城区范围，重塑城市空间以及工业区等城市建设，多是在应急、仓促、快速中进行。在此过程中，虽然有借鉴西方近代城市功能分区、有机疏散等理论，拟定了适合重庆山地环境的战时陪都分散式功能分区计划，但由于条件所限，城市建设仍是半计划、半自发的状态，这给战后重庆带来一系列亟待解决的城市难题。

3.《陪都十年建设计划草案》与中国近代"自主"城市规划的延续

《陪都十年建设计划草案》是总结了战时重庆的城市建设，针对重庆城市面临的现实问题，在城市已有的基础上，集全国的市政专家，运用当时国际流行的现代主义城市规划理论和方法，编制的系统而专业的城市发展计划，代表了中国近代城市规划的最高水平。作为国人完成的又一部城市计划，《计划草案》延续了中国近代"自主"城市规划的核心内容，并随着时局和环境的改变而发展和变化。

（1）城市从追求政府形象转向关注民生现实问题

中国近代由国人"自主"完成的城市规划中，《首都计划》和《大上海计划》是政治理念强烈，以突出政府形象，追求宏伟庞大的城市计划。和前两个计划相比，《陪都十年建设计划草案》侧重解决城市的现实问题，是更趋于"平民化"的城市计划。该草案制定了城市近远期的发展计划，以交通、公共卫生及平民福利为目标，首要完成的是城市道路、下水道工程等市政基础设施的改造。

（2）对现代城市规划理论的灵活应用

《陪都十年建设计划草案》将西方现代城市规划理论，如卫星市镇、有机疏散、邻里单位等思想，结合重庆的实际情况，较为合理地应用在重庆的城市改造和发展中。表现在对卫星市镇的选择是基于战时疏散形成的

241

"大重庆"的城市格局，以及尊重山城特定的地理环境，做出的城市道路规划和下水道改造方案。总体而言，《计划草案》反映出对西方现代城市规划理论是有选择的借鉴，不是盲目的照搬，这是中国近代城市规划的进步。

4．具有战争特色的中国建筑思潮与现代建筑教育的发展

和城市发展的轨迹一样，战时重庆的建筑业在外来的建筑营造厂、建筑设计机构以及建筑师，尤其是著名建筑师等的影响和作用下，本土的建筑营造企业得以壮大，建筑师的队伍得以充实，整体素质得到提高。在战时背景下，建筑的理论研究带有强烈的时代烙印和特别的现实意义。除以《新建筑》杂志社为阵地，继续了探索现代主义建筑思想外，为应对战时防空问题而进行的城市布局与建筑研究成为当时建筑理论研究的主要热点。对中国"古典样式"建筑风格的反思，促进了陪都现代主义风格建筑设计实践的发展。战时重庆的公共建筑设计表现出时代性、地域性、经济性、纪念性等特点。而战时修建的独具特色的山洞厂房，成为今天重庆城市中独一无二的工业文化遗产。此外，战时基于"房荒"对平民住宅的关注与实践，虽然未能从根本上解决当时社会底层人群的居住难题，但多层次，多渠道探索平民住宅的思路和措施，无疑对近几年，我国为社会低收入人群推进的政府保障性住房具有一定的启示作用。

在国民政府"战时要当平时看"的教育思想指导下，以重庆为中心的大后方教育没有因战争中断，反而得以继续发展。在中华民族不屈不挠的顽强意志以及坚持抗战的精神鼓舞下，战时的中央大学建筑系迎来了"兴旺繁荣的沙坪坝时代"。而战争灾难后，城市重建以及迁建区乡村建设，急需建筑专业人才，促使重庆大学建筑系在战时得以成立。在中大的带动下，战时首都的高等建筑教育得到逐步地发展。解放后，在1952年的院系调整中，以重大建筑系为基础，成立了重庆建筑工程学院建筑系，是全国最初的八大院系之一，也是整个西南地区最早的建筑教育中心，这多少都得益于从抗战时期延续下来的建筑教育基础。

5．今后研究展望和设想

抗战时期重庆作为全国的政治、军事、经济、文化中心，遗留下的历史遗址和遗迹，不仅是抗战重庆城市发展的见证，也是城市历史文化的重要物质载体。重庆抗战遗产按照不同类型可分为革命纪念地、国民政府的党政军主要机构、外国驻华领事馆、名人旧居、工业、学校和其他类型建筑遗址。因本书研究角度的关系，对革命纪念地以及部分国民政府的陪都遗址和名人故居没有展开深入的研究。但事实上，它们对今天重庆城市的影响和作用是无可否认的，尤其是革命纪念地遗址，如位于化龙桥的中共中央南方局、八路军重庆办事处旧址红岩村、曾家岩50号周恩来办公旧址等是抗战时期中国共产党革命斗争的珍贵史迹。而国民党反动派在重庆歌

乐山的中美合作所集中营、11.27烈士墓、白公馆和渣滓洞监狱等遗迹，是今天后代缅怀革命先烈的重要基地，重庆也因此成为全国著名的革命传统城市。而国民政府中枢在城郊风景区的遗址群，包括南岸黄山陪都遗址、南温泉陪都遗址、歌乐山林园遗址、黄山外国领事馆区等，是抗战时期重大历史事件、重要政治和军事活动所在地。此外，战时独一无二的山洞式厂房等工业遗产是重庆产业文化的重要组成。因此，今后展开对抗战期间历史文化遗产的保护与利用研究具有重大的现实意义。

随着全国范围对抗战文化的重视，对抗战遗产的保护也日益加强。由于抗战遗址类型、建设规模、建造材料、结构形式等不相同，因此，应按照代表性、真实性、完整性等历史地段和建筑的保护原则，建立客观科学的评价体系，对不同类型、不同现状的历史遗产采取分层次、分级的保护策略和办法。此外，对历史文化遗产的保护应发动全社会的力量，唤起普通民众对抗战历史文化遗产的重视。总的来说，对抗战期间历史文化遗产的保护与利用是既有意义但有充满挑战的新课题，值得去深入探索和研究。

图　录

注：未标明资料来源的为自己绘制或实地拍摄。

表　录

参考文献

一、著作

[1] 隗瀛涛. 近代重庆城市史[M]. 成都: 四川大学出版社, 1991.

[2] 袁成毅, 荣继森, 等. 抗日战争与中国现代化进程研究[M]. 北京: 国家图书馆出版社, 2008.

[3] 蔡云辉. 战争与近代中国衰落城市研究[M]. 北京: 社会科学文献出版社, 2006.

[4] 何一民. 近代中国城市发展与社会变迁(1840—1949年)[M]. 北京: 科学出版社, 2004.

[5] 张瑾. 权力·冲突与变革——1926—1937年重庆城市现代化研究[M]. 重庆: 重庆出版社, 2003.

[6] 周勇. 重庆通史（第一、二、三卷）[M]. 重庆: 重庆出版社, 2003.

[7] 隗瀛涛. 重庆城市研究[M]. 成都: 四川大学出版社, 1989.

[8] [德]克劳塞维茨. 战争论[M]. 第1卷. 中国人民解放军军事科学院译. 北京: 商务印书馆, 1982.

[9] 刘重来. 卢作孚与民国乡村建设研究[M]. 北京: 人民出版社, 2007.

[10] 虞和平. 张謇——中国早期现代化的前驱[M]. 长春: 吉林文史出版社, 2004.

[11] 张仲礼. 中国近代城市发展与社会经济[M]. 上海: 上海社会科学院出版社, 1999.

[12] 张弓. 国民政府重庆陪都史[M]. 重庆: 西南师范大学出版社, 1993.

[13] 彭伯通. 重庆地名趣谈[M]. 重庆: 重庆出版社, 2001.

[14] 彭伯通. 古城重庆[M]. 重庆: 重庆出版社, 1981.

[15] 吴济生. 重庆见闻录[M]. 台北, 新文丰出版公司, 1980.

[16] 隗瀛涛, 周勇. 重庆开埠史[M]. 重庆: 重庆出版社, 1983.

[17] 唐润明. 抗战时期重庆的军事[M]. 重庆: 重庆出版社, 1995.

[18] 唐守荣. 抗战时期重庆的防空[M]. 重庆: 重庆出版社, 1995.

[19] 韩渝辉. 抗战时期重庆的经济[M]. 重庆: 重庆出版社, 1995.

[20] 李定开. 抗战时期重庆的教育[M]. 重庆: 重庆出版社, 1995.

[21] 胡昭曦, 唐唯目. 宋末四川战争史料选编[M]. 成都: 四川人民出版社, 1984.

[22] 合川市人民政府. 合川钓鱼城[M]. 重庆: 西南师范大学出版社, 2003.

[23] 刘道平. 钓鱼城与南宋后期历史[M]. 重庆: 重庆出版社, 1991.

[24] 中国军事史编写组．中国历代军事工程[M]．北京：解放军出版社，2005.

[25] 童恩正．古代的巴蜀[M]．成都：四川人民出版社，1976.

[26] 谢世廉．川渝大轰炸——抗战时期日机轰炸四川史实研究[M]．成都：西南交通大学出版社，2005.

[27] 四川省档案馆．川魂　四川抗战档案史料选编[M]．成都：西南交通大学出版社，2005.

[28] 中国人民政治协商会议西南地区文史资料协作会议．抗战时期内迁西南的高等院校[M]．贵阳：贵州民族出版社，1988.

[29] 孙果达．民族工业大迁徙：抗日战争时期民营工厂的内迁[M]．北京：中国文史出版社，1991.

[30] 张根福．抗战时期的人口迁移——兼论对西部开发的影响[M]．北京：光明日报出版社，2006.

[31] 忻平．1937，深重的灾难与历史的转折[M]．上海：上海人民出版社，1999.

[32] 重庆市经济委员会．重庆工业综述[M]．成都：四川大学出版社，1996.

[33] 中国近代兵器工业档案史料编委会．中国近代兵器工业档案史料[M]．北京：兵器工业出版社，1993

[34] 秦彦士．古代防御军事与墨子和平主义——《墨子·备城门》综合研究[M]．北京：人民出版社，2008.

[35] 岑仲勉．墨子城守各篇简注[M]．北京：古籍出版社，1958

[36] 朱士光．中国古都学的研究历程[M]．北京：中国社会科学出版社，2008.

[37] 辛向阳，倪健中．首都中国：迁都与中国历史大动脉的流向．北京：中国社会出版社，2008.

[38] 曹洪涛．刘金声．中国近现代城市的发展[M]．北京：中国城市出版社，1998.

[39] 蓝勇．长江三峡历史地理[M]．成都：四川人民出版社，2003.

[40] 王笛．跨出封闭的世界——长江上游区域社会研究[M]．北京：中华书局，1993.

[41] 顾朝林等．中国城市地理[M]．北京：商务印书馆，1999.

[42] 何智亚．重庆湖广会馆——历史与修复研究[M]．重庆：重庆出版社，2006.

[43] 何智亚．重庆老城[M]．重庆：重庆出版社，2010.

[44] 吴涛．巴渝文物古迹[M]．重庆：重庆出版社，2004.

[45] 李孝聪．中国区域历史地理[M]．北京：北京大学出版社，2004.

[46] 王日根．乡土之链——明清会馆与社会变迁天津[M]．天津：天津人

255

民出版社，1996.

[47] 谭其骧．中国历史地图集[M]．北京：中国地图出版社，1982.

[48] 赵晓铃．卢作孚的梦想与实践[M]．成都：四川人民出版社，2002.

[49] 卢国纪．我的父亲卢作孚[M]．成都：四川人民出版社，2003.

[50] 罗久芳．罗家伦与张维桢——我的父亲母亲[M]．天津：百花文艺出版社，2006.

[51] 李群林，丁润生．张伯苓与重庆南开[M]．香港：天马图书有限公司，2001.

[52] 梁吉生．张伯苓图传[M]．武汉：湖北人民出版社，2007.

[53] 宋璞主．张伯苓在重庆[M]．重庆：重庆出版社，2004.

[54] 曹仕恭．建筑大师陶桂林[M]．北京：中国文联出版公司，1992.

[55] [日]前田哲男．从重庆通往伦敦　东京　广岛的道路　二战时期的战略大轰炸[M]．王希亮译．北京：中华书局，2007.

[56] 廖庆渝．重庆歌乐山陪都遗址[M]．成都：四川大学出版社，2005.

[57] 陈雪春．山城晓雾[M]．天津：百花文艺出版社，2003.

[58] 吴庆洲．中国古代城市防洪研究[M]．北京：中国建筑工业出版社，1995.

[59] 吴庆洲．建筑哲理、意匠与文化[M]．北京：中国建筑工业出版社，2005.

[60] 吴庆洲．中国军事建筑艺术[M]．武汉：湖北教育出版社，2006.

[61] 张驭寰．中国城池史[M]．天津：百花文艺出版社，2003.

[62] 庄林德，张京祥．中国城市发展与建设史[M]．南京：东南大学出版社，2002.

[63] 张京祥．西方城市规划思想史纲[M]．南京：东南大学出版社，2005.

[64] 汪德华．中国城市规划史纲[M]．南京：东南大学出版社，2005.

[65] 高毅存．城市规划与城市化[M]．北京：机械工业出版社，2004.

[66] [美]刘易斯·芒福德．城市发展史——起源、演变和前景[M]．宋俊岭，倪文彦译．北京：中国建筑工业出版社，2004.

[67] 汪德华．中国城市规划史纲[M]．南京：东南大学出版社，2005.

[68] [美]施坚雅．中华帝国晚期的城市[M]．北京：中华书局，2000.

[69] [美]科斯托夫．城市的形成：历史进程中的城市模式和城市意义[M]．北京：中国建筑出版社，2005.

[70] 李其荣．对立与统一：城市发展历史逻辑新论[M]．南京：东南大学出版社，2000.

[71] 张鸿雁．侵入与接替：城市社会结构变迁新论[M]．南京：东南大学出版社，2000.

[72] 王旭．美国城市发展模式：从城市化到大都市区化[M]．北京：清华大学出版社，2006.

[73] 董鉴泓．中国城市建设史[M]．第3版．北京：中国建筑工业出版社，2004．

[74] 沈玉麟．外国城市建设史[M]．北京：中国建筑工业出版社，1989．

[75] 贺业钜．中国古代城市规划史[M]．北京：中国建筑工业出版社，1996．

[76] 钱学森，鲍世行，顾孟潮．杰出科学家钱学森论山水城市与建筑科学 [M]．北京：中国建筑工业出版社，1999．

[77] 傅斯年．史学方法导论[M]．北京：中国人民大学出版社，2004．

[78] [美]伊利尔·沙里宁．城市——它的发展衰败与未来[M]．顾启源译．北京：中国建筑工业出版社，1986．

[79] [英]埃比尼泽·霍华德．明日的田园城市[M]．金经元译．北京：商务印书馆，2002．

[80] 黄光宇．山地城镇规划建设与环境生态[M]．北京：科学出版社，1994．

[81] 黄光宇．山地城市学原理[M]．北京：中国建筑工业出版社，2006．

[82] 黄光宇．山地城市学[M]．北京：中国建筑工业出版社，2002．

[83] 杨秉德．中国近代城市与建筑(1840—1949)[M]．北京：中国建筑工业出版社，1993．

[84] 杨秉德．中国近代中西建筑文化交融史 [M]．武汉：湖北教育出版社，2003．

[85] 应金华，樊丙庚．四川历史文化名城[M]．成都：四川人民出版社，2000

[86] 赵万民．三峡工程与人居环境建设[M]．北京：中国建筑工业出版社，1999．

[87] 邓庆坦．中国近、现代建筑历史整合研究论纲[M]．北京：中国建筑工业出版社，2008．

[88] 赖德霖．近代哲匠录[M]．北京：中国水利水电出版社、知识产权出版社，2006．

[89] 赖德霖．中国近代建筑史研究[M]．北京：清华大学出版社，2007．

[90] 张复合．中国近代建筑研究与保护(四)[M]．北京：清华大学出版社，2004．

[91] 杨嵩林，张复合，村松伸，等．中国近代建筑总览．重庆篇[M]．北京：中国建筑工业出版社，1993．

[92] 汪坦，张复合．第五次中国近代建筑师研究讨论会论文集[M]．北京：中国建筑工业出版社，1998．

[93] (民国)国都设计技术专员办事处．首都计划[M]．南京：南京出版社，2007．

[94] 南京工学院建筑研究所．杨廷宝建筑设计作品集[M]．北京：中国建

257

筑工业出版社，1983.

[95] 东南大学建筑系，东南大学建筑研究所．纪念杨廷宝诞辰一百周年学术丛书．杨廷宝建筑设计作品选[M]．北京：中国建筑工业出版社，2001.

[96] 刘怡，黎志涛．中国当代杰出的建筑师建筑教育家杨廷宝[M]．北京：中国建筑工业出版社，2006.

[97] 潘谷西．东南大学建筑系成立七十周年纪念专集（1927—1997年）[M].北京：中国建筑工业出版社，1997.

[98] 钱锋．伍江．中国现代建筑教育史（1920—1980）[M]．北京：中国建筑工业出版社，2008.

[99] 童寯．童寯文集（第二卷）[M]．北京：中国建筑工业出版社，2001.

[100] 张镈．我的建筑创作之路[M]．北京：中国建筑工业出版社，1994.

[101] 邵康庆，蓝锡麟．重庆旧闻录1937—1945[M]．重庆：重庆出版社，2006.

[102] 冯开文．陪都遗址寻踪[M]．重庆：重庆出版社，1995.

[103] 欧阳桦．重庆近代城市建筑[M]．重庆：重庆大学出版社，2010.

[104] [美]艾伦·拉森等．飞虎队队员眼中的中国1944—1945[M]．上海：上海锦绣文章出版社，2010.

[105] 张宪文．民国研究总第15辑[M]．北京：社会科学文献出版社，2009.

[106] 徐苏斌．近代中国建筑学的诞生[M]．天津：天津大学出版社，2010.

[107] 王亚男．1900—1949年北京的城市规划与建设研究[M]．南京：东南大学出版社，2008.

[108] 张建中．重庆沙磁文化区创建史[M]．成都：四川人民出版社，2005

[109] 国营第四九七厂史办公室．国营第四九七厂史1939—1985[M]．内部发行，1987.

[110] 中国第二历史档案．中德外交密档（1927—1947）[M]．南宁：广西师范大学出版社，1994.

[111] 重钢档案处．百年重钢1890—2000[M]．成都：四川科学技术出版社，2002.

[112] 重庆市沙坪坝区地方志办公室．抗战时期的陪都文化区[M]．重庆：科学技术文献出版社重庆分社，1989.

二、地方志

[1] 常璩．任乃强校注．华阳国志校补图注[M]．上海：上海古籍出版社，1987.

[2] 陪都建设计划委员会1946年．陪都十年建设计划草案[M]．重庆市规划展览馆、重庆市图书馆2005翻印.

[3] 重庆市政府秘书处1936年编．九年来之重庆市政[M]．重庆市规划展览馆.

重庆市图书馆2005翻印.

[4] 重庆市档案馆，重庆师范大学．中华民国战时首都档案[M]．重庆：重庆出版社，2008.

[5] 中国地方志集成．四川府县志辑．民国巴县志[M]．卷18．市政．成都：巴蜀书社，1992.

[6] 中国人民解放军重庆警备区．重庆市军事志[M]．内部发行，1996.

[7] 重庆市人民防空办公室．重庆市防空志[M]．重庆：西南师范大学出版社，1994.

[8] 重庆市房地产志编纂委员会．重庆市房地产志[M]．成都：成都科技大学出版社，1992.

[9] 重庆市南岸区地方志编纂委员会．重庆市南岸区志[M]．重庆：重庆出版社，1993.

[10] 重庆市沙坪坝区城改指挥部办公室．重庆市沙坪坝区城市改造建设志[M]．内部发行，1994.

[11] 重庆市江北区地方志编纂委员会．重庆市江北区志[M]．重庆：巴蜀书社，1993.

[12] 重庆市沙坪坝区地方志编纂委员会．重庆市沙坪坝区志[M]．成都：四川人民出版社，1995.

[13] 重庆市渝中区人民政府地方志编纂委员会．重庆市市中区志[M]．重庆：重庆出版社，1997.

[14] 重庆市大渡口区地方志编纂委员会．重庆市大渡口区志[M]．成都：四川科学技术出版社，1995.

[15] 重庆市九龙坡区地方志编纂委员会．重庆市九龙坡区志[M]．成都：四川科学技术出版社，1995.

[16] 重庆市北碚区地方志编纂委员会．重庆市北碚区志[M]．重庆：科学技术文献出版社重庆分社，1989.

[17] 重庆市城乡建设管理委员会、重庆市建筑管理局．重庆市建筑志[M]．重庆：重庆大学出版社，1997.

[18] 重庆城市规划志编辑委员会．重庆市城市规划志[M]．内部发行，1994

[19] 重钢志编辑室．重钢志（1938—1985）[M]．内部发行，1987.

[20] 朱俊．老重庆影像志：老街巷[M]．重庆：重庆出版社，2007.

[21] 李林昉，雷昌德．老重庆影像志：老地图[M]．重庆：重庆出版社，2007.

[22] 王小全，张丁．老重庆影像志：老档案[M]．重庆：重庆出版社，2007

[23] 唐治泽，冯庆豪．老重庆影像志：老城门[M]．重庆：重庆出版社，2007.

三、博士、硕士论文

[1] 龙彬. 中国古代山水城市营建思想研究[D]. 重庆：重庆大学博士学位论文，1998.

[2] 杨宇振. 城市历史与文化研究——以明清以来的四川地区与重庆城市为主[R]. 北京：清华大学博士后研究报告，2005.

[3] 徐煜辉. 历史·现状·未来——重庆中心城市演变发展与规划研究[D]. 重庆：重庆大学博士学位论文，2000.

[4] 陈喆. 重庆近代城市建设发展史[D]. 重庆：重庆大学硕士学位论文，1990.

[5] 范尧. 重庆近代建筑的历史演进[D]. 重庆：重庆大学硕士学位论文，1989.

[6] 邱扬. 重庆近代教育建筑研究[D]. 重庆：重庆大学硕士学位论文，2006.

[7] 魏枢. 《大上海计划》启示录[D]. 上海：同济大学博士学位论文，2007.

[8] 张永涛. 试论蒋百里军事思想[D]. 郑州：郑州大学硕士学位论文，2007.

[9] 罗永明. 德国对南京国民政府前期兵工事业的影响（1928—1938）[D]. 合肥：中国科学技术大学博士学位论文，2010.

四、期刊杂志

[1] 李百浩. 如何研究中国近代城市规划史[J]. 城市规划，2000年第12期.

[2] 杨嵩林. 中国近代建筑的形成和发展（上、中、下）[J]. 四川建筑，1995年第1、2、3期.

[3] 王康. 深度重庆[J]. 中国改革，2004年第8期.

[4] 龙彬. 重庆解放碑中心购物广场规划建设述评[J]. 新建筑，2001年第3期.

[5] 龙彬. 管仲城市营建思想及其历史贡献探析[J]. 城市规划汇刊，1998年第4期.

[6] 龙彬. 墨翟及其城市防御思想研究[J]. 重庆建筑大学学报，1998年第3期.

[7] 吴志强. 重大事件对城市规划发展的意义和启示[J]. 城市规划学刊，2008年第6期.

[8] 黄立人，郑洪泉. 论国民政府迁都重庆的意义和作用[J]. 民国档案，1996年第2期

[9] 王德中. 论我国抗战"国防中心区"的选择与形成[J]. 民国档案，1995年第1期.

[10] 单之蔷．中国的腹地[J]．中国国家地理，2005年第8期.

[11] 戚厚杰．抗战时期兵器工业的内迁及在西南地区的发展[J]．民国档案，2003年第1期.

[12] 赵万民，李和平，张毅．重庆市工业遗产的构成与特征[J]．建筑学报，2010年第12期.

[13] 重庆市规划局．重庆大学建筑与城市规划学院．重庆社会科学院合作研究．重庆市工业遗产保护与利用总体规划[R]．2008.

[14] 张成明，张国鏞．抗战时期迁渝高等院校的考证[J]．抗日战争研究，2005年第1期.

[15] 彭雷．广厦千间情未了——建筑大师徐尚志访谈录[J]．新建筑，2006年第3期.

[16] 唐博．民国时期的平民住宅及其制度创建——以北平为中心的研究[J]．近代史研究，2010年第4期.

[17] 张天洁，李泽．从传统私家园林到近代城市公园——汉口中山公园（1928—1938年）[J]．华中建筑，2006年第10期.

[18] 任云英．近代西安城市规划思想发展初探（1927—1949年）[A]．张复合主编．中国近代建筑研究与保护（五）[C]．北京：清华大学出版社，2006：147-157.

[19] 重庆文史资料各辑（略）.

历史文献及原始档案（略）资料来源：重庆市图书馆抗战文献中心、重庆市档案馆、重庆抗战教育博物馆、重庆市规划展览馆、南京中国第二历史档案馆。

后　记

　　本书是在我的博士论文基础上修改完成的，也是我的教育部人文社会科学研究课题的研究成果。搁笔掩卷，不禁感概为了此课题，重回离开十多年后的故乡，投入到伴随我成长的熟悉而亲切的沙坪坝、解放碑、南开中学、重庆大学……日暮乡关，飘来的是绵延的记忆。回顾这些年艰辛研究的过程，不禁感动自己能幸运地得到了众多师长、学友、亲人给予的无私关怀和帮助，伴我走过这段难忘的人生旅途。

　　首先感谢导师吴庆洲教授的悉心指导和亲切关怀，论文从选题、定题、结构、写作都倾注了导师的大量心血。先生渊博的知识、敏锐的洞察力、高屋建瓴的学术见解使我受益匪浅，而先生刻苦勤勉、宽容豁达的人格魅力也将潜移默化影响我今后的人生之路。同时还要感谢师母马老师一直以来对我学习和生活的热心关怀和帮助！

　　还要感谢华南理工大学的何镜堂院士、吴硕贤院士、程建军教授、唐孝祥教授、田银生教授、郭谦教授、陶郅教授、暨南大学刘正刚教授、广州大学董黎教授、龚兆先教授、广东工业大学朱雪梅教授无私、热忱的鼓励，并为我的研究内容提出了大量宝贵的意见。还要感谢重庆大学的张兴国教授、杨嵩林教授、梁鼎森教授、罗裕锟教授、龙彬教授、卢峰教授、杨宇振教授的中肯建议和提供的珍贵资料。

　　在华南理工大学东方建筑文化研究所的浓郁学术氛围里，感谢冯江、肖旻、张志敏、刘虹等老师对我的细致关心和指导。感谢沈康、王河、李焱、谷云黎、谢小英、王瑜、吴薇、文一峰、何丽、王茂生等同学对我的不断支持和理解。在每次回重庆调研时，无论是严冬还是酷暑，陈钢、钱欣、梁挺、张培颖、孙雁、黄瓴、曹春华、杨柳等老同学都会尽力给我热情的鼓励和帮助，浓浓的友情支撑着我完成艰难的研究之旅。

　　在课题的实地调研和原始档案的收集过程中，由于客观历史原因，一些档案资料仍有缺失或不完整，但即便如此，重庆市图书馆李林昉研究馆员、重庆市文化局吴涛总工程师、重庆市档案馆唐润明研究员、重庆市地方志办公室的王蕙敏大姐、中国科技大学罗永明博士、东南大学施钧桅博士依旧不遗余力地为我寻找资料和线索，让我在些许遗憾中仍心存深切的谢意。还要感谢重庆大学的硕士研究生李灵和广州大学的陈又新、杨森两位同学，帮助完成了文中的部分插图工作。

　　在本书的写作过程中，参考和引用了许多专家和学者的研究资料，在此向这些专家学者表达我深切的谢意，站在巨人的肩膀上，使我的研究少了曲折，多了捷径，同时也期盼各位专家学者不吝赐教，斧正过失。

　　最后，感谢我的家人多年来对我生活和学业的默默关怀和奉献，毫无怨言地全力支持。当我举步维艰时，是他们的爱给了我坚持前行的勇气和信心……